AF324824

ETAT
DU CIEL,
POUR L'AN DE GRACE
M. DCC. LVI.
BISSEXTILE.

Calculé sur les principes de M. NEWTON, rapporté à l'usage de la Marine.

Par A. G. PINGRÉ , Chanoine Régulier & Bibliothécaire de Sainte Genevieve , Ancien Correspondant de l'Académie Royale des Sciences , Associé de celle de Rouen.

Dédié à Messieurs de l'Académie de Marine établie à Brest.

A PARIS,

Chez { DURAND, rue du Foin, au Griffon.
{ PISSOT, Quai de Conty, à la Sagesse.

M. DCC. LVI.
Avec Approbation & Privilege du Roi.

AVERTISSEMENT.

LES Temps marqués dans cet Ouvrage ſont des Temps vrais, & ſont tous rapportés au Méridien de Paris.

L'Obliquité de l'Ecliptique eſt ſuppoſée dans les calculs de 23° 28′ 20″.

EXPLICATION DES FIGURES

& Abréviations dont on s'est servi dans cet Ouvrage.

FIGURE DES SIGNES DU ZODIAQUE.	FIGURE DES PLANETES.
♈ .... Le Bélier.	☉ .... Le Soleil.
♉ .... Le Taureau.	☿ .... Mercure.
♊ .... Les Gemeaux.	♀ .... Vénus.
♋ .... L'Ecreviffe.	♁ .... La Terre.
♌ .... Le Lion.	♂ .... Mars.
♍ .... La Vierge.	♃ .... Jupiter.
♎ .... La Balance.	♄ .... Saturne.
♏ .... Le Scorpion.	☽ .... La Lune.
♐ .... Le Sagittaire.	
♑ .... Le Capricorne.	**PHASES DE LA LUNE.**
♒ .... Le Verſeau.	
♓ .... Les Poiſſons.	● ...... Nouvelle Lune.
O .... Ophiucus ou le Serpentaire.	☽ ...... Premier Quartier.
	☺ ...... Pleine Lune.
K .... La Baleine.	☾ ...... Dernier Quartier.

☌ déſigne la conjonction des Aſtres.

☍ eſt la marque de leur oppoſition. Lorſqu'il n'eſt point marqué avec quel Aſtre une Planete ſe trouve en ☌ ou en ☍, il faut toujours entendre que c'eſt avec le Soleil.

☊ eſt le Nœud aſcendant d'une Planete.

☋ eſt ſon Nœud deſcendant.

S, D, M, S, en titre des colomnes ſignifie *Signe, Degré, Minute & Seconde.* Au lieu de la premiere *S*, il y a quelquefois une *H*, qui déſigne les *Heures.* Lorſqu'après les ſecondes il ſuit un point & un autre chiffre ; ce chiffre ainſi ſéparé des précédens par un point, exprime des fractions décimales, ou des dixiemes parties de ſeconde.

Les lettres E, O, dans les colomnes de l'Angle horaire de la Lune, dans celle de l'Elongation des Planetes, & dans la Table de la longitude des Villes, déſignent l'Eſt & l'Oueſt, ou l'Orient & l'Occident.

Les lettres N, S, par-tout où il s'agit de Latitude ou de Déclinaiſon marquent le Nord & le Sud, ou le Septentrion & le Midi.

Les lettres A, D, dans les colomnes du mouvement horaire de la Lune en Latitude & en Déclinaison, fignifient que par rapport à nous la Latitude ou la Déclinaifon de la Lune eft afcendante, ou defcendante, c'eft-à-dire, qu'elle s'approche ou qu'elle s'éloigne de notre Pole Septentrional.

|| Cette fig. fert à diftinguer deux Obferv. ou Phénom. qui arrivent le même jour, & qu'on a mis en une feule ligne.

* Par cette marque dans la 7ᵉ & la 8ᵉ colomne de chaque mois, on a défigné les Etoiles qui n'ont point de nom dans Bayer.

- Cette petite ligne après un chiffre, fignifie une demie.

XXXXXXXXXXXXXXXXXXXXXXXXXXXXXXXXXXXXXXXX

FESTES MOBILES.

De l'Epiphanie à la Septua-géfime. . . . . 5 Dimanches.
Septuagéfime. . 15 Février.
Les Cendres. . . 3 Mars.
Pâques. . . . . . 18 Avril.
L'Afcenfion. . . 27 Mai.
La *Pentecôte.* . 6 Juin.
La Trinité. . . 13 Juin.
Le S. Sacrement. 17 Juin.
De la Pentecôte à l'Avent 24 Dimanches.
L'Avent . . 28 Novembre.

COMPUT ECCLESIASTIQUE.

Nombre d'Or. 8
Cycle Solaire. 1
Epacte. 28
Indiction. 4
Lettres Dominicales. . . D C

QUATRE-TEMS.

Février. . . . . 10. 12. 13.
Juin. . . . . . . 9. 11. 12.
Septembre. . . . 15. 17. 18.
Décembre. . . . 15. 17. 18.

DES ECLIPSES.

IL y aura cette année 2 Eclipfes de Soleil.

La premiere arrivera le 29 Février, & fera vifible aux Indes Orientales.

La feconde arrivera le 25 Août, & fera vifible dans prefque toute l'Amérique, fur-tout entre les Tropiques. On pourra en voir le commencement fur les côtes Occidentales de l'Afrique. Ceux qui voudront calculer cette Eclipfe pour les lieux où ils pourront l'obferver, trouveront dans cet ouvrage les calculs généraux qui leur feront néceffaires. Mais il faudra retrancher 2' & trois quarts du lieu de la Lune , & ajouter au contraire 20" à fa latitude Boréale. Telle étoit l'erreur des Tables le 15 août 1738 , jour auquel une Eclipfe correfpondante à celle-ci fut obfervée à Paris.

Il n'y aura cette année aucune Eclipfe de Lune.

Le 6 Novembre Mercure entrera fur le difque du Soleil . . .
à . . . . 13ʰ 51' 58"
Conjonction Ecliptique à 16 34 42
Milieu du paffage à 16 36 33
Sortie du centre de Mercure à 19 17 26
Moindre diftance des centres . . . . 1' 12"
Inclinaifon apparente de l'Orbite de Mercure 8° 23' 22"

Le Soleil fe leve le 6 Novembre à Paris, à 19ʰ 15'. Ainfi nous n'y pourrons voir au plus que la fin de ce Phénomène.

Phafe de l'Anneau de Saturne le 29 Juillet , jour de fon ♂ au Soleil.

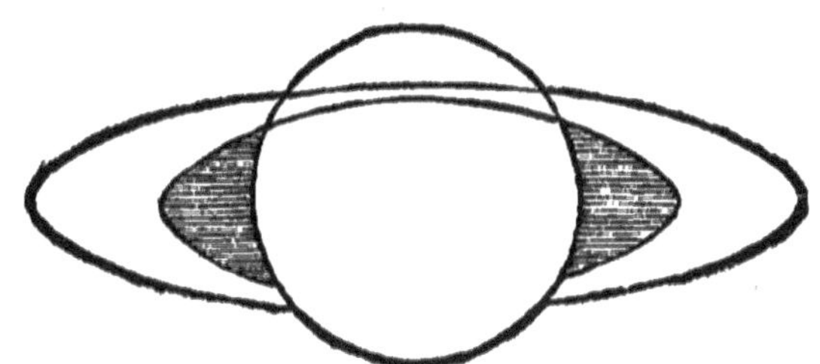

Jours du Mois.	JANVIER.	LIEU DU SOLEIL.				ASCENSION DROITE DU SOLEIL.			DÉCLINAISON DU ☉ Méridional.			Equation de l'Horloge.	
		S.	D.	M.	S.	D.	M.	S.	D.	M.	S.	M.	S.
1	Jeu. Circoncif. de J.	♐	10	36	37	281	32	34	23	2	51	3 A	59
2	Ven. S. Bafile Ev.		11	37	48	282	38	50	22	57	45	4	28
3	Sa. Ste Genevieve.		12	39	0	283	45	1	22	52	12	4	56
4	Di. S. Rigobert E.		13	40	12	284	51	5	22	46	11	5	23
5	Lun. S. Simeon St.		14	41	23	285	57	2	22	39	42	5	50
6	Mard. L'Epiphanie.		15	42	35	287	2	53	22	32	46	6	7
7	Mer. S. Théau Orf.		16	43	46	288	8	37	22	25	23	6	43
8	Jeu. S. Lucien M.		17	44	56	289	14	13	22	17	34	7	9
9	Ven. S. Pier. deSeb		18	46	7	290	19	43	22	9	20	7	34
10	Sam. S. Paul 1Erm.		19	47	17	291	25	5	22	0	40	7	59
11	I. D. S. Théod. Ab.		20	48	26	292	30	17	21	51	33	8	24
12	Lund. S. Satire M		21	49	35	293	55	20	21	42	1	8	47
13	M. Batême de N S		22	50	44	294	40	14	21	32	4	9	10
14	Me. S. Hilaire Ev.		23	51	51	295	44	57	21	21	42	9	32
15	Jeu. S. Maur Ab.		24	52	58	296	49	30	21	10	55	9	54
16	Ve. S. Guiliau. Ev		25	54	5	297	53	53	20	59	44	10	15
17	Sa. S. Antoine Ab		26	55	11	298	58	6	20	48	9	10	35
18	II. D. Ch. de S. P.		27	56	16	300	2	8	20	36	10	10	55
19	Lun. S. Sulpice Ev.		28	57	21	301	6	0	20	23	48	11	14
20	Mar. S. Fab & Seb.		29	58	25	302	9	40	20	11	2	11	32
21	Me. Ste Agn. V. M.	♒	0	59	28	303	13	9	19	57	53	11	49
22	Jeu. S. Vincent D.		2	0	30	304	16	26	19	44	23	12	6
23	Ven. S. Jean l'Aum		3	1	31	305	19	31	19	30	31	12	21
24	Sa. S. Babylas E. M.		4	2	32	306	22	25	19	16	17	12	36
25	III. D. Con. de S. P.		5	3	31	307	25	6	19	1	42	12	50
26	Lun. Ste Paule Veu.		6	4	29	308	27	35	18	46	46	13	4
27	Mar. S. Julien Ev.		7	5	27	309	29	52	18	31	29	13	16
28	Mer. S. Cyr. de Jer.		8	6	24	310	31	57	18	15	53	13	28
29	Je. S. Fr. de Sales.		9	7	20	311	33	51	17	59	57	13	39
30	Ven. Ste Bathilde.		10	8	15	312	35	32	17	43	42	13	49
31	Sam. Ste Marcelle.		11	9	8	313	36	59	17	27	8	13	58

Jours du Mois.	Jours de la L.	LIEU de la LUNE à Midi.				Mouvement horaire.		LIEU de la LUNE à Minuit.				Mouvement horaire.		ARGUM. annuel de la Lune.			Distance de la LUNE au SOLEIL.		
		S.	D.	M.	S.	M.	S.	S.	D.	M.	S.	M.	S.	S.	D.	M.	S.	D.	M.
1	30	♄	3	33	54	37	14	♄	10	59	10	36	57	VII 15	25		11	22	57
2	1		18	20	38	36	36		25	37	13	36	9	16	19		0	6	47
3	2	♒	2	48	9	35	39	♒	9	52	46	35	6	17	13		0	20	9
4	3		16	50	43	34	32		23	41	43	33	57	18	7		1	3	11
5	4	♓	0	25	45	33	22	♓	7	2	53	32	49	19	1		1	15	44
6	5		13	33	27	32	1		19	57	51	31	47	19	55		1	27	51
7	6		26	16	36	31	20	♈	2	30	10	30	56	20	50		2	9	36
8	7	♈	8	39	14	30	35		14	44	31	30	18	21	44		2	20	55
9	8		20	46	38	30	4		26	46	11	29	53	22	38		3	2	1
10	9	♉	2	43	50	29	45	♉	8	40	13	29	40	23	32		3	12	56
11	10		14	35	56	29	38		20	31	33	29	39	24	26		3	23	48
12	11		26	27	32	29	42	♊	2	24	23	29	47	25	20		4	4	38
13	12	♊	8	22	30	29	54		14	22	17	30	3	26	14		4	15	32
14	13		20	23	59	30	14		26	27	53	30	25	27	8		4	26	32
15	14	♋	2	34	14	30	38	♋	8	43	18	30	52	28	2		5	7	38
16	15		14	55	11	31	7		21	9	53	31	21	28	57		5	19	1
17	16		27	27	28	31	36	♌	3	48	5	31	51	29	51		6	0	32
18	17	♌	10	11	44	32	6		16	38	21	32	21	VIII 0	45		6	12	15
19	18		23	7	53	32	35		29	40	19	32	49	1	39		6	24	10
20	19	♍	6	15	38	33	4	♍	12	53	48	33	18	2	33		7	6	17
21	20		19	34	49	33	32		26	18	42	33	47	3	27		7	18	35
22	21	♎	3	5	26	34	1	♎	9	55	0	34	15	4	21		8	1	5
23	22		16	47	28	34	30		23	42	56	34	45	5	15		8	13	46
24	23	♏	0	41	25	35	0	♏	7	42	53	35	15	6	9		8	26	39
25	24		14	47	14	35	29		21	54	16	35	41	7	3		9	9	44
26	25		29	3	44	35	55	♐	6	15	27	36	3	7	57		9	22	59
27	26	♐	13	28	56	36	11		20	43	40	36	15	8	51		10	6	23
28	27		27	28	52	36	16	♑	5	13	47	36	12	9	45		10	19	52
29	28	♑	12	27	39	36	5		19	39	41	35	54	10	39		11	3	20
30	29		26	49	5	35	39	♒	3	55	2	35	20	11	33		11	16	41
31	1	♒	10	56	55	34	58		17	54	11	34	54	12	27		11	29	48

Jours du Mois	Latitude de la Lune à Midi.		Mouvement horaire.	Latitude de la Lune à Minuit.		Mouvement horaire.	Angle horaire de la Lune à Midi.		Variation horaire 14 dég.	
	D. M. S.		M. S.	D. M. S.		M. S.	D. M. S.		M. S.	
1	4 43 47 N		1 D 9	4 27 41 N		1 D 32	7 47 30 O		23	34
2	4 7 14		1 52	3 42 56		2 10	6 38 24 E		24	26
3	3 15 23		2 25	2 45 8		2 37	20 34 1		26	2
4	2 12 48		2 46	1 39 2		2 51	33 45 56		28	0
5	1 4 22		2 54	0 29 24		2 55	46 10 9		29	57
6	0 5 27 S		2 53	0 39 42 S		2 49	57 50 24		31	37
7	1 13 0		2 43	1 44 59		2 36	68 55 28		32	52
8	2 15 22		2 27	2 43 53		2 17	79 36 2		33	39
9	3 10 20		2 7	3 34 29		1 55	90 3 28		33	59
10	3 56 10		1 42	4 15 13		1 28	100 28 9		33	53
11	4 31 29		1 14	4 44 50		0 59	110 59 22		33	27
12	4 55 8		0 42	5 2 15		0 27	121 44 21		32	46
13	5 6 7		0 11	5 6 38		0 A 6	132 47 47		31	56
14	5 3 46		0 A 23	4 57 27		0 40	144 11 13		31	8
15	4 47 42		0 57	4 34 33		1 14	155 52 43		30	27
16	4 18 4		1 30	3 58 21		1 46	167 47 48		30	1
17	3 35 34		2 3	3 9 54		2 15	179 49 33		29	53
18	2 41 37		2 28	2 11 0		2 38	168 8 18 O		29	59
19	1 38 25		2 47	1 4 14		2 54	156 10 31		30	13
20	0 28 56		2 59	0 7 4 N		3 1	144 18 38		30	27
21	0 45 15 N		3 0	1 19 5		2 57	132 30 33		30	31
22	1 54 5		2 52	2 27 45		2 44	120 40 56		30	18
23	2 59 33		2 33	3 28 56		2 20	108 42 12		29	44
24	3 55 26		2 5	4 18 36		1 47	96 25 25		28	48
25	4 38 0		1 27	4 53 12		1 5	83 42 31		27	36
26	5 3 57		0 42	5 9 59		0 18	70 28 52		26	16
27	5 11 10		0 D 7	5 7 21		0 D 31	56 44 58		25	8
28	4 58 38		0 55	4 45 7		1 19	42 39 11		24	31
29	4 27 4		1 41	4 4 48		2 1	28 27 23		24	39
30	3 34 49		2 38	3 9 36		2 33	14 27 54		25	22
31	2 37 45		2 45	2 3 51		2 54	0 57 4		26	58

Jours du Mois	Angle horaire de la LUNE à Minuit			Variation horaire 14 dégr		Déclinaison de la LUNE à Midi			Mouvement horaire		Déclinaison de la LUNE à Minuit			Mouvement horaire	
	D.	M.	S.	M.	S	D.	M.	S.	M	S.	D.	M.	S.	M.	S.
1	179	28	1 E	23	57	18	41	46 S	0	D 10	18	34	8 S	1	A 25
2	166	19	1 O	25	10	18	7	49	2	A 57	17	23	38	4	23
3	152	44	11	27	0	16	23	18	5	39	15	8	41	6	45
4	139	56	8	29	0	13	41	52	7	42	12	4	56	8	26
5	127	54	44	30	50	10	19	56	9	1	8	28	52	9	27
6	116	33	19	32	18	6	33	26	9	45	4	35	20	9	55
7	105	41	54	33	20	2	35	54	9	58	0	36	31	9	55
8	95	9	17	33	52	1	21	45 N	9	42	3	17	52 N	9	33
9	84	44	27	33	59	5	10	55	9	13	6	59	58	8	54
10	74	17	33	33	42	8	44	11	8	2	10	22	45	7	57
11	63	40	12	33	8	11	54	48	7	24	13	19	33	6	44
12	52	46	24	32	22	14	36	8	6	1	15	43	44	5	14
13	41	32	55	31	32	16	41	32	4	25	17	28	41	3	28
14	30	0	4	30	46	18	4	27	2	29	18	28	8	1	27
15	18	11	1	30	12	18	39	11	0	23	8	37	5	0	D 44
16	6	11	45	29	55	18	21	39	0	D 52	17	52	42	2	58
17	5	50	55 E	29	54	17	10	24	4	5	16	14	58	5	9
18	17	51	17	30	5	15	7	3	6	10	13	47	15	7	7
19	29	46	6	30	21	12	16	33	7	59	10	35	57	8	45
20	41	35	35	30	31	8	46	44	9	25	6	50	8	9	59
21	53	23	37	30	26	4	47	38	10	24	2	40	39	10	43
22	65	16	45	30	4	0	30	50	10	53	1	40	8 S	10	55
23	77	23	23	29	19	3	50	34 S	10	47	5	58	49	10	32
24	89	52	26	28	13	8	3	2	10	7	10	1	20	9	34
25	102	50	23	26	56	11	51	50	8	49	13	32	35	7	56
26	116	19	41	25	39	15	1	44	6	53	16	17	25	5	42
27	130	16	6	24	44	17	18	4	4	23	18	2	9	2	57
28	144	27	6	24	29	18	28	48	1	28	18	37	10	0	A 4
29	158	35	1	25	0	18	27	18	1	A 34	17	59	23	3	2
30	172	21	48	26	12	17	14	29	4	23	16	13	40	5	41
31	174	23	41 O	27	48	14	58	40	6	45	13	31	16	7	44

Jours du Mois.	PASSAGE de la Lune au Méridien sur l'Horiz.			Variation horaire.		PASSAGE de la Lune au Méridien sous l'Horiz.			Variation horaire.		Demi-diametre horiz. de la ☾.		PARAL-LAXE horizont. de la Lune.	
	H.	M.	S.	M.	S.	H.	M.	S.	M.	S.	M.	S.	M.	S.
1	☌					11	57	47	2	30 . 5	16	32	59	59
2	0	27	39	2	28 . 0	12	56	56	2	24 . 7	16	27	59	31
3	1	25	29	2	20 . 7	13	53	12	2	16 . 4	16	14	58	46
4	2	20	2	2	12 . 0	14	45	58	2	7 . 5	15	59	57	55
5	3	11	2	2	3 . 2	15	35	18	1	59 . 5	15	44	57	3
6	3	58	51	1	56 . 2	16	21	48	1	53 . 4	15	29	56	14
7	4	44	14	1	51 . 1	17	6	15	1	49 . 3	15	17	55	31
8	5	27	59	1	48 . 1	17	49	31	1	47 . 4	15	8	54	52
9	6	10	57	1	47 . 1	18	32	23-	1	47 . 4	15	0	54	21
10	6	53	55	1	48 . 0	19	15	35-	1	48 . 9	14	53	53	58
11	7	37	30	1	50 . 2	19	59	42	1	51 . 8	14	49	53	44
12	8	22	14	1	53 . 5	20	45	7	1	55 . 3	14	47	53	39
13	9	8	22	1	57 . 2	21	32	0	1	59 . 0	14	48	53	42
14	9	55	58	2	0 . 6	22	20	14	2	2 . 0	14	52	53	54
15	10	44	46	2	3 . 2	23	9	30	2	4 . 0	14	57	54	14
16	11	34	22	2	4 . 5	23	59	17	2	4 . 6	15	5	54	42
17	12	24	12	2	4 . 5		☍				15	14	55	17
18	13	13	53	2	3 . 7	0	49	5	2	4 . 2	15	20	55	38
19	14	3	8	2	2 . 5	1	38	34	2	3 . 1	15	27	56	4
20	14	52	0	2	1 . 9	2	27	36	2	2 . 1	15	35	56	33
21	15	40	49	2	2 . 4	3	16	23	2	2 . 0	15	44	57	2
22	16	30	6	2	4 . 3	4	5	22	2	3 . 2	15	52	57	32
23	17	20	30-	2	8 . 1	4	55	7	2	6 . 0	16	1	58	2
24	18	12	43	2	13 . 1	5	46	21	2	10 . 5	16	8	58	28
25	19	7	8	2	19 . 0	6	39	38	2	16 . 0	16	14	58	48
26	20	3	53	2	24 . 4	7	35	14	2	21 . 9	16	18	59	2
27	21	2	23	2	27 . 6	8	32	58	2	26 . 3	16	20	59	7
28	22	1	31	2	27 . 4	9	31	58	2	28 . 0	16	19	59	5
29	22	59	50	2	23 . 6	10	30	52	2	25 . 9	16	15	58	57
30	23	56	3	2	17 . 1	11	28	16	2	20 . 6	16	10	58	41
31	☌					12	23	7	2	13 . 5	16	5	58	20

Jours du M.	Lieu des Plan. (S. D. M.)	Latit. des Plan. (D. M.)	Declinaison des Plan. (D. M.)	Ascens. droite des Planet. (D. M.)	Passage des Plan. au Mérid. (H. M.)	Elongat. des Planetes (S. D. M.)
♄	**SATURNE**					
1	♐ 28 38	0 22 S	20 49 S	300 51	1 17	0 18 2 E
7	29 20	0 22	20 41	301 37	0 54	0 12 36
13	♒ 0 2	0 22	20 32	302 22	0 31	0 7 11
19	0 45	0 23	20 23	303 7	0 8	0 1 48
25	1 28	0 23	20 14	303 51	23 42	0 3 36 O
♃	**JUPITER.**					
1	♎ 17 2	1 19 N	5 30 S	196 13	18 16	2 23 34 O
7	17 33	1 20	5 40	196 43	17 52	2 29 11
13	17 59	1 22	5 48	197 7	17 27	3 4 52
19	18 19	1 23	5 54	197 25	17 3	3 10 40
25	18 31	1 25	5 57	197 37	16 38	3 16 33
♂	**MARS.**					
1	♋ 7 45	3 45 N	26 59 N	98 41	11 46	5 27 8 E
7	5 28	3 49	27 11	96 8	11 10	5 18 44
13	3 27	3 50	27 16	93 52	10 35	5 10 36
19	1 48	3 48	27 15	92 1	10 2	5 2 51
25	0 37	3 44	27 12	90 42	9 31	4 25 34
♀	**VENUS.**					
1	♐ 26 27	1 22 S	22 14 S	298 45	1 9	0 15 50 E
7	♒ 3 58	1 30	20 44	306 41	1 14	0 17 14
13	11 29	1 35	18 52	314 25	1 18	0 18 38
19	18 59	1 36	16 40	321 57	1 23	0 20 2
25	26 29	1 34	14 11	329 16	1 27	0 21 25
☿	**MERCURE.**					
1	♓ 25 57	0 19 S	23 44 S	265 34	22 58	0 14 40 O
7	♑ 5 3	0 58	24 21	275 31	23 12	0 11 40
13	14 26	1 30	24 11	285 50	23 28	0 8 24
19	24 8	1 53	23 27	296 23	23 44	0 4 49
25	♒ 4 11	2 4	21 14	307 3	24 1	0 0 52

Column groups: **Passage de 0° du ♈ au Mérid.** (H. M. S.) — **Eclipses du 1er Satel. de Jupiter** (H. M.) — **☌ de la Lune avec les Fixes** — **Heure de la Conjonct.** (H M) — **Dist. du centre de la Lune à l'Etoile** (D. M.)

Jours du M.	H.	M.	S.	Jours du M.	H.	M.	Jours du M.	Étoile	Signe	H	M	D.	M.	
1	5	12	52		Immers.		5	λ	♒	14	2	0	46-	N
2	5	8	28	2	6	58	6	φ	♒	0	19	0	55	N
3	5	4	4	4	1	25		✳	♓	17	13	0	25	N
4	4	59	41	5	19	52	8	μ	♓	21	50	0	1	S
5	4	55	18	7	14	20	9	ξ	K	19	45	0	28	N
6	4	50	55	9	8	47	10	ξ	♈	2	24	0	27	S
7	4	46	33	11	3	15		μ	♈	11	39	1	21	N
8	4	42	11	12	21	42-	11	f	♉	11	17	1	13	N
9	4	37	50	14	16	10	12	γ	♉	11	55	0	44	N
10	4	33	30	16	10	38		d	♉	14	5	1	3	S
11	4	29	10	18	5	6		θ	♉	16	16	0	43	N
12	4	24	51	19	23	34		θ	♉	16	16-	0	49	N
13	4	20	32	21	19	1-		α	♉	19	59	0	24	N
14	4	16	14	23	12	29	15	✳	♊	8	6	0	48	N
15	4	11	56	25	6	57	17	ζ	♋	0	53	1	16	S
16	4	7	40	27	1	25	18	ξ	♌	14	58	1	8	N
17	4	3	24	28	19	53	19	α	♌	7	7	0	8	N
18	3	59	9	30	14	21		✳	♌	15	12	0	7-	N
19	3	54	54					ρ	♌	18	2	0	54	S
20	3	50	40				20	c	♌	7	51	0	9	N
21	3	46	27					τ	♌	21	21	1	9	N
22	3	42	15				21	β	♍	7	20	0	24	N
23	3	38	3					η	♍	21	5	0	23-	N
24	3	33	52				22	γ	♍	6	30	0	36	S
25	3	29	43					θ	♍	20	34	1	5	N
26	3	25	34				23	l	♍	5	24	0	26	N
27	3	21	26				24	x	♍	0	42	1	1	N
28	3	17	18				25	γ	♎	11	42-	0	27-	N
29	3	13	11					η	♎	15	27	0	54	N
30	3	9	5					ψ	♎	20	31	1	6	S
31	3	5	0				26	φ	⊙	10	22	0	5	S
								m	⊙	14	43	0	42	N

Jours du Mois.	Demi-Diametre du SOLEIL.	MOUVEM. horaire du SOLEIL.	TEMPS que le ☉ met à traverser le Méridien.	DISTANCE du SOLEIL à la Terre. Distance moy. 100000	LE SOLEIL entre au ♒ le 20 à 0ʰ 37' 21".
	M. S.	M. S.	M. S.	100000	
1	16 23	2 33. 0	2 22	98309	
11	16 22	2 32. 8	2 21	98347	
21	16 21	2 32. 5	2 19	98435	

PHENOMENES ET OBSERVATIONS.

J. du M.	
1	● Nouv. Lune de Janvier à 2ʰ 14'.
2	♂ de ♄ & ♀ à 21ʰ. ♄ 1° 4' N.
8	☿ Aphélie. ‖ ☽ Prem. Quart. à 19ʰ 37½".
10	♂ à 1ʰ est à 57' S d'une ✶ ♊. ‖ Le 12 ♀ à 4ʰ est à 1° 1' S de θ ♌.
13	☽ Apogée à 0ʰ 40' en ♊ 8° 42½'.
15	♀ à 5ʰ à 15' S de ι ♌.
16	☉ Pleine Lune à 22ʰ 53'.
18	♀ à 12ʰ est à 55' N de γ ♌.
19	♀ à 22ʰ est à 56' N de δ ♌.
21	♂ de ♄ à 0ʰ en ♒ 0° 59½".
22	♃ dans les limites de sa latitude héliocentrique.
24	♀ à 1ʰ à 29' N de ι ♒. ‖ ☾ Dern. Quart. à 6ʰ 11'.
26	☽ Périgée à 14ʰ 51' en ♓ 7° 58". ‖ ♂ Supérieure de ☿.
29	♀ à 10ʰ est à 19' de σ ♒.
31	● Nouv. Lune de Février à 0ʰ 23'.
31	♀ à 4ʰ & à 14ʰ passe à 41' S & à 1° 0' S de deux ✶ ✶ du ♒.

La changeante de la Baleine pourra être vue vers la fin de ce mois.

Phase de VENUS ♀ ○   Occid. Orient.   le premier de ce mois.
Partie éclairée 0. 965.   Partie obscure 0. 035.

Mercure sera invisible tout ce mois.

Jours du Mois	FEVRIER.	Lieu du Soleil.				Ascension Droite du Soleil.			Déclinaison du ☉ Méridional.			Equation de l'Horloge.	
		S.	D.	M.	S.	J.	M.	S.	D.	M.	S.	M.	S.
1	IV D. S. Ignace M.	♒ 12	10	0		314	38	14	17	10	15	14 A	7
2	Lun. Préf. de N. S.	13	10	50		315	39	16	16	53	3	14	14
3	Mar. S Blaise M.	14	11	39		316	40	6	16	35	35	14	21
4	Mer. S. Isidore P.	15	12	27		317	40	44	16	17	50	14	27
5	Jeu. Ste Agathe. V.	16	13	14		318	41	10	15	59	48	14	32
6	Ven. S. Vaast Ev.	17	13	59		319	41	23	15	41	29	14	36
7	Sa. S. Romuald Ab.	18	14	43		320	41	24	15	22	54	14	40
8	V. D. S. Jean de Ma.	19	15	25		321	41	12	15	4	3	14	43
9	Lu. Ste Apolline V.	20	16	6		322	40	48	14	44	57	14	45
10	Ma. Ste Scholast. V	21	16	45		323	40	12	14	25	37	14	46
11	Me. S. Sévérin Ab.	22	17	23		324	39	24	14	6	3	14	46
12	Jeu. S. Mélece Ev.	23	18	0		325	38	25	13	46	15	14	45
13	Ven. S. Lézin Ev.	24	18	36		326	37	15	13	26	13	14	44
14	Sa. S. Valentin M.	25	19	9		327	35	54	13	5	57	14	42
15	Dim. Septuagésime	26	19	41		328	34	21	12	45	29	14	39
16	Lu. S. Onésime Ev.	27	20	11		329	32	37	12	24	49	14	36
17	Ma. S. Silvain Ev.	28	20	39		330	30	41	12	3	57	14	32
18	Me. S. Simeon Ev.	29	21	6		331	28	35	11	42	53	14	27
19	Jeu. S. Flavien Ev.	♓ 0	21	32		332	26	19	11	21	39	14	21
20	Ven. S. Eucher Ev.	1	21	56		333	23	53	11	0	14	14	15
21	Sa. S. Sévérien Ev.	2	22	18		334	21	17	10	38	39	14	8
22	Dim. Sexagésime.	3	22	38		335	18	31	10	16	54	14	0
23	Lun. S. Sirene M.	4	22	56		336	15	35	9	54	59	13	52
24	Ma. S. Prétextat E.	5	23	13		337	12	30	9	32	56	13	43
25	Me. S. Matthias Ap.	6	23	28		338	9	16	9	10	44	13	34
26	Jeu. S. Taraise Ev.	7	23	41		339	5	53	8	48	24	13	24
27	Ven. S. Alexandre.	8	23	52		340	2	21	8	25	56	13	13
28	Sa. Ste Honorine V.	9	24	1		340	58	41	8	3	20	13	2
29	Di. Quinquagésime.	10	24	8		341	54	53	7	40	38	12	50

Jours du Mois.	Jours de la L.	LIEU de la LUNE à Midi.				Mouvement horaire.		LIEU de la LUNE à Minuit.				Mouvement horaire.		ARGUM. annuel de la Lune.			Distance de la LUNE au SOLEIL		
		S.	D.	M.	S.	M.	S.	S.	D.	M.	S.	M.	S.	S.	D.	M.	S.	D.	M.
1	2	♒	24	46	26	34	8	♓	1	33	15	33	40	VIII	13	20	0	12	26
2	3	♓	8	14	33	33	12		14	50	14	32	44		14	14	0	25	4
3	4		21	20	23	32	17		27	45	8	31	51		15	8	1	7	9
4	5	♈	4	4	52	31	27	♈	10	19	56	31	4		16	2	1	18	52
5	6		16	30	45	30	44		22	37	46	30	27		16	56	2	0	18
6	7		28	41	32	30	12	♉	4	42	34	29	59		17	50	2	11	28
7	8	♉	10	41	29	29	50		16	38	52	29	44		18	43	2	22	27
8	9		22	35	21	29	41		28	31	33	29	41		19	37	3	3	20
9	10	♊	4	28	1	29	44	♊	10	25	19	29	50		20	31	3	14	12
10	11		16	24	0	29	53		22	24	36	30	9		21	25	3	25	7
11	12		28	27	33	30	21	♋	4	33	16	30	36		22	18	4	6	10
12	13	♋	10	42	6	30	53		16	54	28	31	11		23	12	4	17	24
13	14		23	10	36	31	30		29	30	40	31	50		24	6	4	28	52
14	15	♌	5	54	49	32	11	♌	12	23	10	32	32		24	59	5	10	34
15	16		18	55	46	32	53		25	32	17	33	13		25	53	5	22	36
16	17	♍	2	12	54	33	33	♍	8	57	22	33	51		26	46	6	4	53
17	18		15	45	23	34	9		22	36	40	34	24		27	40	6	17	35
18	19		29	30	55	34	38	♎	6	27	50	34	51		28	34	7	0	10
19	20	♎	13	27	1	35	1		20	28	3	35	9		29	27	7	13	5
20	21		27	30	35	35	16	♏	4	34	18	35	21	IX	0	21	7	26	9
21	22	♏	11	38	54	35	24		18	44	3	35	26		1	14	8	9	17
22	23		25	49	31	35	27	♐	2	55	2	35	27		2	7	8	22	27
23	24	♐	10	0	24	35	26		17	5	23	35	24		3	1	9	5	37
24	25		24	9	44	35	20	♑	1	13	13	35	15		3	54	9	18	47
25	26	♑	8	15	30	35	8		15	16	17	35	0		4	48	10	1	52
26	27		22	15	14	34	50		29	12	0	34	38		5	41	10	14	52
27	28	♒	6	6	15	34	24	♒	12	57	37	34	9		6	34	10	27	42
28	29		19	45	47	33	52		26	30	27	33	34		7	28	11	10	22
29	30	♓	3	11	25	33	15	♓	9	48	30	32	55		8	21	11	22	47

Jours du Mois.	Latitude de la LUNE à Midi.			Mouvement horaire.	Latitude de la LUNE à Minuit.			Mouvement horaire.	Angle horaire de la LUNE à Midi.			Variation horaire 14 dég.	
	D.	M.	S.	M. S.	D.	M.	S.	M. S.	D.	M.	S.	M.	S.
1	1	28	31 N	2 D 59	0	52	20 N	3 D 2	11	55	43 E	28	39
2	0	15	51	3 2	0	20	21 S	2 59	24	8	19	30	16
3	0	55	49 S	2 54	1	30	7	2 48	35	44	48	31	38
4	2	2	53	2 39	2	33	44	2 29	46	52	46	32	37
5	3	2	27	2 18	3	28	46	2 6	57	41	48	33	13
6	3	52	32	1 52	4	13	34	1 38	68	21	29	33	25
7	4	31	42	1 23	4	46	47	1 8	79	0	49	33	15
8	4	58	45	0 52	5	7	31	0 36	89	47	44	32	48
9	5	13	0	0 19	5	15	☽	0 2	100	48	26	32	7
10	5	13	51	0 A 15	5	9	7	0 A 33	112	6	41	31	21
11	5	0	7	0 50	4	49	18	1 7	123	43	31	30	36
12	4	34	15	1 24	4	15	50	1 40	135	36	52	29	59
13	3	54	11	1 56	3	29	24	2 11	147	42	36	29	35
14	3	1	44	2 25	2	31	24	2 38	159	55	7	29	25
15	1	58	45	2 48	1	24	8	2 57	172	9	23	29	25-
16	0	48	1	3 3	0	10	51	3 7	175	37	47 O	29	31
17	0	26	48 N	3 8	1	4	23 N	3 6	163	26	41	29	33
18	1	41	18	3 1	2	16	59	2 54	151	14	52	29	26
19	2	50	48	2 43	3	22	12	2 30	138	57	26	29	4
20	3	50	39	2 14	4	15	39	1 56	126	28	25	28	26
21	4	36	50	1 36	4	53	48	1 14	113	41	58	27	38
22	5	6	18	0 51	5	14	7	0 27	100	34	15	26	43
23	5	17	11	0 3	5	15	25	0 D 21	87	5	11	25	54
24	5	8	53	0 D 45	4	57	41	1 7	73	19	47	25	24
25	4	42	2	1 29	4	22	11	1 49	59	28	16	25	26
26	3	58	32	2 7	3	31	27	2 23	45	43	59	26	0
27	3	1	27	2 36	2	29	0	2 47	32	19	45	27	3
28	1	54	40	2 55	1	19	2	3 0	19	24	38	28	23
29	0	42	37	3 30	0	5	58	3 3	7	2	40	29	45

Jours du Mois.	Angle horaire de la LUNE à Minuit. D.	M.	S.	Variation horaire 14 dégr. M.	S.	Déclinaison de la LUNE à Midi. D.	M.	S.	Mouvement horaire. M.	S.	Déclinaison de la LUNE à Minuit. D.	M.	S.	Mouvement horaire. M.	S.
1	161	53	8 O	29	29	11	53	28 S	8 A	31	10	7	18 S	9 A	8
2	149	59	21	31	0	8	14	43	9	36	6	17	33	9	54
3	138	38	14	32	11	4	17	36	10	4	2	16	24	10	6
4	127	40	58	32	58	0	15	19	10	3	1	44	21 N	9	53
5	116	57	46	33	22	3	41	30 N	9	38	5	35	2	9	17
6	106	19	20	33	22	7	24	0	8	5	9	7	30	8	22
7	95	37	6	33	3	10	44	46	7	49	12	15	2	7	12
8	84	43	35	32	28	13	37	30	6	31	14	51	25	5	47
9	73	34	45	31	45	15	56	0	4	58	16	50	32	4	7
10	62	7	8	30	58	17	34	19	3	11	18	6	37	2	12
11	50	21	39	30	16	18	26	52	1	10	18	34	29	0	6
12	38	21	29	29	45	18	29	2	1 D	1	18	10	9	2 D	8
13	26	11	39	29	28	17	37	49	3	16	16	51	58	4	22
14	13	57	44	29	24	15	52	58	5	27	14	41	9	6	29
15	1	43	57	29	28	13	17	19	7	28	11	42	15	8	21
16	10	27	52 E	29	33	9	57	11	9	8	8	3	17	9	49
17	22	38	51	29	31	6	2	8	10	21	3	55	17	10	45
18	34	52	47	29	17	1	44	31	11	1	0	28	25 S	11	6
19	47	15	15	28	48	2	41	33 S	11	2	4	52	58	10	49
20	59	52	21	28	4	7	0	41	10	26	9	2	46	9	53
21	72	49	9	27	11	10	57	21	9	11	12	42	32	8	19
22	86	7	51	26	17	14	16	36	7	19	15	37	52	6	12
23	99	46	2	25	36	16	45	0	4	58	17	36	38	3	38
24	113	36	2	25	21	18	12	0	2	14	18	30	16	0	48
25	127	25	37	25	38	18	31	22	0 A	48	18	15	12	2 A	3
26	141	1	17	26	29	17	42	26	3	24	16	53	45	4	41
27	154	11	48	27	42	15	50	27	5	51	14	33	53	6	53
28	166	50	27	29	5	13	5	40	7	4	11	27	31	8	32
29	178	56	19	30	24	9	41	13	9	9	7	48	36	9	35

Jours du Mois.	PASSAGE de la Lune au Méridien sur l'Horiz.			Variation horaire.		PASSAGE de la Lune au Méridien sous l'Horiz.			Variation horaire.		Demi-diametre horiz. de la ☾.		PARAL-LAXE horizont. de la Lune.	
	H.	M.	S.	M.	S.	H.	M.	S.	M.	S.	M.	S.	M.	S.
1	0	49	26	2	9 . 7	13	15	0	2	6 . 0	15	52	57	33
2	1	39	51	2	2 . 5	14	4	2	1	52 . 4	15	40	56	46
3	2	27	38	1	55 . 7	14	50	43	1	54 . 3	15	29	56	3
4	3	13	23	1	52 . 5	15	35	44	1	51 . 1	15	18	55	23
5	3	57	51	1	50 . 2	16	19	50	1 . 49 . 7		15	8	54	49
6	4	41	45	1	49 . 6	17	3	42	1	50 . 0	15	0	54	24
7	5	25	45	1	50 . 6	17	47	58	1	51 . 6	14	55	54	6
8	6	10	25	1	52 . 9	18	33	8	1	54 . 4	14		53	55
9	6	56	10	1	56 . 0	19	19	32	1 . 57 . 7		14		53	57
10	7	43	15	1	59 . 5	20	7	18-	2	1 . 1	14	53	54	0
11	8	31	41	2	2 . 6	20	56	20	2	3 . 8	14	58	54	15
12	9	21	14	2	5 . 0	21	46	19	2	5 . 8	15	5	54	38
13	10	11	32	2	6 . 4	22	36	51	2	6 . 7	15	13	55	8
14	11	2	11	2	6 . 8	23	27	31	2	6 . 7	15	23	55	45
15	11	52	50	2	6 . 5		8				15	34	56	27
16	12	43	20	2	6 . 1	0	18	6	2	6 . 2	15	44	57	5
17	13	33	46	2	6 . 2	1	8	33	2	6 . 1	15	51	57	29
18	14	24	27	2	7 . 4	1	59	3	2	6 . 7	15	57	57	53
19	15	15	49	2	9 . 7	2	50	1	2	8 . 3	16	3	58	13
20	16	8	19	2	13 . 1	3	41	53	2	11 . 3	16	8	58	29
21	17	2	20	2	17 . 1	4	35	7	2	15 . 0	16	12	58	40
22	17	57	58	2	20 . 9	5	29	58	2	19 . 1	16	13	58	46
23	18	54	58	2	23 . 7	6	26	20	2	22 . 6	16	12	58	43
24	19	52	37	2	24 . 0	7	23	46	2	24 . 2	16	10	58	34
25	20	49	52	2	21 . 8	8	21	21	2	23 . 2	16	6	58	20
26	21	45	46	2	17 . 2	9	18	3	2	19 . 7	16	0	58	1
27	22	39	32	2	11 . 4	10	12	56	2	14 . 4	15	53	57	38
28	23	30	50-	2	5 . 3	11	5	29	2	8 . 3	15	47	57	14
29		♂				11	55	37	2	2 . 5	15	40	56	88

Jours du M.	LIEU des PLAN.	LATIT. des PLAN.	DECLINAI-SON des Plan.	ASCENS. droite des PLANET.	PASSAGE des Plan. au Mérid.	ELONGAT. des PLANETES.
	S. D. M.	D. M.	D. M.	D. M.	H. M.	S. D. M.
♄				SATURNE.		
1	♒ 2 18	0 24 S	20 3 S	304 40	23 16	0 9 52 O
7	3 0	0 24	19 54	305 23	22 55	0 15 15
13	3 41	0 25	19 45	306 5	22 34	0 20 38
19	4 22	0 25	19 36	306 46	22 14	0 26 0
25	5 1	0 26	19 28	307 26	21 54	1 1 22
♃				JUPITER.		
1	♎ 18 36	1 27 N	5 58 S	197 43	16 10	3 23 34 O
7	18 33	1 28	5 56	197 41	15 46	3 29 42
13	18 25	1 30	5 51	197 33	15 22	4 5 54
19	18 9	1 31	5 44	197 18	14 57	4 12 13
25	17 46	1 32	5 34	196 58	14 33	4 18 37
♂				MARS.		
1	♊ 29 51	3 37 N	27 5 N	89 50	8 59	4 17 41 E
7	29 42	3 30	26 58	89 40	8 34	4 11 27
13	♋ 0 0	3 22	26 50	90 0	8 12	4 5 41
19	0 42	3 14	26 42	90 47	7 52	4 0 20
25	1 46	3 6	26 33	91 58	7 34	3 25 22
♀				VENUS.		
1	♓ 5 11	1 29 S	11 1 S	337 34	1 32	0 23 1 E
7	12 38	1 22	8 7	344 29	1 36	0 24 23
13	20 4	1 13	5 6	351 18	1 40	0 25 45
19	27 28	1 2	1 59	358 4	1 44	0 27 6
25	♈ 4 50	0 49	1 10 N	4 46	1 47	0 28 27
☿				MERCURE.		
1	♒ 16 24	1 58 S	17 49 S	319 29	0 19	4 13 42 E
7	27 12	1 32	13 52	329 59	0 37	8 57 47
13	♓ 7 57	0 44	9 17	339 54	0 53	13 38 17
19	17 34	0 29 N	4 28	343 23	1 4	17 12 58
25	24 12	1 56	0 32	353 55	1 2	17 48 31

Jours du M.	PASSAGE de 0° du ♈ au Mérid.		
	H.	M.	S.
1	3	0	56
2	2	56	53
3	2	52	51
4	2	48	49
5	2	44	48
6	2	40	48
7	2	36	48
8	2	32	50
9	2	28	52
10	2	24	55
11	2	20	59
12	2	17	3
13	2	13	9
14	2	9	15
15	2	5	22
16	2	1	30
17	1	57	38
18	1	53	47
19	1	49	57
20	1	46	7
21	1	42	18
22	1	38	30
23	1	34	43
24	1	30	56
25	1	27	9
26	1	23	24
27	1	19	39
28	1	15	54
29	1	12	10

Jours du M.	ECLIPSES du 1er Satel. de Jupiter	
	H.	M.
	Immerf.	
1	8	49
3	3	17
4	21	45
6	16	13
8	10	42
10	5	10
11	23	38
13	18	6-
15	12	35
17	7	3
19	1	32
20	20	0
22	14	29
24	8	57-
26	3	26
27	21	55
29	16	24

Jours du M.	☌ de la Lune avec les Fixes		HEURE de la Conjonct.		Dist. du centre de la Lune à l'Etoile		
			H.	M.	D.	M.	
5	μ	♓	6	14	0	12	S
	ν	♓	10	57	1	17	N
6	ξ	K	3	50	0	17	N
	ξ	♈	10	26	0	37-	S
	μ	K	19	36	1	10	N
7	f	♉	19	7	1	3	N
8	γ	♉	19	47	0	35	N
	δ	♉	21	56	1	12	S
9	θ	♉	0	7	0	34	N
	θ	♉	0	8	0	40	N
	α	♉	3	51	0	15	N
11	✳	♊	16	14	0	43	N
12	λ	♊	9	2	1	20	N
13	ζ	♋	9	0	1	18	S
14	ξ	♌	22	45	1	9	N
15	a	♌	14	39	0	10	N
	✳	♌	22	35	0	10	N
16	ρ	♌	1	22	0	52	S
	c	♌	14	53	0	11	N
17	τ	♌	4	7	1	14	N
	β	♍	13	53	0	29-	N
18	η	♍	3	21	0	29	N
	γ	♍	12	35	0	30	S
19	θ	♍	2	21	1	12	N
	l	♍	11	2-	0	32	N
20	×	♍	6	6	1	8	N
21	γ	♎	17	5	0	34	N
	η	♎	20	51	1	1	N
22	ψ	♎	1	58	1	0	S
	φ	♏	15	59	0	1	N
	m	♏	20	25	0	48-	N
25	ρ	♐	13	21	0	4	N

Jours du Mois.	Demi-Diametre du SOLEIL.	MOUVEM. horaire du SOLEIL.	TEMPS que le ☉ met à traverser le Méridien.	DISTANCE du SOLEIL à la Terre. *Diſtance moy.* 100000	LE SOLEIL entre au ♓ le 18 à 15ʰ 26′ 56″.
	M. S.	M. S.	M. S.		
1	16 20	2 32. 1	2 17	98580	
11	16 18-	2 31. 5	2 15	98761	
21	16 16-	2 30. 8	2 12	98978	

PHENOMENES ET OBSERVATIONS.

3	☿ en ſa moyenne diſtance. ‖ à 12ʰ ☿ à 1° 3′ S. de λ ♒.
5	♀ à 4ʰ & à 14ʰ paſſe à 41′ S & à 1° 0′ S de deux ✳ ♒.
5	♀ à 16ʰ, 17ʰ & le 6 à 3ʰ à 17′ 21′ 35′ & 29′ N des 4 ✳ de h ♒.
7	☽ Prem. Quart. à 16ʰ 38′. ‖ ♀ à 21ʰ eſt à 20′ S de φ ♒.
9	☽ Apogée à 0ʰ 29′ en ♉ 4° 42′.
13	☿ à 4ʰ eſt à 19′ S de λ ♒. ‖ à 12ʰ il eſt à 21′ S d'une ✳ ♒.
14	☿ à 10ʰ & à 17ʰ avec 2 ✳ ♒. Diſt. 15′ N & 2′ S.
15	♀ à 4ʰ & à 23ʰ avec 2 ✳ ♓. Diſt. 10′ N & 1° 6′ N.
15	☉ Pleine Lune à 14ʰ 32′.
16	☿ à 11ʰ eſt à 58′ N de φ ♒, & le 17 à 13ʰ à 43′ N de n ♒.
18	♀ en ſa diſtance moyenne.
19	☿ à 22ʰ & le 20 à 14ʰ & 22ʰ avec 3 ✳ ♓. D.41′S, 56′S,&27′S.
21	☿ Périhélie. Il prend des cornes le même jour.
22	☾ Périgée à 7ʰ 3′ en ⇸ 0° 0′ & Dern. Quart. à 13ʰ 45′.
22	♃ à 14ʰ 54′ Aph. Lieu hélioc. ♎ 18° 56′. geocentr. ♎ 10° 41′.
23	☿ Elongation 18° 5′. ‖ ♀ à 16ʰ eſt à 7′ S d'une ✳ des ♓.
25	☿ à 13ʰ à 2′ N d'une ✳ ♓.
28	A 13ʰ ☿ Stationaire à 20′ N d'une ✳ ♓.
29	● Nouv. Lune intercalaire à 14ʰ 10′.

La variable de la Baleine paroîtra tout le mois.

Vers le milieu du mois au ſoir ou commencera à voir la lumiere Zodiacale.

Phaſe de VENUS *Occid.* ○ *Orient.* le premier de ce mois.
Partie éclairée 0, 923.   Partie obſcure 0, 077.
Vers le 25 on pourra découvrir Mercure le ſoir.

Jours du M.	MARS.	LIEU du SOLEIL.				ASCENS. droite du SOLEIL.			DÉCLIN. du ☉ Méridion.			Equation de l'Horloge.	
		S.	D.	M.	S.	D.	M.	S	D.	M.	S.	M.	S.
1	Lun. S. Aubin Ev.	♓ 11	24	14		342	50	57	7	17	50	12 A	38
2	Mar. S. Simplice P.	12	24	18		343	46	54	6	54	55	12	25
3	Mer. *Les Cendres.*	13	24	20		344	42	44	6	31	54	12	12
4	Je. S. Adrien Mart.	14	24	20		345	38	27	6	8	48	11	58
5	Ven. Les 5 Playes.	15	24	18		346	34	3	5	45	36	11	44
6	Sam. Ste Colette.	16	24	14		347	29	33	5	22	20	11	30
7	*I. D. Quadragefime.*	17	24	8		348	24	57	4	59	0	11	15
8	Lun. S. Jean de D.	18	24	0		349	20	15	4	35	36	10	59
9	Ma. S. Greg. de Ny.	19	23	49		350	15	26	4	12	10	10	44
10	Mer. S. Droctovée.	20	23	37		351	10	32	3	48	40	10	28
11	Jeu. Les 40 Mart.	21	23	23		352	5	34	3	25	7	10	11
12	Ven. S. Greg. Pap.	22	23	8		353	0	32	3	2	31	9	55
13	Sa. S. Léandre Ev.	23	22	50		353	55	26	2	37	53	9	38
14	*II. D. Reminifcere.*	24	22	29		354	50	15	2	14	14	9	20
15	Lu. S. Tranquille.	25	22	7		355	45	2	1	50	34	9	3
16	Ma. S. Héribert E.	26	21	43		356	39	45	1	26	53	8	45
17	Me. S. Patrice Ev.	27	21	17		357	34	25	1	3	12	8	28
18	Je. S. Alexandre E.	28	20	49		358	29	2	0	39	30	8	10
19	Ven. S. Jofeph.	29	20	19		359	23	36	0	15	48	7	51
									Septentri.				
20	Sam. S. Joachim.	♈ 0	19	47		0	18	9	0	7	54	7·	33
21	*III. Dim. Oculi.*	1	19	12		1	12	39	0	31	34	7	14
22	Lu. S. Afrodife Ev.	2	18	36		2	7	8	0	55	12	6	56
23	Ma. S. Eufebe Ev.	3	17	57		3	1	36	1	18	48	6	37
24	Me. Ste Cath. de S.	4	17	16		3	56	3	1	42	23	6	19
25	Jeu. *Annonciation.*	5	16	34		4	50	30	2	5	55	6	0
26	Ven. S. Ludger E.	6	15	49		5	44	56	2	29	25	5	41
27	Sa. S. Rupert Ev.	7	15	1		6	39	21	2	52	52	5	22
28	*IV Di. Lætare.*	8	14	12		7	33	48	3	16	16	5	4
29	Lu. S. Euftafe Ab.	9	13	22		8	28	16	3	39	36	4	45
30	Ma. S. Rieule Ev.	10	12	29		9	22	44	4	2	52	4	26
31	Me. Ste Balbine V.	11	11	34		10	17	13	4	26	2	4	8

Jours du Mois	Jours de la ☾	LIEU de la LUNE à Midi.				Mouvement horaire.		LIEU de la LUNE à Minuit.				Mouvement horaire.		ARGUM. annuel de la LUNE.			Distance de la LUNE au Soleil.		
		S.	D.	M.	S.	M.	S.	S.	D.	M	S.	M.	S.	S.	D.	M	S.	D.	M.
1	1	♓	16	21	34	32	55	♓	22	50	30	32	14	IX	9	14	0	4	57
2	2		29	15	22	31	54	♈	5	36	12	31	34		10	7	0	16	51
3	3	♈	11	53	9	31	15		18	6	24	30	57		11	1	0	28	29
4	4	.	24	16	14	30	41	♉	0	22	54	30	26		11	54	1	9	52
5	5	♉	6	26	48	30	13		12	28	15	30	2		12	47	1	21	2
6	6		18	27	44	29	53		24	25	42	29	47		13	40	2	2	3
7	7	♊	0	22	40	29	44	♊	6	19	10	29	43		14	33	2	12	58
8	8		12	15	45	29	44		18	12	57	29	49		15	26	2	23	52
9	9		24	11	19	29	55	♋	0	11	28	30	6		16	19	3	4	47
10	10	♋	6	13	59	30	19		12	19	27	30	35		17	12	3	15	50
11	11		18	28	22	30	54		24	41	15	31	15		18	5	3	27	5
12	12	♌	0	58	32	31	38	♌	7	20	37	32	3		18	58	4	8	35
13	13		13	47	48	32	29		20	20	22	32	56		19	51	4	20	25
14	14		26	58	26	33	24	♍	3	42	7	33	52		20	44	5	2	36
15	15	♍	10	31	18	34	20		17	25	51	34	46		21	37	5	15	9
16	16		24	25	21	35	9	♎	1	29	25	35	30		22	30	5	28	4
17	17	♎	8	37	26	35	49		15	48	49	36	4		23	22	6	11	16
18	18		23	2	48	36	15	♏	0	18	38	36	22		24	15	6	24	42
19	19	♏	7	35	28	36	25		14	52	30	36	24		25	8	7	8	15
20	20		22	8	58	36	19		29	24	9	36	12		26	1	7	21	49
21	21	♐	6	37	30	36	1	♐	13	48	26	35	48		26	53	8	5	18
22	22	.	20	56	40	35	34		28	1	51	35	18		27	46	8	18	38
23	23	♑	5	3	49	35	1	♑	12	2	22	34	44		28	39	9	1	46
24	24		18	57	33	34	27		25	49	20	34	10		29	31	9	14	40
25	25	♒	2	37	45	33	53	♒	9	22	47	33	36	X	0	24	9	27	21
26	26		16	4	28	33	20		22	42	51	33	4		1	16	10	9	49
27	27		29	17	59	32	48	♓	5	49	56	32	32		2	9	10	22	3
28	28	♓	12	18	43	32	16		18	44	24	32	0		3	1	11	4	4
29	29		25	7	1	31	45	♈	1	26	38	31	30		3	54	11	15	54
30	1	♈	7	43	18	31	16		13	57	6	31	2		4	46	11	27	31
31	2		20	8	11	30	49		26	16	41	30	36		5	39	0	8	57

Jours du Mois	Latitude de la Lune à Midi.			Mouvement horaire.		Latitude de la Lune à Minuit.			Mouvement horaire.		Angle horaire de la Lune à Midi.			Variation horaire 14 dég.	
	D.	M.	S.	M.	S.	D.	M.	S.	M.	S.	D.	M.	S.	M.	S.
1	0	30	24 S	3 D	0	1	5	59 S	2 D	5 5	4	47	59 E	30	59
2	1	40	21	2	48	2	13	5	2	39	16	12	8	31	56
3	2	43	53	2	29	3	12	24	2	17	26	17	0	32	35
4	3	38	24	2	3	4	1	39	1	49	38	10	30	32	54
5	4	22	0	1	34	4	39	18	1	19	49	0	20	32	54
6	4	53	27	1	3	5	4	21	0	47	59	53	20	32	38
7	5	11	56	0	30	5	16	11	0	13	70	55	8	32	10-
8	5	17	3	0 A	4	5	14	30	0 A	22	82	9	43	31	36
9	5	8	34	0	39	4	59	14	0	55	93	38	55	30	59
10	4	46	32	1	12	4	30	31	1	28	105	22	37	30	24
11	4	11	15	1	44	3	48	50	2	0	117	19	9	29	55
12	3	23	25	2	14	2	55	10	2	28	129	25	18	29	35-
13	2	24	21	2	40	1	51	11	2	51	141	37	54	29	22-
14	1	16	4	3	0	0	39	26	3	6	153	54	50	29	12-
15	0	1	46	3	9	0	36	24 N	3	10	166	15	50	29	1-
16	1	14	27 N	3	9	1	51	45	3	4	178	42	44	28	42-
17	2	27	38	2	55	3	1	26	2	43	168	41	0 O	28	13-
18	3	32	31	2	28	4	0	15	2	10	155	50	48	27	33-
19	4	24	10	1	49	4	43	47	1	27	142	42	45	26	46
20	4	58	49	1	3	5	8	59	0	39	129	15	23	25	59
21	5	14	14	0	14	5	14	30	0 D	11	115	30	58	25	23
22	5	9	54	0 D	25	5	0	35	0	58	101	36	22	25	9
23	4	46	50	1	19	4	28	55	1	39	87	42	7	25	26
24	4	7	13	1	57	3	42	7	2	13	74	0	25	26	11
25	3	14	5	2	27	2	43	34	2	38	60	41	42	27	19
26	2	11	3	2	47	1	37	2	2	55	47	52	50	28	38
27	1	2	0	2	57	0	26	27	2	58	41	40	27	29	56
28	0	9	8 S	2	57	0	44	16 S	2	54	29	38	49	31	5
29	1	18	32	2	48	1	51	31	2	41	12	25	53	31	58
30	2	22	52	2	32	2	52	14	2	22	1	20	54	32	33
31	3	19	20	2	16	3	43	53	1	56	9	33	37 E	32	50

Jours du Mois.	Angle horaire de la LUNE à Minuit. D. M. S.	Variation horaire 1+ dég. M. S.	Déclinaison de la LUNE à Midi. D. M. S.	Mouvement horaire. M. S.	Déclinaison de la LUNE à Minuit. D. M. S.	Mouvement horaire. M. S.
1	169 27 4 O	31 30	5 51 24 S	9 A 54	3 51 18 S	10 A 5
2	158 13 31	32 19	1 49 49	10 9	0 11 34 N	10 5
3	147 15 19	32 48	2 11 32 N	9 54	4 8 45	9 37
4	136 24 34	32 56	6 2 11	9 16	7 50 48	8 49
5	125 33 56	32 48	9 33 39	8 12	11 9 49	7 53
6	114 37 9	32 26	12 38 30	7 3	13 58 54	6 20
7	103 29 19	31 54	15 10 17	5 33	16 11 58	4 43
8	92 7 32	31 17	17 3 17	3 49	17 43 36	2 53
9	80 30 58	30 41	18 12 23	1 54	18 29 5	0 53
10	68 40 32	30 8-	18 33 17	0 D 11	18 24 35	1 D 16
11	56 38 46	29 4+	18 2 49	2 2	17 27 46	3 28
12	44 29 3	29 28	16 39 30	4 34	15 38 9	5 39
13	32 14 7	29 17-	14 24 11	6 41	12 58 6	7 39
14	19 55 14	29 7-	11 20 46	8 23	9 33 4	9 22
15	7 31 39	28 53	7 36 18	10 4	5 31 50	10 38
16	4 59 25 E	28 29-	3 21 27	11 4	1 6 53	11 19
17	17 42 5	27 54-	1 9 46 S	11 24	3 26 24 S	11 19
18	30 40 51	27 10	5 40 46	11 2	7 50 37	10 33
19	43 58 35	26 22	9 53 42	9 54	11 47 46	9 4
20	57 35 3	25 38	13 30 52	8 5	15 1 4	6 56
21	71 25 40	25 13	16 16 55	5 40	17 16 59	4 19
22	85 21 34	25 13	18 0 33	2 55	18 26 51	1 28
23	99 11 0	25 45	18 35 53	0 2	18 27 40	1 A 23
24	112 42 18	26 43	18 2 54	2 A 44	17 22 15	4 1
25	125 46 40	27 57-	16 26 55	5 11	15 18 5	5 15
26	138 19 33	29 16	13 57 17	7 11	12 26 1	7 53
27	150 21 11	30 32-	10 45 54	8 40	8 58 31	9 13
28	161 55 24	31 34+	7 5 29	9 36	5 8 22	9 53
29	173 8 22	32 18	3 8 39	10 2	0 57 49	10 5
30	175 52 47 O	32 45	0 52 49 N	10 6	2 51 52 N	9 49
31	165 0 47	32 52	4 48 12	9 33	6 40 37	9 10

Jours du Mois.	PASSAGE de la Lune au Méridien sur l'Horiz.			Variation horaire.		PASSAGE de la Lune au Méridien sous l'Horiz.			Variation horaire.		Demi-diametre horiz. de la ☾.		PARALLAXE horizont. de la ☾.	
	H.	M.	S.	M.	S.	H.	M.	S.	M.	S.	M.	S.	M.	S.
1	0	19	50-	1	59 . 9	12	43	34-	1	57 . 6	15	32	56	17
2	1	6	53-	1	55 . 7	13	29	52	1	54 . 2	15	20	55	35
3	1	52	34	1	53 . 0	14	15	4	1	52 . 1	15	11	54	59
4	2	37	26	1	51 . 7	14	59	46	1	51 . 7	15	3	54	30
5	3	22	7	1	51 . 9	15	44	32	1	52 . 4	14	57	54	9
6	4	7	5	1	53 . 1	16	29	47	1	54 . 1	14	52	53	56
7	4	52	45	1	55 . 3	17	15	56	1	56 . 6	14	51	53	51
8	5	39	23	1	58 . 0	18	3	6	1	59 . 3	14	52	53	55
9	6	27	6	2	0 . 7	18	51	22	2	2 . 0	14	55	54	6
10	7	15	53	2	3 . 2	19	40	37	2	4 . 2	15	1	54	27
11	8	5	32	2	5 . 0	20	30	37	2	5 . 7	15	9	54	55
12	8	55	49	2	6 . 3	21	21	7	2	6 . 7	15	20	55	30
13	9	46	30	2	7 . 1	22	11	58	2	7 . 5	15	31	56	10
14	10	37	30	2	7 . 8	23	3	6	2	8 . 2	15	43	56	56
15	11	28	48	2	8 . 8	23	54	39	2	9 . 7	15	56	57	44
16	12	20	41	2	10 . 7	☍					16	9	58	31
17	13	13	24	2	13 . 2	0	46	55	2	11 . 8	16	15	58	55
18	14	7	21	2	16 . 7	1	40	12	2	14 . 9	16	19	59	9
19	15	2	45	2	20 . 3	2	34	52	2	18 . 5	16	21	59	17
20	15	59	30	2	23 . 3	3	30	58	2	21 . 9	16	21	59	16
21	16	57	14	2	24 . 9	4	28	17	2	24 . 4	16	18	59	7
22	17	55	10	2	24 . 3	5	26	14	2	24 . 9	16	14	58	49
23	18	52	23	2	21 . 3	6	23	55	2	23 . 1	16	8	58	25
24	19	48	2	2	16 . 6	7	20	27	2	19 . 1	16	0	57	56
25	20	41	33	2	10 . 8	8	15	5	2	13 . 8	15	50	57	25
26	21	32	40	2	4 . 9	9	7	24	2	7 . 8	15	40	56	52
27	22	21	36	1	59 . 9	9	57	23	2	2 . 3	15	31	56	20
28	23	8	40	1	55 . 9	10	45	20	1	57 . 7	15	23	55	51
29	23	54	26	1	53 . 2	11	31	41	1	54 . 4	15	16	55	26
30	♂					12	17	0	1	52 . 5	15	11	55	4
31	0	39	26	1	52 . 0	13	1	49	1	51 . 9	15	3	54	25

Jours du M.	LIEU des PLAN.			LATIT. des PLAN.		DECLINAISON des Plan.			ASCENS. droite des PLANET.		PASSAGE des Plan. au Mérid.		ELONGAT. des PLANETES.			
	S.	D.	M.	D.	M.	D.	M.		D.	M.	H.	M.	S.	D.	M.	
♄							SATURNE.									
1	♒	5	33	0	26 S	19	20	S	308	0	21	37	1	5	32	O
7		6	9	0	27	19	12		308	38	21	18	1	11	15	
13		6	44	0	27	19	4		309	14	20	58	1	16	39	
19		7	16	0	28	18	56		309	48	20	38	1	22	4	
25		7	46	0	29	18	49		310	20	20	19	1	27	31	
♃							JUPITER.									
1	♎	17	23	1	33 N	5	24	S	196	38	14	13	4	24	1	O
7		16	50	1	34	5	10		196	8	13	49	5	0	34	
13		16	13	1	35	4	55		195	34	13	25	5	7	10	
19		15	32	1	36	4	39		194	56	13	0	5	13	48	
25		14	48	1	36	4	22		194	15	12	36	5	20	29	
♂							MARS.									
1	♋	2	54	2	59 N	26	25	N	93	14	7	21	3	21	30	E
7		4	32	2	51	26	15		95	3	7	6	3	17	8	
13		6	24	2	43	26	3		97	8	6	52	3	13	1	
19		8	29	2	36	25	48		99	27	6	39	3	9	9	
25		10	45	2	29	25	31		101	57	6	27	3	5	28	
♀							VENUS.									
1	♈	10	58	0	37 S	3	47	N	10	20	1	50	0	29	34	E
7		18	18	0	21	6	51		17	0	1	54	1	0	54	
13		25	35	0	3	9	50		23	43	1	59	1	2	12	
19	♉	2	50	0	16 N	12	42		30	30	2	4	1	3	30	
25		10	1	0	36	15	24		37	24	2	10	1	4	45	
☿							MERCURE.									
1	♓	26	0	3	2 N	1	11	N	355	7	0	49	0	14	35	E
7		23	20	3	39	0	42		351	32	0	12	0	5	56	
13		17	52	3	9	1	55	S	347	36	23	29	0	5	31	O
19		13	33	1	49	4	48		344	9	22	54	0	15	47	
25		12	34	0	18	6	34		343	58	22	34	0	22	43	

Passage de 0° du ♈ au Mérid.

Jours du M.	H.	M.	S.
1	1	8	26
2	1	4	43
3	1	1	0
4	0	57	18
5	0	53	36
6	0	49	54
7	0	46	13
8	0	42	32
9	0	38	52
10	0	35	13
11	0	31	33
12	0	27	54
13	0	24	15
14	0	20	36
15	0	16	57
16	0	13	19
17	0	9	41
18	0	6	3
19	0	2	25
	23	58	47
20	23	55	10
21	23	51	33
22	23	47	56
23	23	44	18
24	23	40	41
25	23	37	4
26	23	33	27
27	23	29	49-
28	23	26	12
29	23	21	35
30	23	18	57
31	23	15	20

Eclipses du 1er Satel. de Jupiter.

Jours du M.	H.	M.
	Immerf.	
2	10	52
4	5	21
5	23	50
7	18	19
9	12	48
11	7	16-
13	1	45
14	20	14
16	14	43
18	9	12
20	3	41
21	22	10
23	16	39
25	11	8
27	5	37
29	0	6
30	18	35

♂ de la Lune avec les Fixes — Heure de la Conjonct. — Dist. du centre de la Lune à l'Etoile

Jours du M.	(étoile)	(signe)	H.	M.	D.	M.	
4	ξ	K	12	29	0	14-	N
	ξ	♈	19	0	0	40-	S
5	μ	K	4	5	1	7	N
6	f	♉	3	26	1	0	N
7	γ	♉	4	2	0	32	N
	δ	♉	6	11	1	14	S
	θ	♉	8	22	0	32	N
	θ	♉	8	23	0	38	N
	α	♉	12	6-	0	13	N
10	✳	♊	1	17	0	42-	N
	λ	♊	17	58	1	19	N
13	ξ	♌	8	9	1	9	N
14	a	♌	0	4	0	10	N
	✳	♌	7	58	0	10	N
	ρ	♌	10	43	0	51	S
15	c	♌	0	8	0	12	N
	τ	♌	13	9-	1	14	N
	β	♍	22	45	0	30	N
16	η	♍	11	54	0	30	N
	γ	♍	20	55	0	30	S
17	θ	♍	10	21	1	11-	N
	l	♍	18	48	0	32	N
18	χ	♍	13	18	1	7	N
19	γ	♎	23	19	0	33	N
20	η	♎	3	0	0	59	N
	⚓	♎	8	0	1	2	S
	φ	O	21	45	0	1	S
21	m	O	2	6	0	46	S
23	ρ	♐	18	57	0	1	N
24	β	♐	20	30	1	15	S
26	λ	♐	9	59	1	14-	S
28	♄		1	55	0	7	N

Jours du Mois.	Demi-Diametre du SOLEIL.		MOUVEM. horaire du SOLEIL.		TEMPS que le ☉ met à traverser le Méridien.		DISTANCE du SOLEIL à la Terre. Distance moy. 100000	LE SOLEIL entre au ♈ le 19 à 16^h 1′ 4″.
	M.	S.	M.	S.	M.	S.		
1	16	14	2	30. 2	2	11	99201	
11	16	11-	2	29. 4	2	10	99470	
21	16	9	2	28. 5	2	9	99754	

PHENOMENES ET OBSERVATIONS.

J. du M.	
2	♀ à 13^h passe à 15′ N d'une ✳ de la Baleine.
3	♀ à 5^h 30′ à 39′ N d'une ✳ ♓ . ‖ ♀ à 22^h à 1° 1′ N de e ♓ .
5	♀ à 11^h est à 13′ S de ζ ♓ . ‖ ♀ à 12^h est à 27′ N d'une ✳ ♓ .
6	☽ Apogée à 14^h 33′ en ♉ 25° 41′. ‖ Le 8 ☽ Pr. Qu. à 13^h 29′.
10	♂ Inférieure de ☿ en sa moyenne distance.
13	♂ à 9^h à 41′ N de ε ♊ . ‖ ♀ à 15^h à 25′ N d'une ✳ de la Baleine.
16	☉ Pleine Lune à 3^h 34′.
20	☾ Pér. à 2^h 1′ en ♍ 23° 22′. ‖ ♂ à 15^h à 39′ N d'une ✳ ♊ .
22	♂ à 13^h à 44′ S d'une ✳ ♊ . ‖ ♀ à 16^h à 29′ N d'une ✳ ♈ .
22	☾ Dern. Quart. à 20^h 45′. ‖ ♂ à 22^h à 36′ S d'une ✳ ♊ .
24	♄ à 9^h à 1′ S d'une ✳ ♐ . ‖ ♃ à 18^h à $9\frac{1}{2}$′ S de θ ♍ .
25	♂ à 3^h avec ω ♊ . Distance 59′ N.
26	☿ à 5^h à 1° 1′ de φ ♒ . ‖ ♀ à 10^h à $25\frac{1}{2}$′ S de π ♈ .
27	♀ à 13^h, 21^h, 22^h avec ρ ♈ . Distances 14′, 45′, 25′ S.
28	♀ à 21^h passe à 2′ N d'une ✳ ♈ .
30	♀ à 0^h à 36′ N d'une ✳ ♈ . ‖ ● N. L. de Mars à 5^h 11′ 29″.
30	♀ à 9^h à 12′ S d'une ✳ ♈ . ‖ ♂ à 23^h à 56′ S d'une ✳ ♊ .
31	♂ à 3^h à 41′ N de m ♊ . ‖ ♀ à 4^h à 53′ S de ♂ ♈ .
31	☿ à 20^h à 34′ S de n ♒ . ‖ ♂ à 19^h à 8′ S de η ♊ .

L'Etoile ο de la Baleine augmente en éclat.
On voit la lumiere zodiacale matin & soir.

Phase de VENUS   Occid. ◐ Orient.   le premier de ce mois.
Partie éclairée 0,0867.   Partie obscure 0, 133.

A la fin du mois on verra ☿ sous les latitudes Méridionales.

Jours du Mois.	AVRIL.	LIEU DU SOLEIL.				ASCENSION DROITE DU SOLEIL.			DÉCLINAISON DU ☉ Septentr.			Equation de l'Horloge.	
		S.	D.	M.	S.	D.	M.	S.	D.	M.	S.	M.	S.
1	Je. Ste Marie Egyp.	♈	12	10	37	11	11	44	4	49	8	3 A	49
2	Ven. S. Fr. de Paule.		13	9	38	12	6	17	5	12	10	3	31
3	Sa. S. Richard Ev.		14	8	37	13	0	52	5	35	6	3	13
4	Dim. de la Passion.		15	7	33	13	55	29	5	57	56	2	55
5	Lu. S. Pione M.		16	6	28	14	50	8	6	20	39	2	37
6	Ma. S. Guillaume.		17	5	21	15	44	51	6	43	17	2	19
7	Me. S. Hégésippe.		18	4	11	16	39	36	7	5	48	2	2
8	Je. S. Denis de Cor.		19	2	59	17	34	25	7	28	11	1	44
9	Ve. N. D. de Pitié.		20	1	46	18	29	19	7	50	26	1	28
10	Sa. S. Gaucher Pr.		21	0	31	19	24	17	8	12	34	1	11
11	Dim. des Rameaux.		21	59	14	20	19	18	8	34	34	0	54
12	Lun. S. Jules Pape.		22	57	55	21	14	24	8	56	26	0	38
13	Mar. S. Justin M.		23	56	34	22	9	35	9	18	8	0	23
14	Mer. S. Tiburce M.		24	55	10	23	4	50	9	39	41	0	7
15	Je. Ste Basilisse M.		25	53	44	24	0	10	10	1	4	0 R	8
16	Vendredi-Saint.		26	52	17	24	55	37	10	22	18	0	23
17	Sa. S. Anicet Pap.		27	50	48	25	51	10	10	43	21	0	37
18	Dim. PASQUES.		28	49	18	26	46	48	11	4	14	0	51
19	Lu. S. Hermogene.		29	47	45	27	42	32	11	24	55	1	5
20	Ma. S. Marcellin E.	♉	0	46	11	28	38	23	11	45	26	1	18
21	Me. S. Anselme E.		1	44	34	29	34	20	12	5	46	1	31
22	Je. Ste Opportune.		2	42	56	30	30	23	12	25	54	1	43
23	Ven. S. George M.		3	41	15	31	26	32	12	45	49	1	55
24	Ven. Ste Beuve V.		4	39	33	32	22	50	13	5	31	2	6
25	I Dim. Quasimodo.		5	37	49	33	19	16	13	25	1	2	17
26	Lun. S. Marc Abst.		6	36	4	34	15	49	13	44	18	2	27
27	Ma. S. Polycarpe.		7	34	16	35	12	29	14	3	20	2	37
28	Me. S. Vital Mart.		8	32	27	36	9	16	14	22	9	2	47
29	Je. S. Hugues Ab.		9	30	36	37	6	10	14	40	44	2	55
30	Ve. S. Eutrope M.		10	28	43	38	3	12	14	59	6	3	4

Jours du Mois.	Jours de la L.	LIEU de la LUNE à Midi.				Mouvement horaire.		LIEU de la LUNE à Minuit.				Mouvement horaire.		ARGUM. annuel de la Lune.			Distance de la LUNE au SOLEIL		
		S.	D.	M.	S.	M.	S.	S.	D.	M.	S.	M.	S.	S.	D.	M.	S.	D.	M.
1	3	♉	2	22	46	30	24	♉	8	26	37	30	14	X	6	31	0	20	12
2	4		14	28	27	30	4		20	28	29	29	56		7	23	1	1	19
3	5		26	27	2	29	50	♊	2	24	24	29	45		8	16	1	12	18
4	6	♊	8	20	59	29	42		14	17	10	29	41		9	8	1	23	13
5	7		20	13	24	29	42		26	10	9	29	46		10	0	2	4	7
6	8	♋	2	7	54	29	52	♋	8	7	10	30	1		10	53	2	15	3
7	9		14	8	32	30	13		20	12	36	30	28		11	45	2	26	4
8	10		26	19	58	30	46	♌	2	31	16	31	7		12	37	3	7	17
9	11	♌	8	47	4	31	31		15	7	56	31	58		13	29	3	18	45
10	12		21	34	21	32	27		28	6	49	32	58		14	21	4	0	34
11	13	♍	4	45	41	33	31	♍	11	31	16	34	5		15	13	4	12	46
12	14		18	23	37	34	39		25	22	46	35	12		16	5	4	25	26
13	15	♎	2	28	27	35	44	♎	9	40	23	36	14		16	57	5	8	32
14	16		16	57	51	36	39		24	20	6	37	1		17	49	5	22	3
15	17	♏	1	46	9	37	18	♏	9	14	59	37	29		18	41	6	5	52
16	18		16	45	22	37	33		24	16	5	37	32		19	33	6	19	53
17	19	♐	1	45	56	37	25	♐	9	13	43	37	12		20	25	7	3	55
18	20		16	38	30	36	54		23	59	19	36	33		21	17	7	17	49
19	21	♑	1	15	36	36	9	♑	8	26	45	35	43		22	9	8	1	28
20	22		15	32	34	35	15		22	32	50	34	47		23	1	8	14	46
21	23		29	27	36	34	20	♒	6	19	56	33	53		23	53	8	27	43
22	24	♒	13	1	6	33	28		19	40	23	33	5		24	45	9	10	18
23	25		26	15	7	32	43	♓	2	45	35	32	22		25	36	9	22	34
24	26	♓	9	12	7	32	3		15	35	3	31	46		26	28	10	4	33
25	27		21	54	41	31	30		28	11	17	31	16		27	20	10	16	17
26	28	♈	4	25	6	31	2	♈	10	36	22	30	50		28	12	10	27	49
27	29		16	45	17	30	39		22	52	5	30	29		29	3	11	9	11
28	30		28	56	54	30	19	♉	4	59	56	30	11		29	55	11	20	24
29	1	♉	11	1	20	30	3		17	1	18	29	56	XI	0	47	0	1	31
30	2		23	0	0	29	50		28	57	38	29	46		1	38	0	12	31

Jours du Mois	Latitude de la Lune à Midi — D. M. S.	Mouvement horaire — M. S.	Latitude de la Lune à Minuit — D. M. S.	Mouvement horaire — M. S.	Angle horaire de la Lune à Midi — D. M. S.	Variation horaire 14 dég. — M. S.
1	4 5 41 S	1 D 4	4 24 33 S	1 D 27	20 24 47 E	32 50
2	4 40 22	1 11	4 52 58	0 55	31 18 42	32 37
3	5 2 19	0 39	5 8 21	0 22	42 20 0	32 15
4	5 11 3	0 5	5 10 25	0 A 12	53 31 45	31 46
5	5 6 27	0 A 20	4 59 10	0 45	64 55 10	31 17
6	4 48 37	1 1	4 34 54	1 17	76 29 40	30 51
7	4 18 4	1 32	3 58 14	1 47	88 13 20	30 31
8	3 35 30	2 1	3 10 0	2 14	100 3 57	30 19
9	2 41 57	2 26	2 11 32	2 37	111 59 49	30 4
10	1 39 4	2 47	1 4 48	2 55	124 0 21	29 52
11	0 29 9	3 1	0 7 30 N	3 5	136 6 56	29 33
12	0 44 36 N	3 6	1 21 35	3 3	148 23 0	29 4
13	1 57 51	2 58	2 32 45	2 50	160 53 30	28 20
14	3 5 33	2 37	3 35 33	2 22	173 44 23	27 23
15	4 2 9	2 3	4 24 44	1 42	172 59 35 O	26 15
16	4 42 49	1 19	4 55 59	0 54	159 16 11	25 9
17	5 4 4	0 27	5 6 57	0 1	145 8 26	24 17
18	5 4 40	0 D 24	4 57 17	0 D 49	130 45 47	23 57
19	4 49 9	1 12	4 28 40	1 33	116 22 59	24 18
20	4 8 15	1 51	3 44 19	2 8	102 16 25	25 17
21	3 17 24	2 21	2 48 0	2 37	88 39 56	26 44
22	2 16 37	2 41	1 43 44	2 47	75 41 2	28 22
23	1 9 51	2 51	0 35 27	2 53	63 20 52	29 56
24	0 0 57	2 52	0 33 13 S	2 49	51 35 41	31 15
25	1 6 39 S	2 45	1 38 57	2 38	40 18 20	32 15
26	2 9 48	2 30	2 38 52	2 20	29 21 1	32 54
27	3 5 51	2 9	3 30 28	1 57	18 34 47	33 11
28	3 52 31	1 44	4 11 49	1 30	7 51 56	33 11
29	4 28 13	1 15	4 41 32	0 59	2 54 11 E	32 56
30	4 51 41	0 43	4 58 37	0 27	13 48 25	32 32

Jours du Mois	Angle horaire de la LUNE à Minuit. D.	M.	S.	Variation horaire 14 dégr. M.	S.	Déclinaison de la LUNE à Midi. D.	M.	S.	Mouvement horaire. M.	S.	Déclinaison de la LUNE à Minuit. D.	M.	S.	Mouvement horaire. M.	S.
1	154	8	55 O	32	45 -	8	28	5 N	8 A	43	10	9	33 N	8 A	10
2	143	11	48	32	27	11	44	8	7	34	13	10	55	6	53
3	132	5	32	32	1	14	29	2	6	7	15	37	48	5	19
4	120	47	59	31	31	16	36	27	4	27	17	24	22	3	32
5	109	18	52	31	3	18	1	2	2	34	18	25	56	1	35
6	97	39	30	30	41	18	38	43	0	33	18	38	59	0 D	30
7	85	52	6	30	23	18	26	33	1 D	34	18	1	16	2	39
8	73	58	43	30	10	17	23	10	3	43	16	32	18	4	46
9	62	0	33	29	59	15	28	57	5	48	14	13	22	6	47
10	49	57	18	29	44	12	46	9	7	44	11	5	54	8	37
11	37	46	30	29	26	9	19	33	9	25	7	22	4	10	8
12	25	23	56	28	44	5	16	49	10	43	3	5	10	11	11
13	12	43	56	27	53	0	49	0	11	25	1	29	49 S	11	36
14	0	19	4 E	26	50	3	48	59 S	11	32	6	6	13	11	16
15	13	48	47	25	41	8	18	57	10	48	10	24	36	10	5
16	27	45	8	24	40	12	20	40	9	11	14	4	40	8	6
17	42	1	55	24	2	15	34	33	6	50	16	48	19	5	27
18	56	26	37	24	2	17	44	51	3	57	18	23	5	2	25
19	70	43	16	24	43	18	42	50	0	52	18	43	58	0 A	39
20	84	36	11	25	58	18	27	17	2 A	7	17	53	38	3	28
21	97	54	22	27	33	17	4	23	4	45	16	0	53	5	50
22	110	33	44	29	10	14	44	47	6	49	13	17	43	7	39
23	122	35	42	30	58	11	41	19	8	22	9	57	13	8	57
24	134	5	54	31	48	8	6	57	9	24	6	12	4	9	43
25	145	12	10	32	37	4	13	59	9	56	2	14	4	10	2
26	156	3	0	33	5	0	13	37	10	1	1	46	6 N	9	54
27	166	46	37	33	13	3	43	56 N	9	42	5	38	44	9	24
28	177	30	23	33	5	7	29	25	9	1	9	14	52	8	32
29	171	39	56 O	32	45	10	54	9	7	59	12	26	18	7	21
30	160	40	23	32	17	13	50	27	6	35	15	5	40	5	52

Jours du Mois.	PASSAGE de la Lune au Méridien fur l'Horiz.			Variation horaire.		PASSAGE de la Lune au Méridien fous l'Horiz.			Variation horaire.		Demi-diametre horiz. de la ☾.		PARAL-LAXE horizont. de la Lune.	
	H.	M.	S.	M.	S.	H.	M.	S.	M.	S.	M.	S.	M.	S.
1	1	24	12	1	52.0	13	46	38	1	52.4	14	56	54	8
2	2	9	11	1	53.0	14	31	52	1	53.8	14	51	53	48
3	2	54	44	1	54.8	15	17	48	1	55.8	14	48	53	37
4	3	41	4	1	56.8	16	4	33	1	57.9	14	47	53	36
5	4	28	15	1	59.0	16	52	9	2	0.0	14	49	53	43
6	5	16	14	2	0.8	17	40	28	2	1.6	14	53	54	0
7	6	4	51	2	2.2	18	29	21	2	2.8	15	0	54	26
8	6	53	57	2	3.2	19	18	38	2	3.6	15	9	54	58
9	7	43	24	2	4.0	20	8	16	2	4.5	15	20	55	38
10	8	33	14	2	5.1	20	58	19	2	5.8	15	33	56	22
11	9	23	34	2	6.7	21	49	2	2	7.9	15	48	57	12
12	10	14	45	2	9.3	22	40	47	2	11.1	16	2	58	5
13	11	7	11	2	13.1	23	34	1	2	15.3	16	15	58	56
14	12	1	19	2	17.7		8				16	27	59	40
15	12	57	27	2	23.0	0	29	7	2	20.3	16	36	60	10
16	13	55	34	2	27.4	1	26	17	2	25.4	16	36	60	13
17	14	55	8	2	30.0	2	25	13	2	29.0	16	34	60	5
18	15	55	10	2	29.6	3	25	10	2	30.2	16	30	59	45
19	16	54	24	2	26.0	4	24	58	2	28.2	16	22	59	16
20	17	51	39	2	19.9	5	23	20	2	23.2	16	12	58	40
21	18	46	10	2	12.7	6	19	16	2	16.3	16	0	57	58
22	19	37	49	2	5.6	7	12	21	2	9.1	15	47	57	14
23	20	26	47	1	59.5	8	2	36	2	2.3	15	35	56	30
24	21	13	37	1	55.0	8	50	26	1	57.0	15	24	55	50
25	21	58	57	1	52.0	9	36	26	1	53.3	15	14	55	15
26	22	43	25	1	50.6	10	21	15	1	51.1	15	6	54	45
27	23	27	34	1	50.5	11	5	30	1	50.3	14	59	54	21
28		8				11	49	43	1	51.0	14	55	54	4
29	0	11	58	1	51.7	12	34	23	1	52.5	14	52	53	52
30	0	56	58	1	53.4	13	19	46	1	54.5	14	47	53	34

Jours du M.	LIEU des PLAN. S. D. M.	LATIT. des PLAN. D. M.	DECLINAISON des Plan. D. M.	ASCENS. droite des PLANET. D. M.	PASSAGE des Plan. au Mérid. H. M.	ELONGAT. des PLANETES. S. D. M.
♄			**SATURNE.**			
1	♒ 8 19	0 29 S	18 41 S	310 53	19 56	2 3 52 O
7	8 43	0 30	18 35	311 19	19 35	2 9 21
13	9 5	0 31	18 30	311 42	19 14	2 14 52
19	9 24	0 32	18 26	312 1	18 53	2 20 24
25	9 39	0 32	18 22	312 17	18 32	2 25 59
♃			**JUPITER.**			
1	♎ 13 55	1 37 N	4 2 S	193 26	12 7	5 28 16 O
7	13 8	1 36	3 43	192 43	11 42	5 25 4 E
13	12 22	1 36	3 25	192 0	11 18	5 18 26
19	11 38	1 36	3 8	191 19	10 53	5 11 50
25	10 57	1 35	2 53	190 41	10 28	5 5 19
♂			**MARS.**			
1	♋ 13 36	2 21 N	25 7 N	105 3	6 14	3 1 25 E
7	16 12	2 15	24 43	107 51	6 4	2 28 8
13	18 55	2 9	24 15	110 47	5 54	2 24 58
19	21 45	2 3	23 43	113 50	5 43	2 21 57
25	24 40	1 57	23 8	116 58	5 33	2 19 2
♀			**VENUS.**			
1	♉ 18 22	0 59 N	18 16 N	45 37	2 18	1 6 12 E
7	25 28	1 18	20 26	52 47	2 25	1 7 23
13	♊ 2 29	1 36	22 16	60 5	2 32	1 8 32
19	9 27	1 53	23 46	67 28	2 39	1 9 39
25	16 20	2 9	24 54	7+ 55	2 46	1 10 42
☿			**MERCURE.**			
1	♓ 15 25	1 9 S	6 49 S	347 2	22 23	0 26 45 -O
7	20 26	2 1	5 39	352 1	22 21	0 27 38
13	27 10	2 32	3 28	358 25	22 26	0 26 47
19	♈ 5 14	2 42	0 24	5 53	22 25	0 24 34
25	14 28	2 33	3 22 N	14 18	22 46	0 21 10

PASSAGE de 0° du ♈ au Mérid.

Jours du M.	H.	M.	S.
1	23	11	42
2	23	8	14
3	23	4	26
4	23	0	48
5	22	57	10
6	22	53	32
7	22	49	53
8	22	46	14
9	22	42	35
10	22	38	55
11	22	35	15
12	22	31	35
13	22	27	55
14	22	24	14
15	22	20	33
16	22	16	51
17	22	13	9
18	22	9	27
19	22	5	44
20	22	2	1
21	21	58	18
22	21	54	34
23	21	50	49
24	21	47	4
25	21	43	18
26	21	39	32
27	21	35	46
28	21	31	59
29	21	28	11
30	21	24	23

ECLIPSES du 1er Satel. de Jupiter.

Jours du M.	H.	M.
	Immert.	
1	13	4-
	Emersions.	
3	9	43
5	4	13
6	22	41
8	17	10
10	11	39
12	6	8
14	0	37
15	19	6
17	13	35
19	8	4
21	2	33
22	21	2
24	15	31
26	10	0
28	4	29
29	22	58

☌ de la Lune avec les Fixes. — HEURE de la Conjonct. — Diff. du centre de la Lune à l'Etoile.

Jours du M.	Fixe		H.	M.	D.	Mi.	
3	γ	♉	11	56-	0	38	N
	δ	♉	14	5	1	8-	S
	θ	♉	16	16	0	37-	N
	θ	♉	16	17	0	43	N
	α	♉	20	0-	0	19	N
6	✻	♊	9	12	0	49	N
7	λ	♊	2	26	1	25	N
8	ζ	♋	3	6	1	11	S
9	ξ	♌	17	49-	1	15	N
10	a	♌	9	59-	0	16	N
	✻	♌	18	1	0	15	N
	ρ	♌	20	52	0	46	S
11	c	♌	10	22	0	16	N
	χ	♌	11	18	1	15	S
	σ	♌	18	37	1	13	S
	τ	♌	23	30	1	17	N
12	β	♍	9	7	0	32	N
	η	♍	22	15	0	31	N
13	γ	♍	7	13	0	30	S
	θ	♍	20	30	1	11	N
14	ι	♍	4	48	0	30-	N
	κ	♍	22	55	1	4	N
16	γ	♎	7	57	0	27	N
	η	♎	11	31	0	53	N
	ψ	♎	16	21	1	10	S.
17	φ	♏	5	38	0	9	S
	m	♏	9	50	0	38-	N
20	ρ	♐	0	53	0	9	S
22	λ	♑	15	30	0	26-	S
23	λ	♒	22	3	0	29-	N
24	φ	♒	8	31	0	38	N
26		♌	21	41	0	35	S

Jours du Mois.	Demi-Diametre du SOLEIL.		MOUVEM. horaire du SOLEIL.			TEMPS que le ☉ met à traverser le Méridien.		DISTANCE du SOLEIL à la Terre. Diſtance moy. 100000	LE SOLEIL entre au ♉ le 19 à 5ʰ 1′ 53″.
	M.	S.	M.	S.		M.	S.		
1	16	5	2	27.	6	2	8	100074	
11	16	3	2	26.	7	2	9	100362	
21	16	0	2	25.	9	2	10	100638	

PHENOMENES ET OBSERVATIONS.

2 — ☌ de ♃ à 13ʰ 27′ 9″ en ♎ 13° 42′ 44″ ſelon les Tab. dont l'erreur à la dern. ☌ étoit en longit. hélioc. +40″, en longitude géoc. +48″, en lat. géoc. +29″, l'aberrat. des ✳ eſtimée.

2 — ☽ Ap. à 18ʰ 10′ en ♉ 23° 33′. ‖ ♀ à 21½ʰ à 57′ S d'une ✳ ♈.

5 — ☿ Aphélie. ‖ ♂ à 15ʰ à 39′ S de a ♅.

7 — ☿ Elongation 27° 38′. ‖ ☽ Pr. Qu. à 8ʰ 27′.

8 — ☿ quitte ſes cornes. ‖ Le 9 ♀ à 11′ à 33′ S d'une ✳ ♉.

10 — ☿ à 2ʰ à 7′ S d'une ✳ ♓. ‖ ♀ à 22ʰ à 16½′ N de a ♉.

11 — ♀ à 0ʰ à 22′ N de ✳ ♉. ‖ ☿ à 2ʰ & 21ʰ à 43′ & 30′ N de 2 ✳ ♉.

13 — ☿ à 8ʰ & 11ʰ à 40′ & 36′ N de 2 ✳ к. ‖ Le 14 ☉ Pl. L. à 13ʰ 52′.

15 — ♀ Périhel. à 0ʰ, 6ʰ & 11ʰ eſt à 55′ S, 39′ & 30′ N d'une ✳ & de u ♉.

15 — ♄ à 6ʰ à 2′ S d'une ✳ ♐. ‖ ♂ à 21ʰ à 56′ S de ⚹ ♅.

16 — ☽ Pér. à 14ʰ 52′ en ♏ 25° 57′. ‖ Le 17 à 5ʰ ☿ à 2′ N d'une ✳ к.

18 — ♂ à 8ʰ à 6½′ N de ✳ ♓. ‖ ♀ à 21ʰ eſt à 9′ N d'une ✳ ♉.

20 — ♂ à 17ʰ à 39′ N de ✳ ♓. ‖ Le 21 ☽ Dern. Qu. à 4ʰ 18′.

21 — ♀ à 18ʰ à 18′ S de к ♉. ‖ Le 23 ♀ à 6ʰ & 12ʰ à 26′ S & 22′ N de 2 ✳ ♉.

24 — ☿ à 11ʰ à 39′ S de ✳ ♓. ‖ Le 25 ♂ Aphélie.

25 — ♂ à 19ʰ à 22′ N d'une ✳ ♓.

26 — ♃ à 6ʰ à 48′ S de ✳ ♍. ‖ Le 27 ♂ à 20ʰ à 35′ N de μ ♋.

27 — ♀ à 21ʰ à 44′ N de ✳ ♉. ‖ Le 28 ● N. L. d'Avril à 20ʰ 43′.

30 — ♀ à 0ʰ à 9′ S de ✳ ♉. ‖ ☽ Apog. à 14ʰ 2′ en ♉ 29° 58′.

o de la Baleine ſe perd dans les rayons du Soleil.

Phaſe de VENUS *Occid.* ◖ *Orient.* le premier de ce mois.
Partie éclairée 0, 784.   Partie obſcure 0, 215.

Mars eſt altéré dans ſa rondeur. ☿ ſe verra tout le mois ſous les latitudes Méridionales.

Jours du Mois.	MAI.	LIEU du SOLEIL.				ASCENSION droite du SOLEIL.			DÉCLIN. du ☉ Septentrionale.			Equation de l'Horloge.	
		S.	D.	M.	S	D.	M.	S	D.	M.	S	M.	S.
1	Sa. S. Ja. S. Phil.	♉	11	26	49	39	0	24	15	17	12	3	R 12
2	II. D. S. Athan. E.		12	24	54	39	57	44	15	35	2	3	19
3	Lu. Inv. de la Ste C.		13	22	56	40	55	12	15	52	37	3	26
4	Mar. Ste Monique.		14	20	56	41	52	47	16	9	58	3	32
5	Me. Conv. de S. Au.		15	18	55	42	50	31	16	27	1	3	37
6	Je. S. Jean Porte L.		16	16	52	43	48	24	16	43	49	3	42
7	Ve. S. Jean Damaf.		17	14	49	44	46	26	17	0	21	3	47
8	Sa. S. Acace Mart.		18	12	44	45	44	37	17	16	35	3	51
9	III. D. S. Gr. de Na.		19	10	37	46	42	56	17	32	31	3	54
10	Lu. S. Antonin E.		20	8	28	47	41	23	17	48	10	3	57
11	Ma. S. Mamert Ev.		21	6	18	48	39	59	18	3	31	3	59
12	Me. S. Epiph. Ev.		22	4	6	49	38	43	18	18	34	4	0
13	Jeu. S. Servais Ev.		23	1	53	50	37	36	18	33	19	4	1
14	Ve. S. Pacôme Ab.		23	59	39	51	36	39	18	47	47	4	2
15	Sa. S. Euphraife Ev.		24	57	24	52	35	51	19	1	54	4	1
16	IV Di. S. Honoré E.		25	55	7	53	35	11	19	15	43	4	1
17	Lu. S. Poffide Ev.		26	52	49	54	34	38	19	29	12	4	0
18	Ma. S. Venant Ma.		27	50	29	55	34	14	19	42	20	3	58
19	Me. S. Yves Pr.		28	48	8	56	33	59	19	55	9	3	55
20	Jeu. S. Baufille M.		29	45	46	57	33	52	20	7	39	3	52
21	Vend. S. Hofpice.	♊	0	43	22	58	33	53	20	19	48	3	49
22	Sa. S. Aufone Ev.		1	40	58	59	34	3	20	31	35	3	45
23	V. D. S. Didier Ev.		2	38	32	60	34	20	20	43	1	3	40
24	Lun. Rogations.		3	36	5	61	34	45	20	54	6	3	35
25	Ma. S. Bede Pr.		4	33	37	62	35	18	21	4	50	3	29
26	Me. S. Auguftin E.		5	31	8	63	35	57	21	15	12	3	23
27	Je. Afcenf. de N. S.		6	28	37	64	36	43	21	25	12	3	17
28	Ve. S. Germain Ev.		7	26	6	65	37	36	21	34	49	3	10
29	S. S. Maximin Ev.		8	23	34	66	38	37	21	44	5	3	2
30	D. S. Felix P. & M.		9	21	0	67	39	46	21	52	58	2	54
31	Lu. S. Simplice Ev.		10	18	26	68	41	2	22	1	28	2	46

Jours du Mois	Jours de la ☽	LIEU de la LUNE à Midi.				Mouvement horaire.		LIEU de la LUNE à Minuit.				Mouvement horaire.		ARGUM. annuel de la LUNE.			Distance de la LUNE au Soleil.		
		S.	D.	M.	S.	M.	S.	S.	D.	M.	S.	M.	S.	S.	D.	M.	S.	D.	M.
1	3	♊	4	54	26	29	42	♊	10	50	37	29	40	XI	2	30	0	23	28
2	4		16	46	27	29	39		22	42	11	29	39		3	21	I	4	22
3	5		28	38	10	29	41	♋	4	34	45	29	45		4	13	I	15	15
4	6	♋	10	32	19	29	51		16	31	18	29	59		5	4	I	26	11
5	7		22	32	10	30	10		28	35	26	30	23		5	56	2	7	13
6	8	♌	4	41	40	30	40	♌	10	51	26	30	59		6	47	2	18	25
7	9		17	5	22	31	21		23	24	4	31	46		7	39	2	29	50
8	10		29	48	5	32	15	♍	6	18	2	32	46		8	30	3	11	35
9	11	♍	12	54	25	33	19		19	37	46	33	55		9	22	3	23	44
10	12		26	28	21	34	32	♎	3	26	24	35	9	10	13		4	6	20
11	13	♎	10	31	52	35	46		17	44	40	36	22	11	4		4	19	26
12	14		25	4	13	36	54	♏	2	30	0	37	22	11	56		5	3	0
13	15	♏	10	1	0	37	46		17	36	12	38	3	12	47		5	16	59
14	16		25	14	9	38	14	♐	2	53	28	38	17	13	38		6	1	14
15	17	♐	10	32	41	38	13		18	10	21	38	2	14	30		6	15	35
16	18		25	45	4	37	44	♑	3	15	32	37	20	15	21		6	29	50
17	19	♑	10	40	52	36	52		18	0	8	36	20	16	12		7	13	48
18	20		25	12	55	35	47	♒	2	18	48	35	12	17	4		7	27	22
19	21	♒	9	17	47	34	37		16	9	50	34	3	17	55		8	10	30
20	22		22	55	18	33	31		29	34	31	33	1	18	46		8	23	10
21	23	♓	6	7	56	32	33	♓	12	36	0	32	8	19	37		9	5	25
22	24		18	59	13	31	45		25	18	3	31	24	20	28		9	17	18
23	25	♈	1	33	1	31	6	♈	7	44	37	30	50	21	19		9	28	54
24	26		13	53	16	30	36		19	59	21	30	24	22	11		10	10	17
25	27		26	3	11	30	14	♉	2	5	7	30	6	23	2		10	21	30
26	28	♉	8	5	27	29	58		14	4	28	29	52	23	53	11	2	34	
27	29		20	2	23	29	47		25	59	26	29	43	24	44	11	13	34	
28	30	♊	1	55	48	29	40	♊	7	51	42	29	39	25	35	11	24	30	
29	1		13	47	21	29	38		19	42	56	29	38	26	26	0	5	24	
30	2		25	38	43	29	40	♋	1	34	54	29	42	27	17	0	16	18	
31	3	♋	7	31	45	29	46		13	29	28	29	51	28	8	0	27	13	

Jours du Mois.	Latitude de la Lune à Midi.			Mouvement horaire.		Latitude de la Lune à Minuit.			Mouvement horaire.		Angle horaire de la Lune à Midi.				Variation horaire 14 dég.	
	D.	M.	S.	M.	S.	D.	M.	S.	M.	S.	D.	M.	S.		M.	S.
1	5	2	17 S	o D	10	5	2	40 S	o A	6	24	53	48 E		32	2
2	4	59	48	o A	22	4	53	41	o	38	36	11	5		31	33
3	4	44	23	o	54	4	32	0	1	10	47	38	41		31	11
4	4	16	37	1	24	3	58	22	1	38	59	13	41		30	57
5	3	37	22	1	52	3	13	47	2	4	70	52	28		30	51
6	2	47	48	2	16	2	19	35	2	26	82	32	15		30	50
7	1	49	24	2	35	1	17	31	2	43	94	12	11		30	49
8	0	44	14	2	42	0	9	50	2	54	105	53	54		30	40
9	0	25	13 N	2	56	1	0	31 N	2	56	117	41	43		30	17
10	1	35	30	2	53	2	9	40	2	48	129	42	29		29	35
11	2	42	24	2	39	3	13	5	2	27	142	4	24		28	31
12	3	41	2	2	12	4	5	36	1	53	154	56	3		27	7
13	4	26	12	1	32	4	42	16	1	8	168	23	50		25	33
14	4	53	26	0	43	4	59	19	0	16	177	30	50 O		24	4
15	4	59	52	o D	11	4	55	1	o D	37	162	54	43		23	3
16	4	45	1	1	2	4	30	6	1	26	148	3	21		22	51
17	4	10	49	1	47	3	47	36	2	5	133	18	43		23	36
18	3	21	2	2	20	2	51	43	2	32	119	2	9		25	8
19	2	20	16	2	41	1	47	14	2	48	105	28	13		27	5
20	1	13	12	2	52	0	38	41	2	53	92	42	8		29	3
21	0	4	8	2	52	0	30	0 S	2	49	80	40	50		30	47
22	1	3	20 S	2	44	1	35	28	2	37	69	16	24		32	7
23	2	6	6	2	29	2	34	57	2	19	58	18	49		33	0
24	3	1	44	2	6	3	26	12	1	56	47	37	26		33	29
25	3	48	9	1	43	4	7	25	1	79	37	2	44		33	34
26	4	23	50	1	15	4	37	15	1	0	26	26	27		33	22
27	4	47	35	0	44	4	54	44	0	28	15	42	11		32	55
28	4	58	40	0	12	4	59	21	o A	5	4	45	57		32	23
29	4	56	49	o A	21	4	51	3	0	37	6	23	37 E		31	50
30	4	42	9	0	5	4	30	9	1	8	17	45	17		31	24
31	4	15	12	1	22	3	57	23	1	36	29	15	37		31	8

Jours du Mois	Angle horaire de la LUNE à Minuit — D. M. S.	Variation horaire 14 dég. — M. S.	Déclinaison de la LUNE à Midi — D. M. S.	Mouvement horaire — M. S.	Déclinaison de la LUNE à Minuit — D. M. S.	Mouvement horaire — M. S.
1	149 28 59 O	31 47	16 11 13 N	5 A 2	17 6 21 N	4 A 9
2	138 6 14	31 21	17 50 28	3 12	18 23 0	2 13
3	126 34 31	31 2	18 43 33	1 12	18 51 43	0 9
4	114 57 12	30 53	18 47 21	0 D 53	18 30 18	1 D 57
5	103 17 40	30 51	18 0 38	3 0	17 18 26	4 2
6	91 37 52	30 50	16 24 0	5 2	15 17 37	6 1
7	79 57 25	30 46	13 59 47	6 57	12 31 0	7 50
8	68 13 20	30 31	10 52 1	8 39	9 3 35	9 24
9	56 20 1	29 59	7 6 41	10 4	5 2 19	10 38
10	44 9 45	29 6	2 51 53	11 5	0 36 47	11 24
11	31 33 57	27 51	1 41 5 S	11 33	3 59 51 S	11 32
12	18 24 46	26 20	6 17 10	11 18	8 30 38	10 53
13	4 37 55	24 46	10 37 33	10 13	12 35 12	9 20
14	9 44 13 E	23 29	14 20 55	8 14	15 52 5	6 56
15	24 30 22	22 50	17 6 40	5 28	8 2 43	3 52
16	39 21 13	23 7	18 39 22	2 13	18 55 48	0 32
17	53 54 10	24 17	18 52 29	1 A 5	18 29 54	2 A 39
18	67 50 42	26 5	17 49 33	4 4	16 52 53	5 20
19	81 0 49	28 5	15 41 53	6 27	14 18 27	7 25
20	93 23 43	29 57	12 44 30	8 13	11 1 58	8 51
21	105 5 23	31 30	9 12 37	9 21	7 18 10	9 42
22	116 15 5	32 37	5 20 5	9 57	3 19 49	10 4
23	127 3 17	33 17	1 18 38	10 6	0 42 13 N	10 1
24	137 40 13	33 34	2 41 38 N	9 51	4 38 30	9 35
25	148 14 46	33 30	6 31 47	9 16	8 20 28	8 50
26	158 54 24	33 10	10 3 34	8 20	11 40 9	7 45
27	169 44 19	32 39	13 9 18	7 5	14 30 7	6 21
28	179 12 48 O	32 6	15 41 47	5 34	16 43 27	4 42
29	167 56 53	31 36	17 34 28	3 47	18 14 9	2 49
30	156 30 20	31 14	18 42 1	1 40	18 57 35	0 47
31	144 57 30	31 5	19 0 40	0 D 16	18 51 1	1 D 20

Jours du Mois.	Passage de la Lune au Méridien sur l'Horiz.			Variation horaire.		Passage de la Lune au Méridien sous l'Horiz.			Variation horaire.		Demi-diametre horiz. de la ☾.		Parallaxe horizont. de la ☾.	
	H.	M.	S.	M.	S.	H.	M.	S.	M.	S.	M.	S.	M.	S.
1	1	42	47	1	55.7	14	6	1	1	56.8	14	44	53	23
2	2	29	28	1	57.7	14	53	6	1	58.6	14	43	53	22
3	3	16	53	1	59.3	15	40	48	1	59.9	14	45	53	31
4	4	4	49	2	0.2	16	28	53	2	0.4	14	49	53	48
5	4	52	59	2	0.5	17	17	6	2	0.6	14	56	54	14
6	5	41	12	2	0.5	18	5	19	2	0.5	15	6	54	49
7	6	29	26	2	0.7	18	53	37	2	1.1	15	18	55	31
8	7	17	53	2	1.6	19	42	17	2	2.5	15	31	56	19
9	8	6	54	2	3.8	20	31	49	2	5.5	15	46	57	12
10	8	57	5	2	7.5	21	22	48	2	9.9	16	1	58	7
11	9	49	4	2	12.8	22	15	56	2	16.0	16	16	58	59
12	10	43	29	2	19.5	23	11	45	2	23.1	16	30	59	46
13	11	40	43	2	26.5		8				16	41	60	27
14	12	40	36	2	32.4	0	10	21-	2	29.8	16	48	60	57
15	13	42	15	2	35.1	1	11	17	2	34.2	16	45	60	47
16	14	44	7	2	33.4	2	13	16	2	34.8	16	39	60	23
17	15	44	29	2	27.8	3	14	36	2	31.1	16	29	59	48
18	16	41	57	2	19.4	4	13	38	2	23.7	16	17	59	5
19	17	35	53	2	10.4	5	9	22	2	14.8	16	4	58	15
20	18	26	23	2	2.4	6	1	32	2	6.2	15	49	57	23
21	19	14	1	1	56.2	6	50	30	1	59.1	15	34	56	32
22	19	59	31	1	51.9	7	36	59	1	53.7	15	21	55	44
23	20	43	43	1	49.5	8	21	44	1	50.5	15	9	55	2
24	21	27	20	1	48.9	9	5	33	1	49.0	15	0	54	26
25	22	11	1	1	49.7	9	49	8	1	49.2	14	53	53	58
26	22	55	14-	1	51.5	10	33	2	1	50.5	14	47	53	39
27	23	40	20	1	54.0	11	17	40	1	52.7	14	44	53	28
28		8				12	3	15	1	55.2	14	44	53	27
29	0	26	24	1	56.4	12	49	47	1	57.4	14	43	53	26
30	1	13	21	1	58.3	13	37	5	1	59.0	14	42	53	23
31	2	0	55	1	59.4	14	24	49	1	59.6	14	44	53	29

Jours du M.	LIEU des PLAN. S. D. M.	LATIT. des PLAN. D. M.	DECLINAISON des Plan. D. M.	ASCENS. droite des PLANET. D. M.	PASSAGE des Plan. au Mérid. H. M.	ELONGAT des PLANETES. S. D. M.
♄	**SATURNE.**					
1	≈ 9 52	0 33 S	18 20 S	312 29	18 10	3 1 35 O
7	10 1	0 34	18 19	312 38	17 48	3 7 14
13	10 6	0 35	18 18	312 43	17 25	3 12 56
19	10 8	0 36	18 18	312 45	17 2	3 18 40
25	10 6	0 37	18 20	312 44	16 38	3 24 28
♃	**JUPITER.**					
1	♎ 10 23	1 34 N	2 41 S	190 9	10 3	4 28 56 E
7	9 52	1 33	2 30	189 40	9 38	4 22 37
13	9 25	1 31	2 21	189 15	9 13	4 16 23
19	9 4	1 30	2 14	188 55	8 48	4 10 16
25	8 50	1 28	2 10	188 41	8 23	4 4 16
♂	**MARS.**					
1	♋ 27 40	1 52 N	22 29 N	120 10	5 23	2 16 14 E
7	♌ 0 45	1 47	21 46	123 24	5 13	2 13 30
13	3 54	1 42	20 58	126 40	5 2	2 10 52
19	7 7	1 37	20 5	129 58	4 52	2 8 19
25	10 24	1 32	19 8	133 18	4 41	2 5 50
♀	**VENUS.**					
1	♊ 23 9	2 22 N	25 40 N	82 24	2 54	1 11 42 E
7	29 52	2 32	26 0	89 51	3 0	1 12 37
13	♋ 6 28	2 38	25 56	97 11	3 6	1 13 26
19	12 56	2 41	25 30	104 21	3 11	1 14 8
25	19 16	2 39	24 42	111 16	3 15	1 14 42
☿	**MERCURE.**					
1	♈ 24 48	2 4 S	7 41 N	23 44	23 2	0 16 39 O
7	♉ 6 14	1 18	12 23	34 21	23 22	0 11 1
13	18 42	0 19	17 6	46 19	23 48	0 4 20
19	♊ 1 47	0 43 N	21 53	59 31	0 12	0 2 59 E
25	14 40	1 34	24 9	73 10	0 42	0 10 6

Jours du M.	PASSAGE de 0° du ♈ au Mérid.		
	H.	M.	S.
1	21	20	34
2	21	16	45
3	21	12	56
4	21	9	5
5	21	5	14
6	21	1	23
7	20	57	31
8	20	53	38
9	20	49	45
10	20	45	51
11	20	41	57
12	20	38	2
13	20	34	7
14	20	30	11
15	20	26	14
16	20	22	17
17	20	18	19
18	20	14	21
19	20	10	23
20	20	6	24
21	20	2	24
22	19	58	23
23	19	54	22
24	19	50	21
25	19	46	19
26	19	42	16
27	19	38	13
28	19	34	10
29	19	30	6
30	19	26	2
31	19	21	57

Jours du M.	ECLIPSES du 1er Satel. de Jupiter.	
	H.	M.
	Emertions.	
1	17	26
3	11	55
5	6	24
7	0	53
8	19	22
10	13	50
12	8	19
14	2	48
15	21	16
17	15	45
19	10	14
21	4	42
22	23	11
24	17	39
26	12	8
28	6	36
30	1	5
31	19	33

Jours du M.	♂ de la Lune avec les Fixes.		HEURE de la Conjonct.		Dist. du centre de la Lune à l'Etoile.		
			H.	M.	D.	M.	
3	✶	♊	16	18	1	1	N
5	ζ	♋	10	51	0	58	S
7	ξ	♌	2	13	1	28	N
	ν	♌	13	0	1	16	S
	α	♌	17	42	1	29-	S
	a	♌	18	48	0	27-	N
8	✶	♌	3	1	0	27	N
	ρ	♌	5	54	0	35	S
	c	♌	19	49	0	26	N
	χ	♌	20	47	1	4-	S
9	σ	♌	4	17	1	3	S
	τ	♌	9	18	1	27	N
	β	♍	19	9	0	40-	N
10	η	♍	8	34	0	38	N
	γ	♍	17	41-	0	23-	S
11	θ	♍	7	10	1	16	N
	l	♍	15	34	0	34	N
12	κ	♍	9	45	1	6	N
	γ	♎	18	31	0	23-	N
	η	♎	22	0	0	49	N
14	ψ	♎	2	45	1	13	S
	φ	O O	15	44	0	15	S
	m	O	19	50	0	32	N
17	ρ	♐	8	48	0	21-	S
19	λ	♑	21	39	0	37-	S
21	λ	♒	3	45	0	16	N
	φ	♒	14	8	0	25-	N
22	✶	♓	12	58	1	20	N

Jours du Mois.	Demi-Diametre du SOLEIL.		MOUVEM. horaire du SOLEIL.			TEMPS que le ☉ met a traverser le Méridien.		DISTANCE du SOLEIL à la Terre. *Diſtance moy.* 100000	LE SOLEIL entre aux ♓ le 20 à 5ʰ 55' 37".
	M.	S.	M.	S.		M.	S.		
I	15	58	2	25.	2	2	12	100894	
11	15	55-	2	24.	5	2	13	101124	
21	15	54	2	24.	0	2	15	101321	

PHENOMENES ET OBSERVATIONS.

J. du M.	
1	☿ en ſa moyenne diſt. ‖ Le 2 à 20ʰ ♃ à 27' S d'une ✳ ♏.
3	♀ à 18ʰ à 1' S de ✳ ♉.
7	☽ Prem. Quart. à 0ʰ 20'. ‖ Le 9 ♂ à 11ʰ à 7' N de η ♋.
10	♂ à 23ʰ à 52' N de ✳ ♋. ‖ Le 12 à 4ʰ ♀ à 36' N de ε ♊.
12	A 18ʰ juſques au 13 à 5ʰ ♂ à quelques 8' N de la créche.
13	☉ Pl. L. à 21ʰ 55'. ‖ Le 14 ☽ Périg. à 15ʰ 31' en ♐ 5° 1'.
15	♀ à 10ʰ à 10' N d'une ✳ ♊. ‖ Le 16 ☿ ☌ ſupérieure.
16	♀ à 2ʰ & à 5ʰ avec 2 ✳ ♊. Diſt. 35' & 27' S.
19	☿ Périhélie. ‖ ♀ à 1ʰ à 37' S d'une ✳ ♊.
19	♀ à 4ʰ & à 12ʰ avec m ♊ & n ♊. Diſt. 1° 0' & 11' N.
20	☾ Dern. Quart. à 13ʰ 9'. ‖ Le 21 ♀ à 9ʰ à 15' S de a ♊.
24	♂ à 16ʰ à 53' N d'une ✳ ♋. ‖ Le 25 à 23ʰ ♀ à 24' S de x ♊.
26	♀ à 3ʰ à 41' N d'une ✳ ♊. ‖ ♂ à 7ʰ à 30' N d'une ✳ ♋.
27	♂ à 3ʰ paſſe à 15' S d'une ✳ ♋.
28	● Nouv. L. de Mai à 12ʰ 7'. Apogée à 17ʰ 32' en ♊ 10° 36'.
30	♂ à 5ʰ à 28' S d'une ✳ ♋. ‖ ♀ à 16ʰ à 57' N d'une ✳ ♊.
31	♀ à 3ʰ eſt à 16' N de μ ♋.

Phaſe de VENUS *Occid.* ◐ *Orient.* le premier du mois.
Partie éclairée 0, 669. Partie obſcure 0, 331.

Le diametre de cette Planete augmente ſenſiblement.

♂ eſt altéré dans ſa rondeur, ſur tout vers le 9 du mois.

On pourra voir Mercure à la fin du mois, tout le ſuivant, & même au commencement de Juillet.

Jours du Mois.	JUIN.	LIEU DU SOLEIL.				ASCENSION DROITE DU SOLEIL.			DÉCLINAISON DU ☉ Septentr.			Equation de l'Horloge.	
		S.	D.	M.	S.	D.	M.	S.	D.	M.	S.	M.	S.
1	Ma. S. Caprais Ab.	♊	11	15	51	69	42	24	22	9	35	2 R	37
2	M. S. Pothin E. & M.		12	13	15	70	43	50	22	17	19	2	28
3	Je. Ste Clotilde R.		13	10	38	71	45	22	22	24	40	2	18
4	Ve. S. Optat Ev.		14	8	1	72	47	0	22	31	38	2	8
5	Sa. *Vigile-jeune.*		15	5	23	73	48	43	22	38	13	1	58
6	D. PENTECÔTE.		16	2	44	74	50	30	22	44	24	1	47
7	L. S. Paul E. & M.		17	0	3	75	52	22	22	50	10	1	37
8	Ma. S. Médard E.		17	57	22	76	54	18	22	55	32	1	25
9	Me. *Quatre-temps.*		18	54	40	77	56	18	23	0	30	1	14
10	Je. S. Landry Ev.		19	51	58	78	58	23	23	5	4	1	2
11	Ve. S. Barnabé Ap.		20	49	15	80	0	31	23	9	14	0	50
12	Se. S. Basilide M.		21	46	32	81	2	42	23	13	0	0	38
13	I Dim. *la Trinité.*		22	43	48	82	4	56	23	16	20	0	26
14	Lu. S. Rufin Mart.		23	41	4	83	7	12	23	19	16	0	13
15	Ma. S. Guy Mart.		24	38	19	84	9	30	23	21	48	0	1
16	Me. S. Cyr Mart.		25	35	34	85	11	50	23	23	55	0 A	12
17	Jeu. *la Fête-Dieu.*		26	32	48	86	14	10	23	25	37	0	25
18	Ve. Ste Marine V.		27	30	2	87	16	31	23	26	54	0	38
19	S. SS. Gerv. & Prot.		28	27	15	88	18	53	23	27	47	0	50
20	II D. S. Silvere P.		29	24	28	89	21	16	23	28	15	1	3
21	Lu. S. Leufroi Ab.	♋	0	21	41	90	23	38	23	28	18	1	16
22	Ma. S. Paulin Ev.		1	18	53	91	26	0	23	27	56	1	29
23	Mer. *Vigile-jeune.*		2	16	5	92	28	21	23	27	9	1	42
24	J. Oct. N. de S. Jean.		3	13	17	93	30	41	23	25	58	1	55
25	Ven. S. Prosper D.		4	10	29	94	33	0	23	24	22	2	7
26	Sa. S. Jean S. Paul.		5	7	41	95	35	16	23	22	21	2	20
27	III. D. S. Irenée E.		6	4	52	96	37	30	23	19	56	2	32
28	Lun. *Vigile-jeune.*		7	2	3	97	39	42	23	17	6	2	44
29	Ma. S. Pierre S. Pa.		7	59	14	98	41	51	23	13	52	2	56
30	Me. Comm. de S. P.		8	56	26	99	43	57	23	10	13	3	8

Jours du Mois.	Jours de la L.	LIEU de la LUNE à Midi.				Mouvement horaire.		LIEU de la LUNE à Minuit.				Mouvement horaire.		ARGUM. annuel de la Lune.			Distance de la LUNE au SOLEIL.		
		S.	D.	M.	S.	M.	S.	S.	D.	M.	S.	M.	S.	S.	D.	M.	S.	D.	M.
1	4	♋	19	28	22	29	58	♋	25	28	44	30	6	XI	28	59	1	8	12
2	5	♌	1	30	57	30	16	♌	7	35	27	30	29		29	50	1	19	18
3	6		13	42	40	30	44		19	53	0	31	1	O	0	41	2	0	32
4	7		26	6	59	31	20	♍	2	25	10	31	42		1	32	2	11	59
5	8	♍	8	48	4	32	7		15	16	16	32	35		2	23	2	23	43
6	9		21	50	15	33	5		28	30	32	33	38		3	14	3	5	47
7	10	♎	5	17	30	34	12	♎	12	11	32	34	48		4	5	3	18	17
8	11		19	12	45	35	24		26	21	13	36	0		4	56	4	1	15
9	12	♏	3	36	43	36	35	♏	10	58	51	37	6		5	47	4	14	42
10	13		18	26	50	37	33		25	59	58	37	56		6	38	4	28	35
11	14	♐	3	36	54	38	12	♐	11	16	21	38	20		7	29	5	12	48
12	15		18	56	50	38	22		26	36	54	38	16		8	20	5	27	10
13	16	♑	4	15	3	38	4	♑	11	49	52	37	43		9	11	6	11	31
14	17		19	20	10	37	18		26	44	46	36	47		10	2	6	25	39
15	18	♒	4	3	2	36	14	♒	11	14	21	35	39		10	52	7	9	25
16	19		18	18	27	35	2		25	15	7	34	25		11	43	7	22	43
17	20	♓	2	4	32	33	49	♓	8	46	53	33	15		12	34	8	5	32
18	21		15	22	37	32	43		21	52	13	32	14		13	25	8	17	53
19	22		28	16	12	31	47	♈	4	35	3	31	23		14	16	8	29	49
20	23	♈	10	49	24	31	2		16	59	49	30	43		15	7	9	11	25
21	24		23	6	50	30	28		29	11	1	30	15		15	58	9	22	45
22	25	♉	5	12	48	30	4	♉	11	12	38	29	54		16	49	10	3	54
23	26		17	10	56	29	48		23	8	6	29	44		17	39	10	14	55
24	27		29	4	29	29	41	♊	5	0	23	29	39		18	30	10	25	51
25	28	♊	10	56	5	29	39		16	51	50	29	39		19	21	11	6	46
26	29		22	47	52	29	41		28	44	26	29	44		20	12	11	17	40
27	1	♋	4	41	45	29	48	♋	10	40	1	29	54		21	3	11	28	37
28	2		16	39	28	30	0		22	40	17	30	8		21	54	0	9	37
29	3		28	42	42	30	17	♌	4	46	59	30	27		22	44	0	20	44
30	4	♌	10	53	20	30	38		17	2	3	30	50		23	35	1	1	57

Jours du Mois	Latitude de la Lune à Midi. D. M. S.	Mouvement horaire. M. S.	Latitude de la Lune à Minuit. D. M. S.	Mouvement horaire. M. S.	Angle horaire de la Lune à Midi. D. M. S.	Variation horaire 14 dég. M. S.
1	3 36 53 S	1 A 49	3 13 52 S	2 A 1	40 49 42 E	31 5
2	2 48 33	2 12	2 21 8	2 22	52 22 54	31 11
3	1 51 51	2 31	1 20 59	2 38	63 52 27	31 22
4	0 48 50	2 45	0 15 42	2 48	75 18 7	31 28
5	0 18 3 N	2 50	0 52 2 N	2 50	86 43 8	31 23
6	1 25 49	2 48	1 58 58	2 43	98 13 47	30 59
7	2 30 58	2 36	3 1 20	2 27	109 58 53	30 10
8	3 29 28	2 14	3 54 47	1 59	122 8 56	28 55
9	4 16 45	1 40	4 34 47	1 19	134 54 12	27 15
10	4 48 24	0 56	4 57 7	0 31	148 22 13	25 23
11	5 0 41	0 4	4 58 51	0 D 23	162 34 19	23 40
12	4 51 39	0 D 43	4 39 10	1 15	177 21 25	22 34
13	4 21 46	1 39	3 59 47	2 0	167 35 52 O	22 26
14	3 33 51	2 19	3 4 33	2 34	152 43 12	23 23
15	2 32 35	2 45	1 58 37	2 54	138 24 17	25 10
16	1 23 19	2 58	0 47 22	3 0	124 53 19	27 18
17	0 11 17 S	3 0	0 24 21 S	2 56	112 13 55	29 23
18	0 59 7	2 51	1 32 34	2 43	100 21 0	31 8
19	2 4 23	2 34	2 34 13	2 24	89 4 35	32 25
20	3 1 51	2 12	3 27 3	2 0	78 13 8	33 13
21	3 49 38	1 46	4 9 26	1 32	67 35 18	33 34
22	4 26 18	1 17	4 40 8	1 1	57 0 50	33 31
23	4 50 50	0 45	4 58 20	0 29	46 21 34	33 10
24	5 2 35	0 13	5 3 34	0 A 3	35 31 31	32 38
25	5 1 18	0 A 20	4 55 45	0 36	24 27 30	32 2
26	4 47 1	0 52	4 35 8	1 7	13 9 29	31 30
27	4 20 14	1 22	4 2 25	1 36	1 40 14	31 7
28	3 41 51	1 50	3 18 41	2 2	9 55 22 E	30 58
29	2 53 10	2 13	2 25 32	2 23	21 31 42	31 3
30	1 56 3	2 32	1 24 58	2 39	33 4 6	31 17

Jours du Mois.	Angle horaire de la LUNE à Minuit.			Variation horaire 14 dégr.		Déclinaison de la LUNE à Midi.			Mouvement horaire.		Déclinaison de la LUNE à Minuit.			Mouvement horaire.	
	D.	M.	S.	M.	S.	D.	M.	S.	M.	S.	D.	M.	S.	M.	S.
1	133	23	23 O	31	7	18	28	42 N	2 D	24	17	53	46 N	3 D	26
2	121	51	48	31	16	17	6	33	4	26	16	7	23	5	55
3	110	24	23	31	26	14	56	48	6	20	13	35	22	7	13
4	98	59	38	31	28	12	3	51	8	1	10	22	57	8	46
5	87	32	46	31	14	8	33	36	9	26	6	36	42	10	1
6	75	56	16	30	38	4	33	21	10	31	2	24	43	10	55
7	63	59	53	29	36	0	12	16	11	9	2	2	35 S	11	17
8	51	33	22	28	7	4	17	59 S	11	15	6	32	5	11	3
9	38	27	20	26	20	8	42	35	10	38	10	47	7	10	2
10	24	36	51	24	29	12	43	6	9	14	14	27	53	8	11
11	10	5	26	23	1	15	58	53	6	55	17	13	33	5	28
12	4	52	23 E	22	21	18	10	1	3	53	18	46	32	2	12
13	19	53	22	22	47	19	2	36	0	28	18	57	44	1 A	15
14	34	31	38	24	12	18	32	50	2 A	53	17	48	53	4	24
15	48	27	39	26	13	16	47	50	5	44	15	31	35	6	55
16	61	32	40	28	22	14	2	28	7	53	12	22	43	8	42
17	73	47	46	30	18	10	34	39	9	18	8	39	55	9	45
18	85	21	3	31	50	6	40	46	10	4	4	38	48	10	14
19	96	23	32	32	52	2	35	26	10	18	0	32	6	10	15
20	107	6	49	33	26	1	30	3 N	10	5	3	29	51 N	9	52
21	117	41	48	33	35	5	26	20	9	33	7	18	30	9	9
22	128	17	47	33	23	9	5	27	8	40	10	46	15	8	7
23	139	1	52	32	55	12	20	3	7	30	13	45	59	6	48
24	149	58	42	32	20	15	3	14	6	3	16	10	58	5	14
25	161	9	54	31	45	17	8	27	4	20	17	54	58	3	24
26	172	34	1	31	17	18	29	58	2	25	18	52	50	1	23
27	175	52	52 O	31	1	19	3	15	0	20	19	0	54	0 D	44
28	164	16	14	30	59	18	45	45	1 D	48	18	17	46	2	52
29	152	41	25	31	9	17	37	13	3	54	16	44	22	4	54
30	141	12	3	31	25	15	39	47	5	51	14	24	5	6	45

Jours du Mois.	PASSAGE de la Lune au Méridien sur l'Horiz.			Variation horaire.		PASSAGE de la Lune au Méridien sous l'Horiz.			Variation horaire.		Demi-diametre horiz. de la ☾.		PARALLAXE horizont. de la Lune.	
	H.	M.	S.	M.	S.	H.	M.	S.	M.	S.	M.	S	M.	S.
1	2	48	44	1	59 . 5	15	12	37	1	59 . 3	14	49	53	45
2	3	36	27	1	59 . 0	16	0	13	1	58 . 6	14	55	54	9
3	4	23	53-	1	58 . 2	16	47	30	1	57 . 9	15	5	54	43
4	5	11	4	1	57 . 8	17	34	38	1	57 . 9	15	16	55	23
5	5	58	17	1	58 . 4	18	22	3	1	59 . 4	15	29	56	11
6	6	46	3	2	0 . 7	19	10	21-	2	2 . 6	15	42	57	1
7	7	35	5-	2	5 . 9	20	0	21	2	7 . 8	15	58	57	53
8	8	26	14	2	11 . 2	20	52	50	2	14 . 9	16	12	58	44
9	9	20	13	2	19 . 0	21	48	26	2	23 . 2	16	25	59	35
10	10	17	30	2	27 . 3	22	47	21-	2	31 . 1	16	37	60	17
11	11	17	54-	2	34 . 1	23	48	58	2	36 . 2	16	45	60	46
12	12	20	20-	2	37 . 1		8				16	51	61	2
13	13	22	59	2	35 . 1	0	51	46	2	36 . 8	16	45	60	45
14	14	23	49	2	28 . 4	1	53	44	2	32 . 2	16	35	60	8
15	15	21	22	2	19 . 1	2	53	3-	2	23 . 9	16	22	59	22
16	16	15	6	2	9 . 6	3	48	43	2	14 . 3	16	8	58	30
17	17	5	12	2	1 . 3	4	40	34	2	5 . 2	15	54	57	37
18	17	52	22	1	55 . 0	5	29	6	1	57 . 8	15	39	56	44
19	18	37	30	1	51 . 0	6	15	8	1	52 . 7	15	24	55	53
20	19	21	27	1	49 . 1	6	59	34	1	49 . 8	15	11	55	6
21	20	5	2	1	49 . 0	7	43	15	1	48 . 9	15	1	54	27
22	20	48	52	1	50 . 4	8	26	53	1	49 . 5	14	53	53	57
23	21	33	27	1	52 . 6	9	11	3	1	51 . 4	14	47	53	37
24	22	19	2	1	55 . 3	9	56	6-	1	53 . 9	14	43	53	24
25	23	5	39	1	57 . 7	10	42	13	1	56 . 6	14	42	53	21
26	23	53	5	1	59 . 4	11	29	17	1	53 . 6	14	43	53	26
27		♂				12	17	1	1	59 . 9	14	48	53	41
28	0	41	1	2	0 . 1	13	5	1	1	59 . 9	14	49	53	48
29	1	28	58	1	59 . 6	13	52	51	1	59 . 2	14	53	54	2
30	☽	16	38	1	58 . 6	14	40	17	1	57 . 9	14	59	54	23

Jours du M.	LIEU des PLAN.			LATIT. des PLAN.		DECLINAI- SON des Plan.		ASCENS. droite des PLANET.		PASSAGE des Plan. au Mérid.		ELONGAT. des PLANETES.		
	S.	D.	M.	D.	M.	D.	M.	D.	M.	H.	M.	S.	D.	M.

♄ SATURNE.

Jours	LIEU S.	D.	M.	LATIT. D.	M.	DECL. D.	M.	ASCENS. D.	M.	PASS. H.	M.	ELONG. S.	D.	M.
1	♒ 10	1		0	38 S	18	22 S	312	38	16	9	4	1	15 -O
7		9	52	0	39	18	25	312	28	15	44	4	7	8
13		9	40	0	39	18	29	312	15	15	18	4	13	4
19		9	25	0	40	18	33	312	0	14	52	4	19	2
25		9	7	0	41	18	39	311	43	14	26	4	25	3

♃ JUPITER.

Jours	LIEU S.	D.	M.	LATIT. D.	M.	DECL. D.	M.	ASCENS. D.	M.	PASS. H.	M.	ELONG. S.	D.	M.
1	♎ 8	41		1	27 N	2	7 S	188	33	7	54	3	27	25 -E
7		8	41	1	25	2	8	188	33	7	30	3	21	41
13		8	47	1	23	2	12	188	38	7	5	3	16	3
19		9	0	1	22	2	19	188	49	6	41	3	10	33
25		9	19	1	20	2	28	189	5	6	17	3	5	9

♂ MARS.

Jours	LIEU S.	D.	M.	LATIT. D.	M.	DECL. D.	M.	ASCENS. D.	M.	PASS. H.	M.	ELONG. S.	D.	M.
1	♌ 14	17		1	27 N	17	57 N	137	12	4	28	2	3	1 E
7		17	40	1	22	16	52	140	33	4	17	2	0	40
13		21	5	1	17	15	43	143	54	4	5	1	28	21
19		24	33	1	13	14	31	147	16	3	54	1	26	6
25		28	3	1	9	13	15	150	38	3	42	1	23	53

♀ VENUS.

Jours	LIEU S.	D.	M.	LATIT. D.	M.	DECL. D.	M.	ASCENS. D.	M.	PASS. H.	M.	ELONG. S.	D.	M.
1	♋ 26	25		2	31 N	23	21 N	118	58	3	17	1	15	9 E
7	♌ 2	20		2	17	21	55	125	10	3	17	1	15	20
13		7	59	1	58	20	16	130	57	3	15	1	15	15
19		13	19	1	33	18	22	136	14	3	11	1	14	52
25		18	15	1	0	16	20	141	1	3	6	1	14	4

☿ MERCURE.

Jours	LIEU S.	D.	M.	LATIT. D.	M.	DECL. D.	M.	ASCENS. D.	M.	PASS. H.	M.	ELONG. S.	D.	M.
1	♊ 28	20		2	5 N	25	32 N	88	10	1	14	0	17	5 E
7	♋ 8	27		2	1	25	13	99	20	1	34	0	21	26
13		16	55	1	32	23	55	108	23	1	46	0	24	11
19		23	39	0	38	22	2	115	38	1	49	0	25	11
25		28	21	0	36 S	20	4	120	20	1	43	0	24	11

Jours du M.	PASSAGE de 0° du ♈ au Mérid.		
	H.	M.	S.
1	19	17	52
2	19	13	47
3	19	9	42
4	19	5	36
5	19	1	29
6	18	57	23
7	18	53	16
8	18	49	9
9	18	45	1
10	18	40	53
11	18	36	45
12	18	32	37
13	18	28	29
14	18	24	21
15	18	20	12
16	18	16	3
17	18	11	54
18	18	7	46
19	18	3	37
20	17	59	28
21	17	55	19
22	17	51	11
23	17	47	2
24	17	42	53
25	17	38	45
26	17	34	37
27	17	30	29
28	17	26	21
29	17	22	13
30	17	18	6

Jours du M.	ECLIPSES du Ier Satel. de Jupiter.	
	H.	M.
	Emersions.	
2	14	2
4	8	30
6	2	58
7	21	27
9	15	55
11	10	23
13	4	52
14	23	20
16	17	48
18	12	17
20	6	45
22	1	13
23	19	42
25	14	10
27	8	39
29	3	7
30	21	35

Jours du M.	☌ de la Lune avec les Fixes.		HEURE de la Conjonct.		Dist. du centre de la Lune à l'Etoile.		
			H.	M.	D.	M.	
3	ν	♌	19	49	1	1-	S
4	α	♌	0	37	1	15	S
	a	♌	1	43	0	42	N
	✳	♌	10	8	0	41-	N
	ρ	♌	13	4	0	20-	S
5	c	♌	3	21-	0	41	N
	χ	♌	4	20	0	50	S
	σ	♌	12	3	0	49	S
6	β	♍	3	21	0	54-	N
	η	♍	17	12	0	52	N
7	γ	♍	2	38	0	11	S
	θ	♍	16	33	1	27	N
8	ι	♍	1	11	0	45	N
	κ	♍	19	52	1	14	N
10	γ	♎	5	15	0	28	N
	η	♎	8	47	0	52-	N
	ψ	♎	13	34	1	10	S
11	φ	♏	2	36	0	14	S
	m	♏	6	43	0	3½	N
13	ρ	♐	18	45	0	30	S
16	λ	♑	5	38	0	51	S
	σ	♒	23	51	1	24	N
17	λ	♒	10	54	0	2,	N
	φ	♒	21	0	0	11	N
18	✳	♓	17	35	1	20	N
	✳	♓	19	19	1	6	N
20	μ	♓	17	17	0	33	S
	ν	♓	22	0	0	57	N
21	ξ	K	14	53	0	3	N
	ξ	♈	21	26	0	49	S
22	μ	K	6	35	1	1	N
30	♀	♊	23	0	1	14	N

Jours du Mois.	Demi-Diametre du SOLEIL.	MOUVEM. horaire du SOLEIL.	TEMPS que le ☉ met à traverser le Méridien.	DISTANCE du SOLEIL à la Terre. *Distance moy.* 100000	LE SOLEIL entre à l'♋ le 20 à 5ʰ 55′ 37″.
	M. S.	*M. S.*	*M. S.*		
1	15 52 5	2 23. 5	2 16	101495	
11	15 50 7-	2 23. 2	2 17	101607	
21	15 50 4	2 23. 0	2 18	101674	

PHENOMENES ET OBSERVATIONS.

5	☽ Prem. Quart. à 12ʰ 35′. ‖ ☿ à 19ʰ à 3′ N de ε ♊.
6	☿ Moyenne dist. ‖ ♀ à 16ʰ à 44¹⁄²′ de η ♋.
7	♀ Elongation 45° 20′. Elle prend des cornes le même jour.
7	♂ à 4ʰ est à 43′ S d'une ✳ ♋. ‖ ☿ à 10¹⁄²ʰ à 29′ S d'une ✳ ♊.
8	♀ à 12ʰ & suiv. est à quelques 45′ N de la crêche.
8	☿ à 13ʰ à 26′ N de ω ♊. ‖ Le 10 ♀ en sa distance moyenne.
10	☿ à 3ʰ & à 10ʰ avec m & n ♊. Dist. 8′ N & 42′ S.
11	♂ à 10ʰ à 59′ N de ψ ♋. ‖ ☽ Pér. à 19ʰ 50′ en 16° 17′ du ♐.
12	♀ à 2ʰ à 48′ N de ✳ ♊. ‖ ☉ Pl. L. à 4ʰ 43′.
16	♀ à 12ʰ à 43′ N d'une ✳ ♋. ‖ ☿ à 19¹⁄²ʰ à 58′ S d'une ✳ ♊.
17	♀ à 0ʰ à 3′ S d'une ✳ ♋. ‖ ☿ à 0ʰ à 14′ S d'une ✳ ♊.
17	♀ à 18ʰ à 20′ N d'une ✳ ♋.
18	☿ Elongation 25° 12′. Il a pris des cornes le 13.
19	☾ Dern. Quart. à 0ʰ 23′. ‖ Le 22 ♂ à 6ʰ est à 44′ N de α ♌.
23	♄ à 4ʰ à 11′ S d'une ✳ ♌. ‖ ♂ à 15ʰ à 51′ S d'une ✳ ♌.
25	♀ à 12ʰ à 45′ N d'une ✳ ♌. ‖ ☽ Ap. à 21ʰ 45′ en ♊ 21° 40′.
27	● Nouv. L. de Juin à 3ʰ 2′. ‖ ♀ à 5ʰ à 25′ N de ψ ♌.
29	☿ presque stationnaire à 16ʰ est à 25′ S de d ♊.
30	♀ à 3ʰ est à 24′ N d'une ✳ du Lion.

Phase de VENUS — Occid. — Orient. — le premier du mois.
Partie éclairée 0, 533.   Partie obscure 0, 467.

Sa grandeur & son éclat continuent d'augmenter sensiblement.

Jours du Mois.	JUILLET.	LIEU du SOLEIL.				ASCEN-SION droite du SOLEIL.			DÉCLIN. du SOLEIL Septentr.			Equation de l'Horloge.	
		S.	D.	M.	S.	D.	M.	S	D.	M.	S.	M	S.
1	Jeu. S. Martial Ev.	♋	9	53	37	100	45	59	23	6	10	3	A 20
2	Ven. Visit. de N. D.		10	50	48	101	47	57	23	1	42	3	31
3	Sa. S. Anatole Ev.		11	47	59	102	49	51	22	56	50	3	42
4	IVD. S. André de C.		12	45	10	103	51	41	22	51	35	3	53
5	Lund. Ste. Zoé M.		13	42	22	104	53	26	22	45	56	4	3
6	Mar. S. Goar Prêt.		14	39	33	105	55	4	22	39	53	4	13
7	Me. S. Pantene Pr.		15	36	45	106	56	37	22	33	26	4	23
8	Je. Ste Elisabeth R.		16	33	57	107	58	5	22	26	35	4	32
9	Ve. S. Ephr. d'Ed.		17	31	10	108	59	28	22	19	21	4	41
10	Sa. Les 7 freres M.		18	28	22	110	0	44	22	11	45	4	50
11	VD. S. Pie P. & M.		19	25	35	111	1	54	22	3	46	4	58
12	Lu. S. Jean Gualb.		20	22	48	112	2	58	21	55	24	5	5
13	Ma. S. Eugene Ev.		21	20	2	113	3	55	21	46	39	5	13
14	M. S. Bonaventure.		22	17	17	114	4	45	21	37	32	5	19
15	Je. S. Henry Emp.		23	14	32	115	5	27	21	28	3	5	26
16	Ve. S. Eustathe Ev.		24	11	47	116	6	0	21	18	12	5	31
17	Sam. S. Sperat M.		25	9	2	117	6	26	21	8	0	5	36
18	VI D. S. Arnou M.		26	6	18	118	6	44	20	57	26	5	41
19	Lu. S. Arsene D.		27	3	34	119	6	54	20	46	31	5	45
20	Ma. S. Aurele Ev.		28	0	51	120	6	56	20	35	14	5	49
21	Mer. S. Victor M.		28	58	9	121	6	50	20	23	37	5	52
22	Je. Ste Marie Magd.		29	55	28	122	6	36	20	11	39	5	54
23	Ve. S. Apollinaire.	♌	0	52	47	123	6	12	19	59	20	5	56
24	Sa. Ste Christine V.		1	50	7	124	5	40	19	46	42	5	57
25	VIID. S. Jacques Ap.		2	47	28	125	5	0	19	33	44	5	58
26	Lu. S. Eraste Mart.		3	44	49	126	4	11	19	20	27	5	58
27	Ma. S. Georges M.		4	42	11	127	3	12	19	6	50	5	58
28	Mer. Ste Anne.		5	39	35	128	2	5	18	52	54	5	57
29	Je. S. Laz. & ses S.		6	36	59	129	0	49	18	38	39	5	55
30	Ven. S. Ours Ev.		7	34	24	129	59	23	18	24	6	5	53
31	Sa. S. Germain Ev.		8	31	50	130	57	49	18	9	15	5	50

Jours du Mois	Jours de la ☽	Lieu de la Lune à Midi.				Mouvement horaire.		Lieu de la Lune à Minuit.				Mouvement horaire.		Argum. annuel de la Lune.			Distance de la Lune au Soleil.		
		S.	D.	M.	S.	M.	S.	S.	D.	M.	S.	M.	S.	S.	D.	M.	S.	D.	M.
1	5	♌	23	13	26	31	4	♌	29	27	56	31	19	O	24	26	1	13	20
2	6	♍	5	45	23	31	36	♍	12	6	38	31	56		25	17	1	24	55
3	7		18	31	55	32	17		25	1	37	32	40		26	8	2	6	44
4	8	♎	1	36	7	33	5	♎	8	15	48	33	32		26	59	2	18	51
5	9		15	0	57	34	0		21	51	54	34	30		27	50	3	1	19
6	10		28	48	47	35	0	♏	5	51	46	35	30		28	40	3	14	9
7	11	♏	13	0	42	35	59		20	15	25	36	27		29	31	3	27	24
8	12		27	35	26	36	52	♐	5	0	12	37	14	I	0	22	4	11	1
9	13	♐	12	28	49	37	31		20	0	23	37	43		1	13	4	24	58
10	14		27	33	41	37	48	♑	5	7	28	37	42		2	4	5	9	5
11	15	♑	12	40	28	37	41		20	11	24	37	28		2	55	5	23	15
12	16		27	39	8	37	7	♒	5	2	32	36	44		3	45	6	7	18
13	17	♒	12	20	45	36	16		19	33	0	35	46		4	36	6	21	1
14	18		26	38	51	35	13	♓	3	37	55	34	38		5	27	7	4	22
15	19	♓	10	30	3	34	3		17	15	20	33	29		6	18	7	17	16
16	20		23	53	59	32	57	♈	0	26	16	32	26		7	9	7	29	42
17	21	♈	6	52	37	31	58		13	13	31	31	32		8	0	8	11	42
18	22		19	29	30	31	9		25	41	6	30	48		8	51	8	23	23
19	23	♉	1	48	52	30	30	♉	7	53	23	30	15		9	42	9	4	45
20	24		13	55	13	30	4		19	54	55	29	54		10	33	9	15	54
21	25		25	52	58	29	47	♊	1	49	55	29	43		11	24	9	26	55
22	26	♊	7	46	12	29	41		13	42	16	29	40		12	14	10	7	53
23	27		19	38	29	29	42		25	35	14	29	46		13	5	10	18	48
24	28	♋	1	32	49	29	51	♋	7	31	32	29	57		13	56	10	29	43
25	29		13	31	40	30	5		19	33	27	30	14		14	47	11	10	44
26	30		25	37	8	30	24	♌	1	42	56	30	35		15	38	11	21	52
27	1	♌	7	51	2	30	47		14	1	39	31	0		16	29	0	3	9
28	2		20	14	57	31	14		26	31	5	31	28		17	20	0	14	35
29	3	♍	2	50	12	31	43	♍	9	12	26	31	59		18	11	0	26	13
30	4		15	37	53	32	15		22	6	43	32	33		19	2	1	8	3
31	5		28	39	3	32	51	♎	5	15	1	33	9		19	53	1	20	7

Jours du Mois.	LATITUDE de la LUNE à Midi.				Mouvement horaire.		LATITUDE de la LUNE à Minuit.				Mouvement horaire.		Angle horaire de la LUNE à Midi.				Variation horaire 14 dég.	
	D.	M.	S.		M.	S.	D.	M.	S.		M.	S.	D.	M.	S.		M.	S.
1	0	52	37 S	2 A	44		0	19	21 S	2 A	48		44	30	13 E	31	33
2	0	14	29 N	2	50		0	48	29 N	2	50		55	50	49	31	42
3	1	22	15	2	48		1	55	21	2	43		67	10	3	31	38
4	2	27	21	2	36		2	57	47	2	27		78	35	10	31	12
5	3	26	10	2	16		3	52	1	2	2		90	15	44	30	20
6	4	14	49	1	45		4	34	5	1	26		102	22	32	29	1
7	4	49	24	1	5		5	0	19	0	43		105	5	47	27	20
8	5	6	29	0	19		5	7	35	0 D	7		128	32	22	25	28
9	5	3	29	0 D	34		4	54	7	1	0		142	42	13	23	48
10	4	39	38	1	25		4	20	11	1	49		157	25	13	22	48
11	3	56	13	2	10		3	28	13	2	29		172	20	59	22	46
12	2	56	49	2	44		2	22	41	2	56		172	55	30 O	23	47
13	1	46	33	3	4		1	9	8	3	9		158	45	57	25	32
14	0	31	8	3	10		0	6	46 S	3	8		145	22	50	27	34
15	0	43	59 S	3	3		1	19	59	2	56		132	48	15	29	31
16	1	54	21	2	47		2	26	39	2	36		120	56	29	31	6
17	2	56	37	2	24		3	23	58	2	10		109	37	47	32	15
18	3	48	31	1	55		4	10	4	1	40		98	40	47	32	55
19	4	28	32	1	24		4	43	48	1	8		87	54	38	33	9
20	4	55	49	0	52		5	4	31	0	35		77	9	41	33	2
21	5	9	52	0	18		5	11	51	0	1		66	18	16	32	38
22	5	10	30	0 A	15		5	5	48	0 A	32		55	15	9	32	5
23	4	57	50	0	48		4	46	37	1	4		43	58	3	31	30
24	4	32	17	1	20		4	14	54	1	34		32	27	51	31	1
25	3	54	38	1	48		3	31	28	2	2		20	48	12	30	43
26	3	6	7	2	14		2	38	18	2	24		9	4	17	30	40
27	2	8	23	2	34		1	36	52	2	42		2	38	38 E	30	48
28	1	3	53	2	48		0	29	50	2	57		14	16	42	31	3
29	0	4	52 N	2	54		0	39	50 N	2	55		25	48	42	31	17
30	1	14	30 –	2	53		1	48	44	2	48		37	16	22	31	23
31	2	21	45	2	41		2	35	12	2	32		48	44	26	31	13

Jours du Mois.	Angle horaire de la LUNE à Minuit.			Variation horaire 14 dég.		Déclinaison de la LUNE à Midi.			Mouvement horaire.		Déclinaison de la LUNE à Minuit.			Mouvement horaire.	
	D.	M.	S.	M.	S.	D.	M.	S.	M.	S.	D.	M.	S.	M.	S.
1	129	49	0 O	31	39	12	58	2 N	7 D	34	11	22	26 N	8 D	26
2	118	29	48	31	42	9	38	15	9	1	7	44	28	9	36
3	107	8	42	31	28	5	48	12	10	5	3	44	34	10	25
4	95	37	9	30	50	1	36	53	10	46	0	33	33 S	10	56
5	83	44	49	29	44	2	45	12 S	10	58	4	56	31	10	52
6	71	20	55	28	13	7	5	41	10	38	9	10	51	10	12
7	58	16	33	26	24	11	9	50	9	35	13	0	24	8	46
8	44	27	40	24	35	14	40	14	7	47	16	6	58	6	37
9	29	59	16	23	11	17	18	23	5	14	18	12	19	3	43
10	15	6	57	22	39	18	47	24	2	6	19	2	17	0	24
11	0	14	13	23	10	18	56	52	1 A	10	18	31	5	2 A	56
12	14	14	32 E	24	36	17	46	10	4	30	16	43	25	5	54
13	28	1	47	26	32	15	24	56	7	8	13	52	54	8	9
14	41	0	20	28	34	12	9	41	9	0	10	17	41	9	38
15	53	12	27	30	22	8	19	6	10	5	6	16	8	10	23
16	64	46	18	31	44	4	10	32	10	31	2	4	3	10	32
17	75	52	44	32	38	0	1	51 N	10	25	2	5	46 N	10	13
18	86	43	1	33	5	4	6	38	9	55	6	3	24	9	32
19	97	27	29	33	8	7	55	6	9	4	9	40	48	8	32
20	108	14	50	32	52	11	19	42	7	56	12	51	0	7	16
21	119	11	38	32	23	14	13	55	6	52	15	27	41	5	45
22	130	21	38	31	47	16	31	36	4	53	17	24	56	3	59
23	141	45	36	31	14	18	7	5	3	2	18	37	26	2	1
24	153	21	6	30	51	18	55	32	0	52	19	0	58	0 D	5
25	165	3	24	30	40	18	53	34	1 D	10	18	33	10	2	14
26	176	47	35	30	43	17	59	54	3	18	17	13	55	4	21
27	171	31	35 O	30	55	16	15	42	5	21	15	5	43	6	18
28	159	56	34	31	10	13	44	44	7	11	12	13	32	8	0
29	148	27	8	31	21	10	33	9	8	43	8	44	36	9	21
30	137	0	4	31	20	6	46	7	9	53	4	47	52	10	18
31	125	29	11	31	1	2	42	16	10	36	0	33	40	10	43

Jours du Mois.	PASSAGE de la Lune au Méridien fur l'Horiz.			Variation horaire.		PASSAGE de la Lune au Méridien fous l'Horiz.			Variation horaire.		Demi-diametre horiz. de la ☾.		PARAL-LAXE horizont. de la ☾.	
	H.	M.	S.	M.	S.	H.	M.	S.	M.	S.	M.	S.	M.	S.
1	3	3	49-	1	57.4	15	27	16	1	57.0	15	8	54	52
2	3	50	38	1	56.8	16	14	0	1	56.9	15	17	55	28
3	4	37	25	1	57.4	17	0	59	1	58.3	15	28	56	8
4	5	24	46	1	59.6	17	48	52	2	1.6	15	41	56	52
5	6	13	25	2	4.0	18	38	30	2	7.0	15	54	57	39
6	7	4	13	2	10.4	19	30	39	2	14.2	16	7	58	25
7	7	57	53	2	18.3	20	25	58-	2	22.6	16	18	59	7
8	8	54	54	2	26.5	21	24	35	2	30.2	16	29	59	43
9	9	54	56	2	33.1	22	25	47	2	35.1	16	36	60	10
10	10	56	55	2	35.9	23	28	5	2	35.4	16	40	60	26
11	11	59	1	2	33.7	8					16	41	60	30
12	12	59	18	2	27.2	0	29	29	2	30.8	16	35	60	8
13	13	56	26	2	18.3	1	28	19	2	22.9	16	23	59	24
14	14	49	56	2	9.3	2	23	38-	2	13.7	16	9	58	34
15	15	40	3	2	1.5	3	15	23	2	5.2	15	55	57	40
16	16	27	27	1	55.9	4	4	2	1	58.4	15	39	56	47
17	17	13	0	1	52.3	4	50	24	1	53.8	15	27	55	58
18	17	57	33	1	50.8	5	35	21	1	51.3	15	14	55	13
19	18	41	50-	1	51.0	6	19	41	1	50.7	15	4	54	36
20	19	26	29	1	52.5	7	4	5	1	51.6	14	56	54	7
21	20	11	55	1	54.8	7	49	5	1	53.6	14	50	53	46
22	20	58	23	1	57.5	8	35	1	1	56.2	14	46	53	34
23	21	45	49-	1	59.6	9	22	0	1	58.6	14	46	53	31
24	22	33	59	2	1.0	10	9	50	2	0.4	14	47	53	36
25	23	22	29-	2	1.4	10	58	13	2	1.3	14	51	53	51
26	6					11	46	45	2	1.1	14	56	54	14
27	0	10	56	2	0.7	12	35	2	2	0.2	15	4	54	38
28	0	59	1	1	59.6	13	22	53	1	59.0	15	9	54	57
29	1	46	39	1	58.6	14	10	20-	1	58.3	15	17	55	23
30	2	33	59	1	58.2	14	57	39	1	58.5	15	25	55	54
31	3	21	24	1	59.1	15	45	19	2	0.1	15	34	56	27

Jours du M.	LIEU des PLAN. S. D. M.	LATIT. des PLAN. D. M.	DECLINAISON des Plan. D. M.	ASCENS. droite des PLANET. D. M.	PASSAGE des Plan. au Mérid. H. M.	ELONGAT. des PLANETES. S. D. M.
♄			SATURNE			
1	♒ 8 46	0 42 ♐	18 46 ♐	3 11 23	14 0	5 1 8 ☉
7	8 23	0 42	18 53	3 11 1	13 34	5 7 14
13	7 59	0 43	19 0	3 10 37	13 8	5 13 21
19	7 23	0 43	19 7	3 10 11	12 43	5 19 31
25	7 6	0 44	19 14	3 09 44	12 17	5 25 41
♃			JUPITER.			
1	♎ 9 43	1 19 N	2 39 N	189 27	5 53	2 29 49 E
7	10 12	1 17	2 52	189 55	5 31	2 24 35
13	10 47	1 16	3 7	190 27	5 9	2 19 27
19	11 29	1 15	3 24	191 4	4 48	2 14 26
25	12 15	1 14	3 43	191 45	4 26	2 9 28
♂			MARS.			
1	♍ 1 36	1 5 N	11 57 N	154 1	3 31	1 21 42 E
7	5 11	1 1	10 35	157 24	3 20	1 19 34
13	8 48	0 56	9 10	160 47	3 9	1 17 28
19	12 27	0 52	7 43	164 10	2 58	1 15 23
25	16 8	0 48	6 14	167 33	2 48	1 13 21
♀			VENUS.			
1	♌ 22 43	0 19 N	14 16 N	145 10	2 58	1 12 49 E
7	26 33	0 30 S	12 12	143 36	2 47	1 10 57
13	29 40	1 29	10 13	151 15	2 33	1 8 20
19	♍ 1 49	2 36	8 24	152 53	2 15	1 4 45
25	2 48	3 51 -	6 53	153 22	1 53	1 0 1
☿			MERCURE.			
1	♌ 0 40	2 4 S	18 25 N	122 25	1 27	0 20 47 E
7	0 15	3 32	16 40	121 31	0 58	0 14 38
13	♋ 27 18	4 38	16 11	118 25	0 21	0 5 58
19	23 17	4 54	16 38	114 16	23 35	0 3 47 ☉
25	20 33	4 10	17 47	111 34	23 2	0 12 15

Passage de 0° du ♈ au Mérid.

Jours du M.	H.	M.	S.
1	17	13	59
2	17	9	52
3	17	5	45
4	17	1	39
5	16	57	33
6	16	53	27
7	16	49	22
8	16	45	17
9	16	41	12
10	16	37	8
11	16	33	4
12	16	29	1
13	16	24	58
14	16	20	56
15	16	16	55
16	16	12	54
17	16	8	53
18	16	4	53
19	16	0	53
20	15	56	54
21	15	52	55
22	15	48	57
23	15	44	59
24	15	41	3
25	15	37	6
26	15	33	10
27	15	29	15
28	15	25	21
29	15	21	27
30	15	17	34
31	15	13	42

Eclipses du 1er Satel. de Jupiter.

Emersions.

Jours du M.	H.	M.
2	16	4
4	10	32
6	5	1
7	23	29
9	17	58
11	12	26
13	6	55
15	1	23
16	19	52
18	14	20
20	8	49
22	3	17
23	21	46
25	16	15
27	10	43
29	5	12
30	23	41

♂ de la Lune avec les Fixes. — Heure de la Conjonct. — Dist. du centre de la Lune à l'Etoile.

Jours du M.			H.	M.	D.	M.	
1	α	♌	6	12	1	3	S
2	c	♌	9	9	0	53	S
	χ	♌	10	9	0	37	S
	σ	♌	17	59	0	35-	S
3	β	♍	9	33	1	8	N
	η	♍	23	42	1	5	N
4	γ	♍	9	22	0	2	N
5	l	♍	8	36	0	58	N
7	γ	♎	14	26	0	36-	N
	η	♎	18	5	1	1	N
	ψ	♎	23	2	1	2	S
8	φ	O	12	26	0	7	S
	m	O	15	3	0	39	N
11	ρ	♐	5	24	0	32	S
13	λ	♑	15	27	0	59	S
14	λ	♒	19	52	0	8	S
15	φ	♒	5	43	0	0	
16	✳	♓	1	48	1	8-	N
	✳	♓	3	29	0	54	N
18	μ	♓	0	24	0	45	S
	ν	♓	5	2	0	45	N
	ξ	K	21	41	0	8-	S
19	ξ	♈	4	10-	1	1	S
	μ	K	13	13	0	50	N
20	f	♉	12	17	0	53	N
21	γ	♉	13	7	0	34-	N
	δ	♉	15	16	1	11	S
	θ	♉	17	27	0	36	N
	θ	♉	17	28	0	41	N
	α	♉	21	11	0	18	N
31	η	♍	1	13	1	13	N
	γ	♍	14	44	0	11	N

Jours du Mois.	Demi-Diametre du SOLEIL.		MOUVEM. horaire du SOLEIL.		TEMPS que le ☉ met à traverser le Méridien.		DISTANCE du SOLEIL à la Terre. Distance moy. 100000	LE SOLEIL entre au ♌ le 22 à 8ʰ 13′ 32″.
	M.	S.	M.	S.	M.	S.		
I	15	50	2	23. 0	2	17	101691	
11	15	50	2	23. 0	2	16	101662	
21	15	51	2	23. 2	2	15	101585	

PHENOMENES ET OBSERVATIONS.

J. du M.	
1	♂ ☽ & de ♂ à 16ʰ 48′. Le centre de ☽ 1° 10′ S.
2	☿ Aphélie. ‖ ♀ à 19ʰ passe à 5′ N de ν ♌.
3	♀ à 4ʰ à 1° 6′ N de ✳ ♌. ‖ ♂ à 7ʰ à 56′ N de ρ ♌.
4	☽ Prem. Quart. à 21ʰ 31′. ‖ Le 5 à 6ʰ ♄ à 1° 9′ d'une ✳ ♐.
6	♀ à 20ʰ à 56′ S de α ♌.
7	♃ à 13ʰ à 43′ S de ✳ ♍. ‖ ♀ à 20ʰ à 46′ N de a ♌.
9	☽ périgée à 22ʰ en ♓ 26° 20′.
11	⊕ Pl. L. à 11ʰ 30′. ‖ Le 13 ♃ à 8ʰ est à 1° 7′ S d'une ✳ ♍.
16	☿ ♂ inférieure. ‖ ♄ à 20ʰ est à 15′ S d'une ✳ ♐.
16	♂ à 20ʰ est à 26′ S de χ ♌.
18	☾ Dern. Quart. à 13ʰ 54′. ‖ ♀ à 14ʰ à 49′ N d'une ✳ ♌.
23	♂ à 16ʰ à 53′ S de σ ♌. ‖ ☽ Apog. à 20ʰ 29′ en ♊ 29° 48′.
26	♂ à 5½ʰ à 47′ N de ✳ ♌. ‖ ● Nouv. L. de Juillet à 17ʰ 20′.
27	☿ Stationnaire à 4½′ de f ♉. ‖ Le 28 ☿ moyenne dist.
29	♂ de ♄ à 4ʰ 34′ 3‴″ en ♒ 6° 47′ 56″ selon les Tables, dont l'erreur à la derniere ♂ étoit en longit. hélioc. - 20′ 40″, en long. géoc. - 23′ 0″, en latit. géoc. - 43″, l'aberr. des fixes compens.
30	♂ de ☽ & ♂ à 6ʰ 39′. Le centre de ☽ 49′ N.
30	♂ à 11ʰ est à 29′ N d'une ✳ ♌.

L' ✳ χ du Cygne paroîtra vers le commenc. du mois.

Phase de VENUS *Occid.* *Orient.* le premier du mois.
Partie éclairée 0, 347. Partie obscure 0, 653.

Elle est le 9 en son plus grand éclat : on la voit de jour.

Jours du Mois.	AOUT.	Lieu du Soleil.				Ascension droite du Soleil.			Déclinaison du ☀ Septentr.			Equation de l'Horloge.	
		S.	D.	M.	S.	D.	M.	S.	D.	M.	S.	M.	S.
1	*VIIID.*S.P.ès liens.	♌	9	29	17	131	56	5	17	54	7	5 A	47
2	Lund. S.Étienne P.		10	26	45	132	54	13	17	38	41	5	43
3	Ma. Inv. de S. Éti.		11	24	13	133	52	11	17	22	58	5	38
4	M.S.DominiqueP.		12	21	42	134	49	59	17	6	58	5	33
5	Jeud. S.Yon Mart.		13	19	12	135	47	39	16	50	41	5	27
6	V.Transf. de N.S.		14	16	44	136	45	11	16	34	7	5	20
7	Sam. S.VictriceEv.		15	14	17	137	42	34	16	17	17	5	13
8	*IX D.*S.JustinMar.		16	11	52	138	39	48	16	0	11	5	6
9	Lund. *Vigile-jeûne.*		17	9	28	139	36	54	15	42	50	4	58
10	M.*S.Laurent Mart.*		18	7	4	140	33	51	15	25	14	4	49
11	M. Susc.de la S.C.		19	4	42	141	30	39	15	7	23	4	40
12	Jeu. Ste Claire V.		20	2	22	142	27	19	14	49	17	4	30
13	V.S.HippolyteMa.		21	0	2	143	23	50	14	30	57	4	19
14	Sam. *Vigile - jeûne.*		21	57	44	144	20	13	14	12	24	4	8
15	*X D. Ass. de N.D.*		22	55	27	145	16	29	13	53	37	3	57
16	Lund. S.RochLaic.		23	53	12	146	12	37	13	34	37	3	45
17	Ma. S.MammèsM.		24	50	58	147	8	38	13	15	24	3	32
18	M. Ste HéleneIm.		25	48	45	148	4	31	12	55	58	3	19
19	Jeud. S. Louis Év.		26	46	33	149	0	15	12	36	19	3	6
20	Ve. S.Bernard Ab.		27	44	23	149	55	52	12	16	28	2	52
21	Sam. S.SidoineEv.		28	42	15	150	51	23	11	56	26	2	37
22	*XI D.*S.Symph.M.		29	40	9	151	46	48	11	36	13	2	22
23	Lu. S.TimothéeM.	♍	0	38	4	152	42	6	11	15	48	2	7
24	M. *S.Barthélemi A.*		1	36	1	153	37	18	10	55	13	1	51
25	Merc. *S.Louis Roi.*		2	33	58	154	32	22	10	34	28	1	35
26	Je. S.Zéphirin Pa.		3	31	57	155	27	21	10	13	32	1	19
27	Ven. S.CésaireÉv.		4	29	58	156	22	14	9	52	26	1	2
28	Sa. S. AugustinÉv.		5	28	1	157	17	2	9	31	11	0	44
29	*XIID.*Dé.deS.J.B.		6	26	5	158	11	44	9	9	46	0	27
30	Lun.S.FiacreSolit.		7	24	11	159	6	21	8	48	13	0	9
31	Ma. S. Paulin Èv.		8	22	19	160	0	54	8	26	30	0 R	10

Jours du Mois.	Jours de la L.	LIEU de la LUNE à Midi.				Mouvement horaire.		LIEU de la LUNE à Minuit.				Mouvement horaire.		ARGUM. annuel de la Lune.			Distance de la LUNE au SOLEIL		
		S.	D.	M.	S.	M.	S.	S.	D.	M.	S.	M.	S.	S.	D.	M.	S.	D.	M.
1	6	♎	11	54	45	33	28	♎	18	38	23	33	48	I	20	44	2	2	25
2	7		25	26	2	34	8	♏	2	17	46	34	29		21	36	2	14	59
3	8	♏	9	13	37	34	49		16	13	35	35	10		22	27	2	27	49
4	9		23	17	36	35	30	♐	0	25	29	35	49		23	18	3	10	56
5	10	♐	7	36	55	36	5		14	51	36	36	20		24	9	3	24	16
6	11		22	9	0	36	33		29	28	33	36	41		25	0	4	7	52
7	12	♑	6	49	26	36	46	♑	14	10	53	35	47		25	51	4	21	35
8	13		21	32	1	36	43		28	51	56	36	35		26	42	5	5	20
9	14	♒	6	9	45	36	22	♒	13	24	32	36	5		27	33	5	19	0
10	15		20	35	35	35	44		27	42	13	35	21		28	25	6	2	29
11	16	♓	4	43	57	34	55	♓	11	40	16	34	27		29	16	6	15	39
12	17		18	30	55	33	58		25	15	40	33	29	II	0	7	6	28	29
13	18	♈	1	54	36	33	0	♈	8	27	46	32	32		0	58	7	10	55
14	19		14	55	25	32	5		21	17	49	31	40		1	50	7	22	58
15	20		27	35	21	31	16	♉	3	48	25	30	55		2	41	8	4	40
16	21	♉	9	57	30	30	36		16	3	6	30	20		3	32	8	16	4
17	22		22	5	46	30	7		28	6	5	29	57		4	23	8	27	15
18	23	♊	4	4	35	29	49	♊	10	1	51	29	44		5	15	9	8	16
19	24		15	58	26	29	42		21	54	53	29	43		6	6	9	19	12
20	25		27	51	41	29	46	♋	3	49	21	29	51		6	58	10	0	7
21	26	♋	9	48	19	29	59		15	49	2	30	9		7	49	10	11	6
22	27		21	51	52	30	20		27	57	12	30	33		8	40	10	22	12
23	28	♌	4	5	19	30	48	♌	10	16	33	31	4		9	32	11	3	27
24	29		16	31	6	31	21		22	49	12	31	39		10	23	11	14	55
25	1		29	10	56	31	58	♍	5	36	25	32	17		11	15	11	26	37
26	2	♍	12	5	41	32	36		18	38	44	32	55		12	6	0	8	34
27	3		25	15	29	33	13	♎	1	55	52	33	31		12	58	0	20	46
28	4	♎	8	39	43	33	48		15	26	51	34	4		13	49	1	3	12
29	5		22	17	3	34	18		29	10	5	34	32		14	41	1	15	51
30	6	♏	6	5	42	34	44	♏	13	3	42	34	55		15	32	1	28	42
31	7		20	3	47	35	5		27	5	46	35	14		16	24	2	11	41

Jours du Mois	LATITUDE de la LUNE à Midi. D.	M.	S.	Mouvement horaire. M.	S.	LATITUDE de la LUNE à Minuit. D.	M.	S.	Mouvement horaire. M.	S.	Angle horaire de la LUNE à Midi. D.	M.	S.	Variation horaire 14 dég. M.	S.
1	3	22	37 N	2 A	21	3	49	32 N	2 A	8	60	20	14 E	30	43
2	4	13	30	1	52	4	34	5	1	34	72	12	47	29	49
3	4	50	54	1	14	5	3	35	0	53	84	31	28	28	33
4	5	11	48	0	30	5	15	18	0	5	97	24	13	27	2
5	5	13	55	0 D	20	5	7	32	0 D	+5	110	54	50	25	27
6	4	56	11	1	9	4	39	55	1	33	125	0	23	24	11
7	4	19	2	1	56	3	53	48	2	16	139	29	18	23	34
8	3	24	44	2	34	2	52	19	2	49	154	2	52	23	49
9	2	17	14	3	1	1	40	8	3	9	168	20	29	24	51
10	1	1	44	3	14	0	22	44	3	15	177	54	13 O	26	26
11	0	16	12 S	3	13	0	54	22 S	3	8	164	49	14	28	9
12	1	31	16	3	0	2	6	22	2	50	152	24	47	29	45
13	2	39	15	2	38	3	9	32	2	25	140	35	19	31	3
14	3	36	58	2	10	4	1	18	1	54	129	11	59	31	56
15	4	22	25	1	37	4	40	9	1	20	118	5	10	32	26
16	4	54	28	1	3	5	5	18	0	46	107	5	38	32	33
17	5	12	40	0	28	5	16	34	0	11	96	5	26	32	23
18	5	12	40	0 A	7	5	14	3	0 A	24	84	58	23	32	0
19	5	7	43	0	40	4	58	6	0	56	73	40	36	31	31
20	4	45	16	1	12	4	29	19	1	28	62	10	52	31	2
21	4	10	22	1	4	3	48	34	1	56	50	30	40	30	39
22	3	24	6	2	9	2	57	8	2	21	38	43	25	30	27
23	2	27	56	2	31	1	56	44	2	40	26	53	25	30	25
24	1	23	51	2	48	0	49	38	2	54	15	4	30	30	31
25	0	14	30	2	58	0	21	11 N	2	59	3	18	44	30	40
26	0	56	56 N	2	58	1	32	17	2	55	8	24	8 E	30	44
27	2	6	43	2	45	2	39	44	2	40	20	7	7	30	38
28	3	10	48	2	29	3	39	25	2	16	31	55	29	30	17
29	4	5	8	2	1	4	27	28	1	43	43	56	0	29	37
30	4	46	4	1	23	5	0	33	1	2	56	15	49	28	41
31	5	10	39	0	39	5	16	8	0	16	69	1	14	27	31

Jours du Mois.	Angle horaire de la LUNE à Minuit. D. M. S.	Variation horaire 14 dégr. M. S.	Déclinaison de la LUNE à Midi. D. M. S.	Mouvement horaire. M. S.	Déclinaison de la LUNE à Minuit. D. M. S.	Mouvement horaire. M. S.
1	113 46 10 O	30 19	1 36 25 S	10 D 51	3 46 28 S	10 D 47
2	101 41 41	29 14	5 54 47	10 34	7 59 41	10 12
3	89 6 46	28 48	9 59 20	9 42	11 51 51	9 1
4	75 55 13	26 14	13 35 15	8 12	15 7 32	7 10
5	62 6 10	24 45	16 26 46	6 0	17 31 1	4 40
6	47 46 59	23 46	18 18 41	3 14	18 48 16	1 41
7	33 13 12	23 34	18 59 4	0 6	18 50 21	1 A 32
8	18 45 12	24 15	18 22 33	3 A 6	17 36 6	4 36
9	4 42 11	25 37	16 32 29	5 58	15 13 9	7 12
10	8 43 26 E	27 18	13 40 15	8 14	11 55 53	9 6
11	21 27 46	28 59	10 2 23	9 46	8 2 0	10 15
12	33 33 48	30 27	5 56 53	10 34	3 49 7	10 42
13	45 9 1	31 32	1 40 27	10 43	0 27 25 N	10 35
14	56 22 54	32 14	2 33 6 N	10 20	4 35 12	10 0
15	67 24 59	32 32	6 32 41	9 34	8 24 25	9 3
16	78 23 58	32 30	10 9 35	8 28	11 47 15	7 48
17	89 26 56	32 13	13 16 40	7 5	14 37 5	6 18
18	100 39 1	31 46	15 47 51	5 28	16 48 18	4 35
19	112 2 50	31 16	17 37 52	3 40	18 15 56	2 41
20	123 38 7	30 50	18 42 4	1 40	18 55 48	0 37
21	135 22 21	30 32	18 56 52	0 D 27	18 44 58	1 D 32
22	147 11 30	30 25	18 20 7	2 37	17 42 18	4 41
23	159 1 21	30 27	16 51 50	4 44	15 49 1	5 44
24	170 48 50	30 35	14 34 27	6 41	13 8 45	7 35
25	177 27 5 O	30 43	11 32 52	8 23	9 47 45	9 6
26	165 44 41	30 43	7 54 38	9 43	5 54 44	10 14
27	153 59 47	30 30	3 49 29	10 37	1 40 22	10 52
28	142 6 13	29 59	0 30 58 S	10 59	2 42 53 S	10 58
29	129 56 56	29 11	4 53 36	10 47	7 1 17	10 27
30	117 24 58	28 7	9 4 4	9 58	11 0 4	9 20
31	104 25 15	26 54	12 47 25	8 31	14 24 15	7 35

Jours du Mois.	Passage de la Lune au Méridien sur l'Horiz.			Variation horaire.		Passage de la Lune au Méridien sous l'Horiz.			Variation horaire.		Demi-diametre horiz. de la ☾.		Paral-laxe horizont. de la Lune.	
	H.	M.	S.	M.	S.	H.	M.	S.	M.	S.	M.	S.	M.	S.
1	4	9	29	2	1 . 6	16	33	59	2	3 . 6	15	44	57	2
2	4	58	55	2	5 . 9	17	24	22	2	8 . 7	15	54	57	38
3	5	50	25	2	11 . 8	18	17	7	2	15 . 3	16	4	58	14
4	6	44	32	2	19 . 9	19	12	40	2	22 . 5	16	12	58	45
5	7	41	30	2	25 . 8	20	10	56	2	28 . 5	16	19	59	10
6	8	40	51	2	30 . 6	21	11	7	2	31 . 8	16	25	59	27
7	9	41	31	2	32 . 0	22	11	50	2	31 . 0	16	27	59	36
8	10	41	53	2	29 . 2	23	11	28	2	27 . 4	16	26	59	36
9	11	40	26	2	23 . 1		8				16	24	59	25
10	12	36	13-	2	15 . 6	0	8	43	2	19 . 5	16	17	59	3
11	13	28	55	2	7 . 9	1	2	57	2	11 . 7	16	4	58	16
12	14	18	48	2	1 . 7	1	54	11	2	4 . 5	15	50	57	28
13	15	6	29	1	57 . 1	2	42	52	1	59 . 1	15	37	56	39
14	15	52	42	1	54 . 3	3	29	44	1	55 . 5	15	24	55	52
15	16	38	9	1	53 . 3	4	15	28-	1	53 . 6	15	13	55	13
16	17	23	29-	1	53 . 7	5	0	48	1	53 . 3	15	4	54	41
17	18	9	13	1	55 . 1	5	46	17	1	54 . 3	14	55	54	16
18	18	55	41	1	57 . 3	6	32	20	1	56 . 1	14	52	53	59
19	19	43	1	1	59 . 4	7	19	14	1	58 . 4	14	50	53	48
20	20	31	9	2	1 . 2	8	7	0	2	0 . 4	14	50	53	47
21	21	19	51	2	2 . 2	8	55	27	2	1 . 8	14	52	53	56
22	22	8	47	2	2 . 4	9	44	18	2	2 . 4	14	57	54	12
23	22	57	40	2	1 . 9	10	33	15	2	2 . 2	15	3	54	35
24	23	46	18	2	1 . 3	11	22	1	2	1 . 6	15	12	55	6
25		♂				12	10	32	2	1 . 0	15	23	55	44
26	0	34	4	2	1 . 0	12	58	56	2	1 . 1	15	31	56	14
27	1	23	11	2	1 . 5	13	47	32-	2	2 . 2	15	37	56	40
28	2	12	4	2	3 . 1	14	36	49	2	4 . 5	15	44	57	8
29	3	1	53	2	6 . 2	15	27	19	2	8 . 3	15	52	57	34
30	3	53	12	2	10 . 6	16	19	34	2	13 . 1	15	59	57	59
31	4	46	27	2	15 . 8	17	13	54	2	18 . 7	16	6	58	20

♄ SATURNE.

Jours du M.	LIEU des PLAN.			LATIT. des PLAN.			DECLINAISON des Plan.			ASCENS. droite des PLANET.		PASSAGE des Plan. au Mérid.		ELONGAT. des PLANETES.			
	S.	D.	M.	D.	M.		D.	M.		D.	M.	H.	M.	S.	D.	M.	
1	♒	6	35	0	45	☽	19	22	☽	309	11	11	47	5	27	6	E
7		6	9	0	45		19	29		308	43	11	22	5	20	55	
13		5	43	0	46		19	36		308	16	10	58	5	14	43	
19		5	18	0	46		19	42		307	51	10	34	5	8	31	
25		4	55	0	46		19	48		307	28	10	10	5	2	21	

♃ JUPITER.

Jours du M.	LIEU des PLAN.			LATIT. des PLAN.			DECLINAISON des Plan.			ASCENS. droite des PLANET.		PASSAGE des Plan. au Mérid.		ELONGAT. des PLANETES.			
1	♎	13	12	1	12	N	4	7	S	192	37	4	2	2	3	43	E
7		14	7	1	11		4	29		193	26	3	52	1	28	53	
13		15	5	1	10		4	53		194	19	3	33	1	24	5	
19		16	5-	1	9		5	18		195	16	3	15	1	19	19	
25		17	11	1	8		5	43		196	16	2	47	1	14	37	

♂ MARS.

Jours du M.	LIEU des PLAN.			LATIT. des PLAN.			DECLINAISON des Plan.			ASCENS. droite des PLANET.		PASSAGE des Plan. au Mérid.		ELONGAT. des PLANETES.			
1	♍	20	28	0	44	N	4	27	N	171	32	2	37	1	10	59	E
7		24	14	0	40		2	54		174	58	2	28	1	9	0	
13		28	2	0	36		1	20		178	26	2	19	1	7	2	
19	♎	1	52	0	32		0	15	S	181	55	2	10	1	5	5	
25		5	43	0	28		1	50		185	26	2	2	1	3	9	

♀ VENUS.

Jours du M.	LIEU des PLAN.			LATIT. des PLAN.			DECLINAISON des Plan.			ASCENS. droite des PLANET.		PASSAGE des Plan. au Mérid.		ELONGAT. des PLANETES.			
1	♍	2	16	5	25	S	5	37	N	152	18	1	21	0	22	46	E
7		0	12	6	40		5	8		149	55	0	48	0	14	58	
13	♌	27	9	7	41		5	15		146	44	0	13	0	6	9	
19		23	28	8	15		5	55		143	6	23	30	0	3	18	O
25		20	4	8	17		6	56		139	51	22	56	0	12	30	

☿ MERCURE.

Jours du M.	LIEU des PLAN.			LATIT. des PLAN.			DECLINAISON des Plan.			ASCENS. droite des PLANET.		PASSAGE des Plan. au Mérid.		ELONGAT. des PLANETES.			
1	♋	21	31	2	30	S	19	17	N	112	50	22	44	0	17	59	O
7		26	26	0	55		20	0		118	16	22	43	0	18	48	
13	♌	4	52	0	28	N	19	32		127	21	22	59	0	16	8	
19		15	43	1	23		17	28		138	37	23	22	0	11	4	
25		27	31	1	45		14	0		150	20	23	47	0	5	3	

Passage de 0° du ♈ au Mérid.

Jours du M.	H.	M.	S.
1	15	9	50
2	15	5	58
3	15	2	7
4	14	58	17
5	14	54	27
6	14	50	38
7	14	46	50
8	14	43	2
9	14	39	15
10	14	35	28
11	14	31	41
12	14	27	55
13	14	24	10
14	14	20	25
15	14	16	41
16	14	12	57
17	14	9	14
18	14	5	31
19	14	1	49
20	13	58	8
21	13	54	27
22	13	50	46
23	13	47	6
24	13	43	26
25	13	39	46
26	13	36	7
27	13	32	28
28	13	28	49
29	13	25	11
30	13	21	33
31	13	17	56

Éclipses du 1er Satel. de Jupiter.

Jours du M.	H.	M.
	Emersions.	
1	18	10
3	12	39
5	7	7
7	2	36
8	20	5
10	14	34
12	9	3
14	3	32
15	22	1
17	16	30
19	10	59
21	5	28
22	23	58
24	18	27
26	12	56
28	7	25
30	1	54
31	20	23

☌ de la Lune avec les Fixes. — Heure de la Conjonct. — Dist. du centre de la Lune à l'Etoile.

Jours du M.	Étoile	Signe	H.	M.	D.	M.	
1	1	♍	14	15	1	7	N
3	γ	♎	21	22	0	45	N
4	η	♎	1	9	1	9-	N
	ψ	♎	6	15	0	53-	S
	φ	☉	20	7	0	0	
5	m	☉	0	28	0	45	N
7	ρ	♓	15	4	0	29	S
10	λ	♑	1	42-	1	1	S
	σ	♒	19	18	1	12	N
11	λ	♒	5	55	0	12	S
	φ	♒	15	37	0	4	S
	✳	♓	11	19-	1	3	N
	✳	♓	12	59	0	49	N
14	μ	♓	8	59	0	51	S
	ν	♓	13	32	0	39	N
15	ξ	K	5	52	0	14-	S.
	ξ	♈	12	14	1	7	S
	2ξ	K	12	25	1	13	N
	μ	K	21	10	0	44	N
16	ʃ	♉	20	11	0	46-	N
17	γ	♉	20	38	0	29	N
	δ	♉	22	44	1	16-	S
18	θ	♉	0	55	0	30	N
	θ	♉	0	56	0	36	N
	α	♉	4	38	0	14	N
20	✳	♊	17	50	1	7	N
31	γ	♎	2	52	0	47	N
	η	♎	6	40-	1	11	N
	ψ	♎	12	10-	0	52	S

Jours du Mois.	Demi-Diametre du SOLEIL.		MOUVEM. horaire du SOLEIL.		TEMPS que le ☉ met a traverser le Méridien.		DISTANCE du SOLEIL à la Terre. Diſtance moy. 100000	LE SOLEIL entre à la ♍ le 22 à 8ʰ 13′ 32″.
	M.	S.	M.	S.	M.	S.		
1	15	53	2	23. 7	2	13	101446	
11	15	54	2	24. 2	2	12	101277	
21	15	56	2	24. 8	2	10	101071	

PHENOMENES ET OBSERVATIONS.

J. du M.	
1	☿ à 7ʰ à 15$\frac{1}{2}$′ de g ♅ . ‖ Le 3 ☽ Prem. Quart à 4ʰ 1′.
4	☿ à 4ʰ paſſe à 46′ S de l ♅ .
5	♀ Aphélie. ‖ ☿ Elong. 18° 57′. Il quitte ſes cornes le 7.
6	♂ preſque centrale de ♂ avec β ♍ à 4ʰ.
6	☽ Périgée à 15ʰ 19′ en ♐ 1° 30′.
9	☉ Pl. L. à 19ʰ 33′. ‖ Le 10 à 2ʰ ☿ à 52′ N d'une ✳ ♌ .
11	♄ à 12ʰ à 35′ S de θ ♍ .
12	☿ à 8ʰ & ſuiv. à quelques 45′ S de la Crèche.
12	☿ à 16ʰ eſt à 28′ N de ♂ ♋
13	☿ à 1$\frac{1}{2}$ʰ à 32′ N d'une ✳ ♋ . ‖ Le 15 ☿ Périhélic.
16	♀ ♂ infér. à 21ʰ 43′. Cette ♂ ſera viſible.
17	☾ Dern. Quart. à 5ʰ 58′.
18	♂ à 8ʰ eſt à 50′ S de η ♍ .
20	☽ Apogée à 6ʰ 15′ en ♋ 0° 58′.
25	● Nouv. L. d'Août à 6ʰ 51′. ‖ Le 30 ☿ ♂ ſupérieure.

L'Etoile variable du Cygne ſera dans ſon plus grand éclat vers le milieu du mois.

Phaſe de VENUS   Occid.   Orient.   le premier du mois.
Partie éclairée 0, 079.   Partie obſcure 0, 921.

On pourra voir Mercure le matin vers le 5 du mois.

Jours du Mois.	SEPTEMBRE.	LIEU du SOLEIL.				ASCEN-SION droite du SOLEIL.			DÉCLIN. du SOLEIL Septentr.			Equation de l'Horloge.	
		S.	D.	M.	S.	D.	M.	S	D.	M.	S	M.	S.
1	Me. S. Leu S. Gilles.	♍	9	20	29	160	55	22	8	4	39	0 R	28
2	Jeud. S. Antonin M.		10	18	40	161	49	46	7	42	42	0	47
3	Ven. S. Godegranc.		11	16	53	162	44	6	7	20	38	1	6
4	Sam. S. Marcel M.		12	15	9	163	38	23	6	58	25	1	26
5	XIII D. S. Bertin.		13	13	26	164	32	37	6	36	5	1	46
6	Lun. S. Onésiphore.		14	11	44	165	26	46	6	13	39	2	6
7	Mar. S. Clou Prêtre.		15	10	4	166	20	52	5	51	7	2	26
8	Mer. Nat. de N. D.		16	8	26	167	14	55	5	28	29	2	46
9	Jeud. S. Omer Ev.		17	6	50	168	8	57	5	5	45	3	6
10	V. S. Nicolas de To.		18	5	16	169	2	57	4	42	56	3	27
11	Sam. S. Patient Ev.		19	3	44	169	56	54	4	20	2	3	47
12	XIV D. S. Maximin.		20	2	14	170	50	50	3	57	4	4	8
13	Lun. S. Maurille Ev.		21	0	45	171	44	44	3	34	2	4	29
14	Mar. Exalt. de S. C.		21	59	18	172	38	37	3	10	55	4	50
15	Mer. Quatre-Temps.		22	57	53	173	32	30	2	47	45	5	11
16	Jeu. S. Cyprien Ev.		23	56	30	174	26	23	2	24	32	5	32
17	Ven. S. Lambert Ev.		24	55	10	175	20	17	2	1	16	5	53
18	Sa. S. Jean Chrysost.		25	53	52	176	14	11	1	37	58	6	14
19	XV D. S. Janvier.		26	52	35	177	8	4	1	14	37	6	35
20	Lund. Vigile-Jeûne.		27	51	20	178	1	58	0	51	15	6	56
21	Ma. S. Matthieu Ap.		28	50	8	178	55	54	0	27	51	7	16
22	Mer. S. Maurice M.		29	48	57	179	49	52	0	4	25	7	37
									Méridion.				
23	Jeu. Ste Thecle V.	♎	0	47	49	180	43	52	0	19	2	7	58
24	Ve. S. Andoche M.		1	46	43	181	37	53	0	42	30	8	18
25	Sa. S. Firmin Ev. M.		2	45	38	182	31	56	1	5	57	8	38
26	XVI D. Ste Justine.		3	44	35	183	26	2	1	29	24	8	58
27	L. S. Côme, S. Dam.		4	43	35	184	20	12	1	52	50	9	18
28	Mard. S. Céran Ev.		5	42	37	185	14	26	2	16	5	9	38
29	Mer. S. Michel Arch.		6	41	41	186	8	43	2	39	40	9	57
30	Je. S. Jérôme Prêt.		7	40	47	187	3	3	3	3	4	10	16

Jours du Mois.	Jours de la ☾.	LIEU de la LUNE à Midi.				Mouvement horaire.		LIEU de la LUNE à Minuit.				Mouvement horaire.		ARGUM. annuel de la LUNE.			Distance de la LUNE au Soleil.		
		S.	D.	M.	S.	M.	S.	S.	D.	M.	S.	M.	S.	S.	D.	M.	S.	D.	M.
1	8	♐	4	9	24	35	22	♐	11	14	29	35	29	II	17	16	2	24	49
2	9		18	20	45	35	34		25	27	58	35	38		18	7	3	8	2
3	10	♑	2	35	52	35	41	♑	9	44	7	35	41		18	59	3	21	19
4	11		16	52	21	35	40		24	0	12	35	37		19	51	4	4	37
5	12	♒	1	7	12	35	32	♒	8	12	54	35	24		20	43	4	17	54
6	13		15	16	47	35	14		22	18	23	35	1		21	34	5	1	5
7	14		29	17	15	34	46	♓	6	12	56	34	30		22	26	5	14	7
8	15	♓	13	5	3	34	11		19	53	13	33	50		23	18	5	26	59
9	16		26	37	8	33	28	♈	3	16	37	33	6		24	10	6	9	30
10	17	♈	9	51	35	32	43		16	21	55	32	20		25	2	6	21	46
11	18		22	47	42	31	57		29	8	58	31	35		25	53	7	3	44
12	19	♉	5	25	59	31	15	♉	11	38	56	30	55		26	45	7	15	24
13	20		17	48	10	30	37		23	54	2	30	22		27	37	7	26	47
14	21		29	57	0	30	9	♊	5	57	31	29	58		28	29	8	7	58
15	22	♊	11	56	7	29	49		17	53	19	29	44		29	21	8	18	58
16	23		23	49	43	29	41		29	45	53	29	41	III	0	13	8	29	53
17	24	♋	5	42	24	29	45	♋	11	39	53	29	51		1	5	9	10	47
18	25		17	38	54	30	0		23	40	3	30	12		1	58	9	21	45
19	26		29	43	51	30	27	♌	5	50	51	30	44		2	50	10	2	51
20	27	♌	12	1	30	31	3		18	16	15	31	25		3	42	10	14	10
21	28		24	35	27	31	48	♍	0	59	26	32	12		4	34	10	25	45
22	29	♍	7	28	22	32	37		14	2	25	33	3		5	26	11	7	39
23	30		20	41	31	33	28		27	25	40	33	53		6	18	11	19	54
24	1	♎	4	14	37	34	16	♎	11	8	7	34	38		7	11	0	2	28
25	2		18	5	44	34	57		25	6	59	35	14		8	3	0	15	20
26	3	♏	2	11	16	35	28	♏	9	17	58	35	38		8	55	0	28	27
27	4		16	26	24	35	45		23	35	56	35	49		9	47	1	11	43
28	5	♐	0	45	58	35	50	♐	7	55	52	35	48		10	40	1	25	3
29	6		15	5	11	35	44		22	13	27	35	38		11	32	2	8	24
30	7		29	20	21	35	31	♑	6	25	36	35	22		12	25	2	21	40

Jours du Mois.	Latitude de la Lune à Midi. D. M. S.			Mouvement horaire. M. S.		Latitude de la Lune à Minuit. D. M. S.			Mouvement horaire. M. S.		Angle horaire de la Lune à Midi. D. M. S.			Variation horaire 14 dég. M. S.	
1	5 16 53 N			0 D 8		5 12 50 N			0 D 32		82 15 38 E			26 18	
2	5 4 0			0 56		4 50 27			1 19		95 57 45			25 15	
3	4 32 25			1 41		4 10 8			2 1		110 0 9			24 39	
4	3 44 0			2 19		3 14 33			2 36		124 9 53			24 40	
5	2 41 50			2 50		2 6 52			3 0		138 11 24			25 19	
6	1 30 7			3 7		0 52 11			3 11		151 50 45			26 28	
7	0 13 44			3 12		0 24 36 S			3 10		164 59 5			27 51	
8	1 2 15 S			3 5		1 38 37			2 58		177 33 58			29 13	
9	2 13 13			2 48		2 45 34			2 36		170 22 1 N			30 23	
10	3 15 20			2 22		3 42 8			2 6		158 42 40			31 16	
11	4 5 50			1 50		4 26 10			1 33		147 20 24			31 49	
12	4 43 3			1 16		4 56 22			0 58		136 7 32			32 3	
13	5 6 8			0 40		5 12 20			0 22		124 57 9			32 2	
14	5 14 59			0 4		5 14 9			0 A 13		113 43 48			31 49	
15	5 9 55			0 A 30		5 2 21			0 46		102 23 46			31 30	
16	4 51 34			1 2		4 37 40			1 17		90 55 28			31 9	
17	4 20 46			1 32		4 1 1			1 46		79 19 7			30 50	
18	3 38 33			1 59		3 13 33			2 11		67 36 32			30 38	
19	2 46 12			2 22		2 16 43			2 32		55 50 18			30 32	
20	1 45 23			2 41		1 12 26			2 48		44 2 51			30 32	
21	0 38 15			2 53		0 3 11			2 57		32 15 27			30 31	
22	0 32 21 N			2 58		1 7 53 N			2 57		20 27 25			30 27	
23	1 42 55			2 53		2 16 55			2 46		8 36 9			30 14	
24	2 49 21			2 37		3 19 39			2 25		3 23 1 E			29 47	
25	3 47 15			2 10		4 11 38			1 53		15 35 59			29 5	
26	4 32 21			1 34		4 48 57			1 12		28 8 45			28 9	
27	5 1 9			0 49		5 8 39			0 25		41 5 56			27 4	
28	5 11 21			0 1		5 9 11			0 D 23		54 29 5			26 1	
29	5 2 13			0 D 4		4 50 33			1 10		68 14 59			25 13	
30	4 34 28			1 31		4 14 13			1 51		82 15 11			24 52	

Jours du Mois.	Angle horaire de la LUNE à Minuit.			Variation horaire 14 dég.		Déclinaison de la LUNE à Midi.			Mouvement horaire.		Déclinaison de la LUNE à Minuit.			Mouvement horaire.	
	D.	M.	S.	M.	S.	D.	M.	S.	M.	S.	D.	M.	S.	M.	S.
1	90	56	25 O	25	44	15	48	50 S	6 D	29	16	59	27 S	5 D	16
2	77	2	51	24	53	17	54	44	3	55	18	33	20	2	30
3	62	54	57	24	34	18	54	27	1	0	18	57	20	0 A	31
4	48	47	24	24	55	18	42	3	2 A	2	18	8	42	3	30
5	34	55	28	25	51	17	18	14	4	57	16	11	36	6	10
6	21	30	53	27	9	14	50	26	7	20	13	16	21	8	19
7	8	39	20	28	33	11	31	22	9	9	9	37	29	9	48
8	3	39	29 E	29	50	7	36	47	10	17	5	31	19	10	36
9	15	30	17	30	52	3	22	58	10	45	1	13	39	10	45
10	27	0	7	31	35	0	55	1 N	10	39	3	1	26 N	10	23
11	38	16	45	31	58	5	4	15	10	.	7	2	6	9	35
12	49	27	36	32	4	8	53	57	9	2	10	38	43	8	25
13	60	38	54	31	57	12	15	33	7	42	13	43	33	6	57
14	71	55	15	31	40	15	2	3	6	7	16	10	20	5	15
15	83	19	19	31	19	17	7	50	4	20	17	54	1	3	22
16	94	51	47	30	59	18	28	26	2	22	18	50	39	1	20
17	106	31	33	30	43	19	0	24	0	17	18	57	26	0	D 47
18	118	16	18	30	34	18	41	39	1 D	51	18	12	59	2	55
19	130	3	23	30	31	17	31	34	3	59	16	37	34	5	1
20	141	50	50	30	32	15	31	24	6	1	14	13	29	6	58
21	153	38	23	30	30	12	44	31	7	51	11	5	14	8	41
22	165	27	33	30	22	9	16	41	9	24	7	19	53	10	2
23	177	22	6	30	3	5	16	12	10	34	3	7	2	10	56
24	170	32	37 O	29	28	0	54	4	11	11	1	21	0 S	11	17
25	158	10	26	28	38	3	36	13 S	11	13	5	49	38	0	59
26	145	25	56	27	37	7	59	7	10	33	10	2	32	9	58
27	132	15	39	26	32	11	57	46	9	12	13	42	44	8	16
28	118	40	23	25	35	15	15	33	7	10	16	34	22	5	56
29	104	45	58	24	59	17	37	48	4	36	18	24	29	3	10
30	90	43	13	24	54	18	53	46	1	42	19	4	59	0	11

Jours du Mois.	PASSAGE de la Lune au Méridien sur l'Horiz.			Variation horaire.		PASSAGE de la Lune au Méridien sous l'Horiz.			Variation horaire.		Demi-diametre horiz. de la ☾.		PARAL-LAXE horizont. de la ☾.	
	H.	M.	S.	M.	S.	H.	M.	S.	M.	S.	M.	S.	M.	S.
1	5	41	54	2	21 . 3	18	10	24	2	23 . 6	16	11	58	37
2	6	39	20	2	25 . 6	19	8	35	2	26 . 8	16	14	58	48
3	7	38	2	2	27 . 5	20	7	31	2	27 . 3	16	15	58	51
4	8	36	55	2	26 . 4	21	6	3	2	24 . 8	16	15	58	48
5	9	34	47	2	22 . 5	22	3	1	2	19 . 8	16	12	58	39
6	10	30	41	2	16 . 8	22	57	43	2	13 . 6	16	6	58	24
7	11	24	7	2	10 . 5	23	49	55	2	7 . 5	16	0	58	4
8	12	15	8	2	4 . 8		8				15	54	57	41
9	13	4	5	2	0 . 3	0	39	50	2	2 . 4	15	43	57	0
10	13	51	32	1	57 . 2	1	27	58	1	58 . 6	15	31	56	16
11	14	38	2	1	55 . 6	2	14	52	1	56 . 2	15	20	55	35
12	15	24	10	1	55 . 3	3	1	7	1	55 . 3	15	10	54	59
13	16	10	24	1	56 . 0	3	47	15	1	55 . 5	15	2	54	32
14	16	57	3	1	57 . 3	4	33	39	1	56 . 6	14	56	54	12
15	17	44	16	1	53 . 8	5	20	35	1	58 . 1	14	52	53	59
16	18	32	7	2	0 . 3	6	8	7	1	59 . 6	14	51	53	55
17	19	20	27	2	1 . 3	6	56	14	2	0 . 9	14	52	53	58
18	20	9	5	2	1 . 8	7	44	44	2	1 . 6	14	56	54	11
19	20	57	51	2	1 . 9	8	33	28	2	1 . 9	15	2	54	33
20	21	46	36	2	1 . 9	9	22	13	2	1 . 9	15	10	55	2
21	22	35	24	2	2 . 2	10	10	59	2	2 . 0	15	20	55	37
22	23	24	25	2	3 . 1	10	59	51	2	2 . 5	15	31	56	17
23		♂				11	49	7	2	4 . 0	15	43	57	1
24	0	14	3	2	5 . 1	12	39	9	2	6 . 4	15	55	57	43
25	1	4	37	2	8 . 1	13	30	28	2	10 . 1	16	1	58	6
26	1	56	43	2	12 . 4	14	23	26	2	14 . 3	16	7	58	26
27	2	50	39	2	17 . 3	15	18	21	2	19 . 2	16	12	58	41
28	3	46	31	2	21 . 8	16	15	5	2	23 . 7	16	15	58	50
29	4	43	59	2	25 . 2	17	13	8	2	26 . 0	16	15	58	53
30	5	42	23	2	26 . 3	18	11	36	2	25 . 7	16	14	58	49

Jours du M.	LIEU des PLAN.			LATIT. des PLAN.		DECLINAI-SON des Plan.		ASCENS. droite des PLANET.		PASSAGE des Plan. au Mérid.		ELONGAT. des PLANETES.		
	S.	D.	M.	D.	M.	D.	M.	D.	M.	H.	M.	S.	D.	M.

♄ SATURNE.

Jours	S.	D.	M.	D.	M.	D.	M.	D.	M.	H.	M.	S.	D.	M.	
1	♒	4	31	0	47 S	19	55 S	307	4	9	43	4	25	11	E
7		4	13	0	47	20	0	306	46	9	20	4	19	3	
13		3	58	0	47	20	4	306	30	8	57	4	12	57	
19		3	46	0	47	20	7	306	17	8	35	4	6	53	
25		3	37	0	47	20	9	306	7	8	13	4	0	51	

♃ JUPITER.

Jours	S.	D.	M.	D.	M.	D.	M.	D.	M.	H.	M.	S.	D.	M.	
1	♎	18	28	1	7 N	6	13 S	197	27	2	26	1	9	7	E
7		19	37	1	6	6	40	198	31	2	9	1	4	27	
13		20	49	1	5	7	8	199	38	1	51	0	29	48	
19		22	3	1	5	7	36	200	47	1	34	0	25	10	
25		23	18	1	4	8	5	201	57	1	17	0	20	32	

♂ MARS.

Jours	S.	D.	M.	D.	M.	D.	M.	D.	M.	H.	M.	S.	D.	M.	
1	♎	10	16	0	24 N	3	42 S	189	35	1	53	1	0	55	E
7		14	12	0	20	5	17	193	11	1	46	0	29	2	
13		18	10	0	16	6	52	196	51	1	39	0	27	9	
19		22	10	0	12	8	26	200	34	1	33	0	25	17	
25		26	12	0	9	9	59	204	21	1	26	0	23	26	

♀ VENUS.

Jours	S.	D.	M.	D.	M.	D.	M.	D.	M.	H.	M.	S.	D.	M.	
1	♌	17	24	7	45 S	8	14 N	137	29	22	22	0	21	56	O
7		16	32	6	58	9	15	136	53	22	0	0	28	38	
13		17	7	6	0	10	0	137	43	21	42	1	3	54	
19		18	57	5	0	10	25	139	48	21	29	1	7	56	
25		21	49	4	0	10	28	142	53	21	21	1	10	56	

☿ MERCURE.

Jours	S.	D.	M.	D.	M.	D.	M.	D.	M.	H.	M.	S.	D.	M.	
1	♍	11	7	1	39 N	8	56 N	163	13	0	9	0	1	47	E
7		22	6	1	13	4	15	173	14	0	28	0	6	56	
13	♎	2	27	0	37	0	25 S	182	29	0	43	0	11	26	
19		12	10	0	5 S	4	54	191	9	0	56	0	15	17	
25		21	18	0	49	9	0	199	22	1	7	0	18	32	

Passage de 0° du ♈ au Mérid.

Jours du M.	H.	M.	S.
1	13	14	18
2	13	10	41
3	13	7	5
4	13	3	28
5	12	59	52
6	12	56	16
7	12	52	40
8	12	49	4
9	12	45	29
10	12	41	53
11	12	38	18
12	12	34	43
13	12	31	8
14	12	27	33
15	12	23	58
16	12	20	23
17	12	16	48
18	12	13	13
19	12	9	38
20	12	6	3
21	12	2	28
22	11	58	53
23	11	55	17
24	11	51	42
25	11	48	6
26	11	44	30
27	11	40	53
28	11	37	17
29	11	33	40
30	11	30	3

Eclipses du Ier Satel. de Jupiter.

Jours du M.	H.	M.
	Emersions.	
2	14	53
4	9	22
6	3	51
7	22	20
9	16	50
11	11	19
13	5	48
15	0	17
16	18	46
18	13	16
20	7	45
22	2	14
23	20	43
25	15	12
27	9	41
29	4	11
30	22	40

☌ de la Lune avec les Fixes. — Heure de la Conjonct. — Dist. du centre de la Lune à l'Etoile.

Jours du M.	☌ de la Lune avec les Fixes		Heure de la Conjonct. H.	M.	Dist. D.	M.	
1	φ	O	1	55	0	0	
	m	O	6	30	0	47	N
3	ρ	♐	22	38	0	28	S
6	λ	♄	10	48	1	1-	S
7	σ	≈	4	40	1	11	N
	λ	≈	15	21	0	12	S
8	φ	≈	1	9	0	4	S
	*	♓	20	54	1	3	N
	*	♓	22	33	0	49	N
10	μ	♓	18	13	0	50	S
11	ν	♓	22	51	0	39-	N
	ξ	K	14	50	0	13-	S
	ξ	♈	21	7	1	6	S
	2ξ	K	21	21	1	13-	N
12	μ	K	5	55	0	45-	N
13	f	♉	4	40	0	48	N
14	γ	♉	4	51	0	31	N
	δ	♉	6	59	1	14	S
	θ	♉	9	9	0	32-	N
	θ	♉	9	10	0	38	N
	α	♉	12	55	0	15	N
17	*	♊	2	3	1	10	N
18	ζ	♋	20	27	0	37	S
27	ψ	♎	17	41	0	57	S
28	φ	O	7	34	0	4	S
	m	O	11	56-	0	41	N

Jours du Mois.	Demi-Diametre du SOLEIL.		MOUVEM. horaire du SOLEIL.		TEMPS que le ☉ met à traverser le Méridien.		DISTANCE du SOLEIL à la Terre. Diſtance moy. 100000	LE SOLEIL entre à la ♎ le 22 à 4ʰ 30′ 18″.
	M.	S.	M.	S.	M.	S.		
1	15	58-	2	25. 4	2	9	100809	
11	16	1	2	26. 2	2	8	100544	
21	16	3	2	27. 0	2	8	100262	

PHÉNOMENES ET OBSERVATIONS.

J. du M.	
1	☽ Prem. Quart. à 9ʰ 26′. ‖ Le 2 ☿ moyenne diſtance.
2	☽ Périgée à 16ʰ 24″ en 28° 5′ du ♐.
5	♄ à 18ʰ paſſe à 1° 1′ S de ὄ ♃.
8	⊕ Pleine Lune à 5ʰ 48′.
14	♃ à 1ʰ eſt à 55′ S d'une ✻ de la ♏.
15	☽ Apogée à 23ʰ 33′ en 23° 36′ des ♊.
16	☾ Dern. Quart. à 0ʰ 15′. ‖ ♀ à 21ʰ eſt à 14′ N de ὄ ♌.
18	♀ à 12ʰ à 24′ S d'une ✻ ♌. ‖ ♃ à 22ʰ à 53½′ N de ♂.
23	♀ à 4ʰ eſt à 32′ S de ὄ ♌.
23	● Nouv. Lune de Septembre à 19ʰ 20′ 30″.
25	♃ à 1ʰ à 40′ S de m ♏. ‖ ☿ à 9ʰ à 28′ S de ♄ ♏.
28	☿ à 0ʰ à 11′ N d'une ✻ ♏. ‖ ☿ Aphélie.
29	☽ Périgée à 6ʰ 49′ en ♐ 19° 9′.
29	♀ à 20ʰ eſt à 12′ N d'une ✻ du Sextant.
30	♀ à 13ʰ à 44′ N d'une ✻ du Sext. ‖ ☽ Prem. Quart. à 22ʰ 37′.

La changeante du Cygne diſparoîtra vers la fin du mois.

Phaſe de VENUS — *Occid.* ● *Orient.* — le premier du mois.
Partie éclairée 0, 073. — Partie obſcure 0, 927.

Vers le 23 ♀ eſt en ſon plus grand éclat.

Sous les Latitudes Méridionales on verra facilement Mercure à la fin de ce mois, & tout le ſuivant.

Jours du Mois.	OCTOBRE.	LIEU DU SOLEIL.				ASCENSION DROITE DU SOLEIL.			DÉCLINAISON DU ☉. Méridion.			Equation de l'Horloge.	
		S.	D.	M.	S.	D.	M.	S.	D.	M.	S.	M.	S.
1	Vend. S. Remi Ev.	♎	8	39	55	187	57	28	3	26	25	10 R	35
2	Sam. SS. Anges Gar.		9	39	5	188	51	57	3	49	43	10	54
3	XVIID. S. Denis Ar.		10	38	17	189	46	31	4	12	59	11	12
4	Lu. S. Franç. d'Ar.		11	37	31	190	41	10	4	36	12	11	30
5	Mar. Ste Aure Vier.		12	36	47	191	35	55	4	59	22	11	47
6	Mer. S. Bruno Moi.		13	36	5	192	30	45	5	22	28	12	4
7	Jeu. S. Serge Mart.		14	35	25	193	25	41	5	45	30	12	21
8	Ven. S. Démetre M.		15	34	48	194	20	44	6	8	28	12	37
9	Sa. S. Denis & ſes C.		16	34	13	195	15	55	6	31	20	12	53
10	XVIII D. Ste Telcb.		17	33	40	196	11	12	6	54	8	13	9
11	Lund. S. Nicaiſe M.		18	33	9	197	6	36	7	16	50	13	24
12	Mar. S. Pion Prêt.		19	32	40	198	2	8	7	39	26	13	38
13	Mer. S. Géraud Co.		20	32	13	198	57	48	8	1	55	13	52
14	Je. Ste Angadrême.		21	31	48	199	53	35	8	24	18	14	5
15	Ven. Ste Thérese V.		22	31	25	200	49	31	8	46	35	14	18
16	Sa. S. Bertrand Ev.		23	31	4	201	45	35	9	8	43	14	30
17	XIXD. S. Cerb. Ev.		24	30	45	202	41	48	9	30	43	14	42
18	Lun. S. Luc Evang.		25	30	28	203	38	10	9	52	35	14	53
19	Mar. S. Savinien E.		26	30	13	204	34	42	10	14	19	15	3
20	Merc. S. Caprais M.		27	30	1	205	31	25	10	35	53	15	13
21	Jeu. Ste Urſule Vier.		28	29	51	206	28	17	10	57	18	15	22
22	Vend. S. Mellon Ev		29	29	42	207	25	19	11	18	33	15	30
23	Sam. S. Romain Ev.	♍	0	29	35	208	22	31	11	39	38	15	38
24	XXD. S. Magloi. F.		1	29	30	209	19	53	12	0	33	15	45
25	T. SS. Crépin & Cr		2	29	27	210	17	25	12	21	16	15	52
26	Mard. S. Ruſtique.		3	29	26	211	15	9	12	41	47	15	57
27	Merc. Vigile-jeûne.		4	29	27	212	13	5	13	2	7	16	2
28	J. S. Simon, S. Jude.		5	29	30	213	11	12	13	22	15	16	6
29	Ven. S. Narciſſe Ev.		6	29	35	214	9	31	13	42	10	16	9
30	Sam. Vigile-Jeûne.		7	29	42	215	8	1	14	1	51	16	12
31	XXID. S. Quen. M		8	29	51	216	6	43	14	21	19	16	14

Jours du Mois.	Jours de la L.	LIEU de la LUNE à Midi. S.	D.	M.	S.	Mouvement horaire. M.	S.	LIEU de la LUNE à Minuit. S.	D.	M.	S.	Mouvement horaire. M.	S.	ARGUM. annuel de la Lune. S.	D.	M.	Distance de la LUNE au SOLEIL. S.	D.	M.
1	8	♑	13	29	5	35	13	♑	20	30	38	35	3	III	13	17	3	4	49
2	9		27	30	10	34	52	♒	4	27	36	34	41		14	10	3	17	51
3	10	♒	11	22	50	34	30		18	15	48	34	19		15	2	4	0	45
4	11		25	6	26	34	7	♓	1	54	37	33	55		15	55	4	13	29
5	12	♓	8	40	13	33	41		15	23	6	33	27		16	47	4	26	3
6	13		22	3	8	33	12		28	40	8	32	57		17	40	5	8	27
7	14	♈	5	14	1	32	41	♈	11	44	39	32	25		18	32	5	20	39
8	15		18	11	55	32	8		24	35	45	31	51		19	25	6	2	37
9	16	♉	0	56	8	31	33	♉	7	13	4	31	16		20	18	6	14	22
10	17		13	26	40	31	0		19	37	0	30	44		21	10	6	25	53
11	18		25	44	17	30	29	♊	1	48	43	30	15		22	3	7	7	11
12	19	♊	7	50	37	30	4		13	50	19	29	54		22	56	7	18	18
13	20		19	48	13	29	46		25	44	45	29	40		23	49	7	29	16
14	21	♋	1	40	26	29	37	♋	7	35	44	29	37		24	42	8	10	9
15	22		13	31	17	29	40		19	27	49	29	45		25	34	8	21	0
16	23		25	25	30	29	57	♌	1	25	28	30	7		26	27	9	1	54
17	24	♌	7	28	12	30	22		13	34	23	30	41		27	20	9	12	57
18	25		19	44	39	31	3		25	59	36	31	28		28	13	9	24	14
19	26	♍	2	19	44	31	55	♍	8	45	36	32	24		29	6	10	5	50
20	27		15	17	33	32	55		21	55	54	33	28		29	59	10	17	48
21	28		28	40	44	34	1	♎	5	32	10	34	33	IV	0	52	11	0	11
22	29	♎	12	29	56	35	4		19	33	47	35	33		1	45	11	13	0
23	30		26	43	5	35	59	♏	3	57	14	36	21		2	38	11	26	14
24	1	♏	11	15	17	36	38		18	36	19	36	51		3	31	0	9	46
25	2		25	59	15	36	57	♐	3	23	0	36	58		4	24	0	23	30
26	3	♐	10	46	32	36	54		18	8	46	36	45		5	18	1	7	17
27	4		25	28	53	36	34	♑	2	46	4	36	18		6	11	1	20	59
28	5	♑	9	59	51	35	59		17	9	48	35	39		7	4	2	4	30
29	6		24	15	38	35	18	♒	1	17	2	34	56		7	57	2	17	46
30	7	♒	8	14	12	34	35		15	7	14	34	15		8	50	3	0	44
31	8		21	56	18	33	56		28	41	37	33	37		9	44	3	13	26

Jours du Mois.	Latitude de la Lune à Midi.			Mouvement horaire.	Latitude de la Lune à Minuit.			Mouvement horaire.	Angle horaire de la Lune à Midi.			Variation horaire 14 dég.	
	D.	M.	S.	M. S.	D.	M.	S.	M. S.	D.	M.	S.	M.	S.
1	3	50	12 N	2D 9	3	22	48 N	2D 25	96	17	5 E	25	5
2	2	52	31	2 38	2	19	49	2 49	110	7	10	25	50
3	1	45	14	2 57	1	9	16	3 2	123	34	4	26	58
4	0	32	38	3 4	0	4	16 S	3 4	136	31	9	28	17
5	0	40	51 S	3 1	1	16	35	2 55	148	57	14	29	32
6	1	50	57	2 48	2	23	31	2 38	160	55	23	30	35
7	2	53	53	2 26	3	21	40	2 12	172	31	28	31	21
8	3	46	35	1 57	4	8	23	1 41	176	7	21 O	31	49
9	4	26	53	1 24	4	41	56	1 7	164	54	3	32	1
10	4	53	30	0 49	5	1	31	0 31	153	42	22	31	59
11	5	5	59	0 13	5	6	57	0A 4	142	27	39	31	47
12	5	4	29	0A 21	4	58	40	0 37	131	7	8	31	30
13	4	49	38	0 53	4	37	30	1 8	119	40	7	31	15
14	4	22	24	1 23	4	4	30	1 36	108	7	37	31	4
15	3	43	58	1 49	3	20	58	2 1	96	32	1	30	59
16	2	55	51	2 12	2	28	18	2 22	84	55	44	31	0
17	1	59	4	2 30	1	28	13	2 38	73	20	30	31	4
18	0	56	1	2 44	0	22	45	2 48	61	46	27	31	5
19	0	11	12 N	2 51	0	45	29 N	2 52	50	11	48	31	0
20	1	19	41	2 50	1	53	20	2 46	38	32	34	30	41
21	2	25	53	2 39	2	56	49	2 30	26	42	44	30	6
22	3	25	33	2 17	3	51	32	2 2	14	35	29	29	13
23	4	14	12	1 44	4	33	0	1 24	2	3	9	28	2
24	4	47	32	1 1	4	57	23	0 37	10	59	55 E	26	41
25	5	2	20	0 12	5	2	12	0D 13	24	35	39	25	22
26	4	57	3	0D 38	4	46	57	1 2	38	39	53	24	2
27	4	32	10	1 25	4	13	1	1 46	53	1	17	23	59
28	3	49	57	2 4	3	23	26	2 20	67	23	14	24	20
29	2	54	0	2 3	2	22	12	2 44	81	28	18	25	21
30	1	48	35	2 5	1	13	42	2 57	95	2	30	26	50
31	0	38	6	2 5	0	2	19	2 55	107	59	23	28	25

Jours du Mois.	Angle horaire de la LUNE à Minuit.			Variation horaire 14 degr.		Déclinaison de la LUNE à Midi.			Mouvement horaire.		Déclinaison de la LUNE à Minuit.			Mouvement horaire.	
	D.	M.	S.	M.	S.	D.	M.	S.	M.	S.	D.	M.	S.	M.	S.
1	76	45	38 O	25	24	18	58	13 S	1 A	19	18	33	39 S	2 A	46
2	63	5	57	26	22	17	52	7	4	8	16	54	29	5	26
3	49	53	27	27	37	15	42	10	6	36	14	16	36	7	38
4	37	12	3	28	55	12	39	29	8	31	10	52	34	9	16
5	25	0	31	30	5	8	57	41	9	51	6	56	40	10	17
6	13	14	15	31	1	4	51	20	10	34	2	43	27	10	43
7	1	46	32	31	37	0	34	41	10	43	1	33	20 N	10	36
8	9	29	52 E	31	57	3	39	10 N	10	21	5	41	20	9	59
9	20	41	40	32	1	7	38	36	9	32	9	29	41	8	58
10	31	54	24	31	54	11	13	34	8	19	12	49	11	7	36
11	43	11	47	31	38	14	15	42	6	48	15	32	16	5	57
12	54	35	35	31	22	16	38	14	5	2	17	32	57	4	5
13	66	5	34	31	9	18	15	59	3	5	18	46	51	2	4
14	77	39	58	31	1	19	5	19	1	1	19	11	7	0 D	2
15	89	16	10	30	59	19	4	13	1 D	6	18	44	33	2	10
16	100	52	5	31	2	18	12	15	3	13	17	27	29	4	14
17	112	26	36	31	5	16	30	34	5	14	15	21	48	6	12
18	124	0	37	31	4	14	1	43	7	8	12	30	52	7	59
19	135	36	54	30	52	10	50	1	8	48	8	59	56	9	32
20	147	20	37	30	26	7	1	41	10	9	4	56	22	10	42
21	159	18	14	29	42	2	45	23	11	7	0	30	10	11	23
22	171	37	7	28	39	1	47	24 S	11	30	4	5	27 S	11	27
23	175	35	42	27	23	6	21	46	11	13	8	34	6	10	47
24	162	16	13	26	1	10	40	0	10	9	12	36	58	9	18
25	148	25	15	24	48	14	22	41	8	16	15	54	46	7	3
26	134	10	36	24	5	17	11	22	5	41	18	10	39	4	11
27	119	46	41	24	4	18	51	41	2	33	19	13	34	1	1
28	105	31	8	24	46	19	16	23	0 A	34	19	0	16	2 A	6
29	91	40	7	26	4	18	26	13	3	33	17	35	15	4	54
30	78	24	17	27	38	16	28	56	6	7	15	8	53	7	11
31	65	46	13	29	10	13	36	50	8	7	11	54	31	8	54

Jours du Mois.	PASSAGE de la Lune au Méridien sur l'Horiz.			Variation horaire.		PASSAGE de la Lune au Méridien sous l'Horiz.			Variation horaire.		Demi-diametre horiz. de la ☾.		PARALLAXE horizont. de la Lune.	
	H.	M.	S.	M.	S.	H.	M.	S.	M.	S.	M.	S	M.	S.
1	6	40	39	2	24.6	19	9	5	2	22.9	16	11	58	37
2	7	37	47	2	20.6	20	5	59	2	18.0	16	6	58	19
3	8	32	58	2	15.7	20	59	42	2	12.2	15	59	57	57
4	9	25	52	2	9.3	21	51	27	2	6.6	15	52	57	31
5	10	16	31	2	4.1	22	41	7	2	1.9	15	44	57	5
6	11	5	17	2	0.0	23	29	7	1	58.4	15	26	56	37
7	11	52	40	1	57.2		8				15	30	56	12
8	12	39	13	1	55.8	0	16	1	1	56.3	15	23	55	42
9	13	25	26	1	55.5	1	2	20	1	55.5	15	12	55	8
10	14	11	44	1	56.1	1	48	33	1	55.7	15	4	54	36
11	14	58	24	1	57.3	2	35	1	1	56.7	14	58	54	11
12	15	45	33	1	58.5	3	21	55	1	57.9	14	53	53	54
13	16	33	8	1	59.4	4	9	18	1	59.0	14	50	53	47
14	17	21	0	1	59.9	4	57	3	1	59.7	14	50	53	47
15	18	8	58	1	59.9	5	44	59	1	59.9	14	52	53	57
16	18	56	53	1	59.7	6	32	57	1	59.8	14	57	54	15
17	19	44	42	1	59.5	7	20	48	1	59.6	15	4	54	41
18	20	32	32	1	59.8	8	8	36	1	59.6	15	13	55	14
19	21	20	38-	2	1.0	8	56	32	2	0.2	15	24	55	53
20	22	9	29	2	3.4	9	44	56	2	2.1	15	37	56	38
21	22	59	34	2	7.3	10	34	20	2	5.2	15	50	57	27
22	23	51	29	2	12.5	11	25	16	2	9.8	16	4	58	15
23		☌				12	18	17	2	15.5	16	17	59	4
24	0	45	41	2	18.6	13	13	42	2	21.6	16	25	59	28
25	1	42	18	2	24.4	14	11	28	2	26.8	16	28	59	38
26	2	41	2	2	28.7	15	10	55	2	29.9	16	28	59	38
27	3	40	56	2	30.2	16	10	54	2	29.4	16	25	59	29
28	4	40	39	2	27.9	17	10	1	2	25.6	16	20	59	11
29	5	38	52	2	22.7	18	7	5-	2	19.4	16	13	58	45
30	6	34	37	2	15.8	19	1	26	2	12.3	16	4	58	14
31	7	27	33	2	8	9	19	53	0	2	5.7	15	54	57	38

Jours du M.	LIEU des PLAN.			LATIT. des PLAN.		DECLINAI-SON des Plan.		ASCENS. droite des PLANET.		PASSAGE des Plan. au Mérid.		ELONGAT. des PLANETES.			
	S.	D.	M.	D.	M.	D.	M.	D.	M.	H.	M.	S.	D.	M.	

♄ SATURNE

Jours	Lieu S	D	M	Latit D	M	Décl D	M	Asc D	M	Pass H	M	Elong S	D	M	
I	♒	3	31	0	47 S	20	10 S	306	1	7	51	3	24	52	E
7		3	29	0	47	20	10	305	59	7	39	3	18	54	
13		3	30	0	47	20	9	306	1	7	7	3	12	58	
19		3	36	0	47	20	7	306	7	6	45	3	7	6	
25		3	46	0	47	20	5	306	17	6	23	3	1	17	

♃ JUPITER.

Jours	Lieu S	D	M	Latit D	M	Décl D	M	Asc D	M	Pass H	M	Elong S	D	M	
I	♎	24	34	1	4 N	8	33 S	203	8	1	0	0	15	54	E
7		25	51	1	3	9	2	204	21	0	43	0	11	16	
13		27	9	1	3	9	30	205	35	0	26	0	6	37	
19		28	28	1	3	9	58	206	49	0	8	0	1	57	
25		29	47	1	3	10	26	208	4	23	47	0	2	42	O

♂ MARS.

Jours	Lieu S	D	M	Latit D	M	Décl D	M	Asc D	M	Pass H	M	Elong S	D	M	
I	♏	0	16	0	5 N	11	31 S	208	12	1	20	0	21	37	E
7		4	23	0	1	13	0	212	8	1	14	0	19	48	
13		8	32	0	3 S	14	26	216	9	1	8	0	18	0	
19		12	43	0	6	15	48	220	14	1	2	0	16	13	
25		16	55	0	10	17	5	224	24	0	55	0	14	26	

♀ VENUS.

Jours	Lieu S	D	M	Latit D	M	Décl D	M	Asc D	M	Pass H	M	Elong S	D	M	
I	♌	25	33	3	3 S	10	9 N	146	46	21	15	1	13	7	O
7		29	56-	2	10	9	28	151	16	21	11	1	14	39	
13	♍	4	52	1	21	8	27	156	13	21	9	1	15	40	
19		10	14	0	38	7	8	161	31	21	8	1	16	16	
25		15	58	0	1 N	5	33	167	6	21	7	1	16	31	

☿ MERCURE.

Jours	Lieu S	D	M	Latit D	M	Décl D	M	Asc D	M	Pass H	M	Elong S	D	M	
I	♎	29	52	1	33 S	12	53 S	207	14	1	17	0	21	12	E
7	♏	7	48-	2	12	16	13	214	42	1	25	0	23	13	
13		14	53	2	44	19	31	221	33	1	30	0	24	20-	
19		20	33	3	2	20	50	227	13	1	31	0	24	3	
25		23	44	2	55	21	33	230	34	1	21	0	21	15	

Jours du M.	Passage de 0° du ♈ au Mérid. H. M. S.	Jours du M.	Eclipses du Ier Satel. de Jupiter. H. M.
1	11 26 26		♂ de ♃ le 21
2	11 22 49		
3	11 19 11		
4	11 15 32		
5	11 11 54		
6	11 8 15		
7	11 4 35		
8	11 0 55		
9	10 57 15		
10	10 53 34		
11	10 49 53		
12	10 46 11		
13	10 42 29		
14	10 38 46		
15	10 35 3		
16	10 31 19		
17	10 27 34		
18	10 23 49		
19	10 20 3		
20	10 16 16		
21	10 12 30		
22	10 8 42		
23	10 4 53		
24	10 1 4		
25	9 57 14		
26	9 53 23		
27	9 49 32		
28	9 45 40		
29	9 41 47		
30	9 37 53		
31	9 33 59		

Jours du M.	♂ de la Lune avec les Fixes		Heure de la Conjonct. H. M.		Dist. du centre de la Lune à l'Etoile. D. M.		
1	ρ	♐	4	24	0	34	S
3	λ	♑	17	52	1	6	S
4	σ	♒	12	9	1	8	N
	λ	♒	23	7	0	15	S
5	φ	♒	9	3	0	6-	S
6	✳	♓	5	9	1	3	N
	✳	♓	6	48	0	48	N
8	μ	♓	2	49	0	48	S
	ν	♓	7	19	0	43	N
	ξ	K	23	26	0	9	S
9	ξ	♈	5	42-	1	1	S
	2ξ	K	5	57	1	18-	N
	♏μ	K	14	29	0	52	N
10	f	♉	13	6	0	55	N
11	γ	♉	13	8	0	39-	N
	δ	♉	15	17	1	6	S
	θ	♉	17	24-	0	41	N
	θ	♉	17	25	0	47	N
	α	♉	21	5	0	24	N
14	ν	♊	3	30	1	11-	S
16	ζ	♋	5	2	0	27	S
18	γ	♌	8 .	5	0	35	S
	α	♌	12	51	0	48	S
	a	♌	13	57	1	9	N
	✳	♌	22	20	1	9	N
19	ρ	♌	1	15	0	7	N
	c	♌	15	25	1	8-	N
	χ	♌	16	23	0	22	S
20	σ	♌	0	1	0	21	S
28	ρ	♐	10	9	0	48	S
31	μ	♑	0	50-	1	15	N
	σ	♒	17	54	0	57	N

Jours du Mois.	Demi-Diametre du SOLEIL.		MOUVEM. horaire du SOLEIL.		TEMPS que le ☉ met a traverser le Méridien.		DISTANCE du SOLEIL à la Terre. Distance moy. 100000	LE SOLEIL entre au ♏ le 22 à 12ʰ 8′ 37″.
	M.	S.	M.	S.	M.	S.		
1	16	6	2 27.	9	2	9	99973	
11	16	9	2 28.	7-	2	10	99683	
21	16	12	2 29.	6	2	12	99402	

PHENOMENES ET OBSERVATIONS.

1	♀ Moyenne dift. ‖ ♀ à 8ʰ & 12½ʰ à 42′ & 58′ N de ✳ ♌ & π ♌.
1	♂ de ☽ & de ☿ à 14ʰ. ☿ eft à 1° 41′ N.
7	☉ Pl. Lune à 18ʰ 43′. ‖ Le 8 à 21ʰ ♀ à 52′ S d'une ✳ ♌.
10	☿ à 22½ʰ paffe à 48′ S d'une ✳ ♎.
12	♀ à 6ʰ à 25′ N d'une ✳ ♌.
12	☽ Apogée en ♊ 16° 20½′ à 17ʰ 2′.
15	☿ Elong. de 24° 27′. ‖ ☿ à 20ʰ à 1° 7′ S de la précéd. ı ♎.
15	♀ à 13ʰ & à 22ʰ eft à 12′ & 9′ N de deux ✳ du Sextant.
15	☾ Dernʳ Quart. à 19ʰ 49′.
18	♀ à 4ʰ à 8′ S d'une ✳ ♌. ‖ Le 19 à 0ʰ ♀ à 26′ S de c ♌.
19	♂ de ☽ & ♀ à 15ʰ 52′. Le centre de ☽ 0° 18′ N.
20	☿ Prend des cornes. ‖ Le 21 ♂ de ♃ à 14ʰ 8′ en ♎ 29° 5′.
23	● Nouv. Lune d'Octobre à 6ʰ 44′. ‖ Le 24 ☿ Moyenne Dift.
25	♀ à 22½ʰ à 5′ N d'une ✳ ♌. Elle eft fort près de fon ☊.
26	♀ Elong. 46° 32′. Elle quitte fes cornes le même jour.
26	☽ Périgée à 8ʰ 31′ en ♓ 16° 0½′.
26	♀ à 11ʰ & 21ʰ avec 2 ✳ du ♌. Dift. 28′ & 44′ N.
27	♀ à 4ʰ à 47′ N de τ ♌. ‖ Le 28 à 13ʰ ♀ à 6′ N. de ✳ ♌.
29	☽ Prem. Quart. à 22ʰ 37′. ‖ Le 31 à 23ʰ ♂ à 1° 34′ N de ☿.

La Lumiere Zodiacale fera vifible le foir au commencement de ce mois, & le matin durant prefque tout le mois.

Phafe de VENUS *Occid.* ☽ *Orient.* le premier du mois.
-Partie éclairée 0, 337.   Partie obfcure 0, 663.

Jours du Mois.	NOVEMBRE.	LIEU du SOLEIL.				ASCENSION droite du SOLEIL.			DÉCLIN. du SOLEIL Méridion.			Equation de l'Horloge.	
		S.	D.	M.	S.	D.	M.	S	D.	M.	S	M.	S
1	Lund. *La Toussaint.*	♏	9	30	1	217	5	36	14	40	43	16 R	15
2	Mar. *Comm. des M.*		10	30	14	218	4	42	14	49	34	16	15
3	Mer. *S. Marcel Ev.*		11	30	28	219	4	0	15	18	19	16	14
4	Jeu. S. Charles Bor.		12	30	44	220	3	31	15	36	49	16	13
5	Ven. Ste Bertille V.		13	31	2	221	3	14	15	55	4	16	10
6	Sam. S. Léonard Sol.		14	31	22	222	3	10	16	13	3	16	7
7	*XXII D.* S. Achil E.		15	31	43	223	3	18	16	30	46	16	3
8	Lun. Vén. des SS. R.		16	32	6	224	3	38	16	48	12	15	59
9	Mar. S. Maturin P.		17	32	31	225	4	12	17	5	21	15	53
10	Merc. S. Martin P.		18	32	58	226	4	59	17	22	12	15	46
11	Jeu. *S. Martin Ev.*		19	33	26	227	5	58	17	38	45	15	39
12	Vend. S. René Ev.		20	33	56	228	7	10	17	55	0	15	31
13	Sam. S. Brice Ev.		21	34	28	229	8	35	18	10	55	15	22
14	*XXIII D.* S. Laur. E.		22	35	1	230	10	13	18	26	31	15	12
15	Lundi. S. Malo Evê.		23	35	36	231	12	3	18	41	49	15	1
16	Mar. S. Eucher Evê.		24	36	12	232	14	6	18	56	47	14	49
17	Merc. S. Agnan Ev.		25	36	50	233	16	22	19	11	24	14	37
18	Jeu. Ste Aude Vier.		26	37	30	234	18	50	19	25	40	14	24
19	Ven. Ste Elisabeth.		27	38	11	235	21	30	19	39	35	14	10
20	Sa. S. Edmond Roi.		28	38	53	236	24	22	19	53	9	13	55
21	*XXIV D.* P. de N. D.		29	39	36	237	27	27	20	6	21	13	39
22	Lun. Ste Cécile Vi.	♐	0	40	21	238	30	44	20	19	11	13	22
23	Mar. S. Clément P.		1	41	8	239	34	13	20	31	38	13	5
24	Merc. S. Séverin M.		2	41	56	240	37	54	20	43	42	12	47
25	Jeud. S. Catherine.		3	42	45	241	41	45	20	55	23	12	28
26	Vend. S. Lin P. & M.		4	43	35	242	45	47	21	6	41	12	9
27	Sam. S. Maxime Ev.		5	44	27	243	50	1	21	17	34	11	48
28	*I Dim.* de l'Avent.		6	45	20	244	54	25	21	28	3	11	27
29	Lun. *Vigile-Jeûne.*		7	46	14	245	58	59	21	38	8	11	6
30	Mar. *S. André Apô.*		8	47	10	247	3	44	21	47	48	10	43

Jours du Mois	Jours de la ☽.	LIEU de la LUNE à Midi. S. D. M. S.				Mouvement horaire. M S	LIEU de la LUNE à Minuit. S D M S				Mouvement horaire. M. S.	ARGUM. annuel de la LUNE. S. D. M.			Distance de la LUNE au Soleil. S. D. M.		
1	9	♓	5	23	21	33 20	♓ 12	1	40		33 3	IV 10	37		3	25	53
2	10		18	36	46	32 48	25	8	52		32 33	11	30		4	8	7
3	11	♈	1	38	4	32 19	♈ 8	4	28		32 5	12	24		4	20	8
4	12		14	28	7	31 51	20	49	5		31 38	13	17		5	1	57
5	13		27	7	25	31 25	♉ 3	23	7		31 12	14	11		5	13	36
6	14	♉	9	36	17	30 59	15	46	57		30 47	15	4		5	25	5
7	15		21	55	12	30 35	28	1	5		30 24	15	57		6	6	23
8	16	♊	4	4	43	30 13	♊ 10	6	13		30 3	16	51		6	17	33
9	17		16	5	50	29 54	22	3	46		29 46	17	44		6	28	33
10	18		28	0	20	29 40	♋ 3	55	50		29 35	18	38		7	9	27
11	19	♋	9	50	40	29 33	15	45	13		29 33	19	32		7	20	17
12	20		21	40	0	29 35	27	35	29		29 40	20	25		8	1	6
13	21	♌	3	32	15	29 46	♌ 9	30	54		29 59	21	19		8	11	58
14	22		15	32	5	30 14	21	36	28		30 32	22	12		8	22	57
15	23		27	44	46	30 53	♍ 3	57	39		31 17	23	6		9	4	9
16	24	♍	10	15	46	31 45	16	39	47		32 16	24	0		9	15	40
17	25		23	10	15	32 49	29	47	39		33 25	24	53		9	27	33
18	26	♎	6	32	19	34 2	♎ 13	24	34		34 40	25	47		10	9	55
19	27		20	24	19	35 18	27	31	29		35 54	26	41		10	22	46
20	28	♏	4	45	34	36 27	♏ 12	6	3		36 57	27	35		11	6	7
21	29		19	31	57	37 21	27	2	16		37 40	28	28		11	19	52
22	1	♐	4	35	43	37 52	♐ 12	10	59		37 58	29	22		0	3	55
23	2		19	46	38	37 56	27	21	14		37 48	V 0	16		0	18	5-
24	3	♑	4	53	32	37 33	♑ 12	22	19		37 14	1	10		1	2	12
25	4		19	46	44	36 49	27	5	55		36 32	2	4		1	16	4
26	5	♒	4	19	28	35 53	♒ 11	27	1		35 23	2	58		1	29	36
27	6		18	28	33	34 53	25	24	3		34 23	3	51		2	12	44
28	7	♓	2	13	46	33 54	♓ 8	57	56		33 28	4	45		2	25	28
29	8		15	36	59	33 3	22	11	17		32 47	5	39		3	7	51
30	9		28	41	14	32 20	♈ 5	7	13		32 1	6	33		3	19	54

Jours du Mois.	Latitude de la Lune à Midi.			Mouvement horaire.	Latitude de la Lune à Minuit.			Mouvement horaire.	Angle horaire de la Lune à Midi.			Variation horaire 14 dég.	
	D.	M.	S.	M. S.	D.	M.	S.	M. S.	D.	M.	S.	M.	S.
1	0	33	11 S	2 D 56	1	7	54 S	2 D 51	120	19	22 E	29	53
2	1	41	24	2 43	2	13	15	2 34	132	7	14	31	3
3	2	43	7	2 24	3	10	38	2 11	143	30	56	31	54
4	3	35	30	1 57	3	57	28	1 42	154	38	59	32	22
5	4	16	21	1 26	4	31	58	1 10	165	39	43	32	31
6	4	44	13	0 53	4	53	1	0 36	176	40	9	32	24
7	4	58	22	0 18	5	0	14	0 1	172	14	18 O	32	7
8	4	58	42	0 A 16	4	53	49	0 A 32	161	0	49	31	46
9	4	45	42	0 48	4	34	29	1 4	149	39	10	31	27
10	4	20	18	1 18	4	3	20	1 32	138	11	17	31	15
11	3	43	46	1 44	3	21	47	1 56	126	40	45	31	14
12	2	57	35	2 6	2	31	25	2 16	115	11	46	31	23
13	2	3	29	2 24	1	34	2	2 31	103	47	36	31	37
14	1	3	19	2 37	0	31	36	2 41	92	29	25	31	51
15	0	0	48 N	2 43	0	33	36 N	2 44	81	15	35	31	57
16	1	6	26	2 44	1	38	55	2 41	70	1	39	31	50
17	2	10	38	2 36	2	41	8	2 28	58	40	36	31	21
18	3	9	54	2 18	3	36	27	2 6	47	3	23	30	29
19	4	0	13	1 51	4	20	40	1 33	35	0	19	29	11
20	4	37	16	1 13	4	49	31	0 50	22	21	29	27	32
21	4	57	3	0 25	4	59	31	0 D 1	9	0	22	25	42
22	4	56	49	0 D 27	4	48	50	0 53	5	3	21 E	24	3
23	4	35	45	1 18	4	17	47	1 41	19	40	44	22	59
24	3	55	24	2 2	3	29	3	2 20	34	32	44	22	53
25	2	59	25 −	2 35	2	27	6	2 47	49	15	7	23	47
26	1	52	46	2 56	1	17	5	3 1	63	25	54	25	26
27	0	40	42	3 3	0	4	12	3 2	76	51	57	27	25
28	0	31	53 S	2 58	1	7	2 S	2 53	89	30	23	29	20
29	1	40	49	2 45	2	12	50	2 35	101	26	11	30	56
30	2	42	46	2 24	3	10	17	2 11	112	48	56	32	5

Jours du Mois.	Angle horaire de la LUNE à Minuit.			Variation horaire 14 dég.		Déclinaison de la LUNE à Midi.			Mouvement horaire.		Déclinaison de la LUNE à Minuit.			Mouvement horaire.	
	D.	M.	S.	M.	S.	D.	M.	S.	M.	S.	D	M	S.	M.	S.
1	53	43	10 O	30	31	10	3	45 S	9 A	32	8	6	19 S	10 A	0
2	42	8	25	31	32	6	3	54	10	22	3	58	8	10	35
3	30	53	38	32	11	1	50	34	10	39	0	17	15 N	10	37
4	19	50	13	32	29	2	23	56 N	10	28	4	28	6	10	12
5	8	50	24	32	29	6	23	27	9	50	8	23	43	9	21
6	2	12	2 E	32	16	10	12	45	8	4.	11	54	27	8	8
7	13	21	22	31	56	13	27	50	7	24	14	51	55	6	35
8	24	39	4	31	36	16	5	53	5	43	17	8	56	4	47
9	36	4	11	31	20	18	0	31	3	48	18	40	1	2	47
0	47	33	55	31	13	19	7	9	1	45	19	21	34	0	40
1	59	4	11	31	17	19	23	13	0 D	.4	19	12	2	1 D	25
2	70	31	3	31	29	18	48	10	2	31	18	11	47	3	34
3	81	52	12	31	45	17	23	17	4	32	16	23	2	5	30
4	93	7	50	31	56	15	11	33	6	25	13	49	21	7	16
5	104	20	59	31	56	12	17	7	8	5	10	35	30	8	50
6	115	37	28	31	38	8	45	18	9	31	6	47	23	10	7
7	127	5	18	30	58	4	42	49	10	39	2	32	41	11	2
8	138	54	10	29	53	0	18	25	11	19	1	58	33 S	11	28
9	151	14	9	28	24	4	16	19 S	11	27	6	32	58	11	16
0	164	13	34	26	37	8	46	8	10	53	10	53	26	10	17
1	177	56	29	24	50	12	52	10	9	27	14	39	39	8	25
2	167	41	10 O	23	25	16	13	18	7	9	17	30	36	5	42
3	152	53	38	22	48	18	29	43	4	6	19	8	54	2	26
4	138	3	21	23	12	19	27	39	0	41	19	25	29	1 A	2
5	123	34	30	24	32	19	3	12	2 A	41	18	21	39		13
6	109	45	4	26	25	17	22	42	5	35	16	8	5	6	48
7	96	43	3	28	24	14	39	55	7	51	13	0	21	8	43
8	84	26	56	30	11	11	11	28	9	24	9	15	17	9	56
9	72	48	58	31	34	7	13	36	10	19	5	8	13	10	34
0	61	38	44	32	29	3	0	40	10	40	0	52	28	10	40

Jours du Mois.	PASSAGE de la Lune au Méridien sur l'Horiz.			Variation horaire.		PASSAGE de la Lune au Méridien sous l'Horiz.			Variation horaire.		Demi-diametre horiz. de la ☾.		PARALLAXE horizont. de la ☾.	
	H.	M.	S.	M.	S	H.	M.	S.	M.	S.	M.	S.	M.	S.
1	8	17	49	2	2 . 8	20	42	6	2	0 . 2	15	44	57	2
2	9	5	55	1	58 . 1	21	19	21	1	57 . 4	15	34	56	25
3	9	52	29	1	55 . 1	22	15	23	1	54 . 1	15	24	55	52
4	10	38	9	1	53 . 6	23	0	50-	1	53 . 4	15	16	55	23
5	11	23	31	1	53 . 5	23	46	15	1	53 . 9	15	10	54	57
6	12	9	5	1	54 . 5		8				15	3	54	37
7	12	55	9	1	55 . 9	0	32	2	1	55 . 1	14	57	54	14
8	13	41	49	1	57 . 4	1	18	24	1	56 . 7	14	51	53	50
9	14	29	2	1	58 . 5	2	5	22	1	58 . 0	14	46	53	35
10	15	16	31	1	58 . 9	2	52	46	1	58 . 8	14	45	53	29
11	16	4	4	1	58 . 5	3	40	19	1	58 . 8	14	45	53	32
12	16	51	17	1	57 . 5	4	27	43	1	58 . 1	14	49	53	44
13	17	38	5	1	56 . 5	5	14	44	1	57 . 0	14	55	54	4
14	18	24	30-	1	55 . 8	6	1	20	1	56 . 1	15	3	54	34
15	19	10	51	1	56 . 1	6	47	39-	1	55 . 8	15	13	55	12
16	19	57	35	1	57 . 9	7	34	8	1	56 . 8	15	25	55	56
17	20	45	24	2	1 . 5	8	21	19	1	59 . 4	15	39	56	45
18	21	35	1-	2	7 . 0	9	9	56	2	4 . 0	15	55	57	37
19	22	27	14	2	14 . 2	10	0	46	2	10 . 5	16	10	58	31
20	23	22	33	2	22 . 4	10	54	29	2	18 . 3	16	23	59	22
21		♂				11	51	26	2	26 . 4	16	35	60	6
22	0	21	4	2	29 . 9	12	51	21	2	32 . 5	16	42	60	32
23	1	22	6	2	34 . 4	13	53	6	2	35 . 2	16	42	60	31
24	2	24	7	2	34 . 7	14	54	55	2	33 . 0	16	38	60	17
25	3	25	15	2	30 . 1	15	54	55	2	26 . 4	16	30	59	51
26	4	23	49	2	22 . 2	16	51	49-	2	17 . 8	16	20	59	15
27	5	18	56	2	13 . 8	17	45	10	2	9 . 0	16	9	58	33
28	6	10	33	2	5 . 0	18	35	12	2	1 . 6	15	56	57	45
29	6	59	12	1	58 . 6	19	22	38	1	56 . 0	15	42	56	58
30	7	45	38	1	54 . 1	20	8	17	1	52 . 6	15	29	56	11

Jours du M.	LIEU des PLAN.			LATIT. des PLAN.		DECLINAI-SON des Plan.		ASCENS. droite des PLANET.		PASSAGE des Plan. au Mérid.		ELONGAT. des PLANETES.			
	S.	D.	M.	D.	M.	D.	M.	D.	M.	H.	M.	S.	D.	M.	
♄	SATURNE.														
1	♒	4	0	0	47 S	20	2 S	306	32	5	57	2	24	30	E
7		4	17	0	47	19	58	306	49	5	34	2	18	45	
13		4	37	0	47	19	53	307	9	5	11	2	13	2	
19		5	0	0	47	19	48	307	33	4	48	2	7	22	
25		5	26	0	47	19	42	308	0	4	24	2	1	43	
♃	JUPITER.														
1	♏	1	18	1	2 N	10	58 S	209	31	23	26	0	8	12	O
7		2	36	1	2	11	25	210	46	23	7	0	12	58	
13		3	53	1	3	11	51	212	0	22	48	0	17	41	
19		5	9-	1	3	12	17	213	14	22	28	0	22	29	
25		6	25	1	3	12	41	214	26	22	7	0	27	18	
♂	MARS.														
1	♏	21	52	0	14 S	18	29 S	229	23	0	48	0	12	22	E
7		26	9	0	18	19	35	233	45	0	42	0	10	37	
13	♐	0	8	0	21	20	36	238	13	0	35	0	8	54	
19		4	49	0	25	21	31	242	47	0	29	0	7	11	
25		9	12	0	28	22	19	247	26	0	22	0	5	29	
♀	VENUS.														
1	♍	23	1	0	42 N	3	25 N	173	51	21	7	1	16	29	O
7		29	20	1	11	1	22	179	50	21	7	1	16	12	
13	♎	5	21	1	34	0	52 S	185	59	21	7	1	15	43	
19		12	32	1	52	3	13	192	15	21	7	1	15	6	
25		19	20	2	6	5	38	198	38	21	8	1	14	23	
☿	MERCURE.														
1	♏	21	48	1	48 S	19	59 S	228	53	0	47	0	12	18	E
7		14	48	0	5 N	16	13	222	22	23	54	0	0	43	O
13		8	38	1	49	12	41	216	51	23	9	0	12	56	
19		8	42	2	28	12	5	217	7	22	46	0	18	56	
25		13	42	2	17	13	50	222	4	22	42	0	19	53-	

Passage de 0° du ♈ au Mérid.

Jours du M.	H.	M.	S.
1	9	30	4
2	9	26	8
3	9	22	11
4	9	18	13
5	9	14	15
6	9	10	15
7	9	6	15
8	9	2	14
9	8	58	12
10	8	54	9
11	8	50	6
12	8	46	1
13	8	41	56
14	8	37	50
15	8	33	43
16	8	29	35
17	8	25	27
18	8	21	18
19	8	17	7
20	8	12	56
21	8	8	44
22	8	4	31
23	8	0	18
24	7	56	4
25	7	51	49
26	7	47	33
27	7	43	17
28	7	39	0
29	7	34	42
30	7	30	24

Eclipses du 1er Satel. de Jupiter.

Jours du M.	H.	M.
	Immersions.	
14	2	28-
15	20	56
17	15	54
19	9	52
21	4	30
22	22	48
24	18	16
26	11	44
28	6	12
30	0	40

♂ de la Lune avec les Fixes. — Heure de la Conjonct. — Dist. du centre de la Lune à l'Etoile.

Jours du M.	de la Lune avec les Fixes.		H.	M.	D.	M.	
1	λ	≈	5	1	0	25	S
	φ	≈	15	7	0	15	S
2	✳	♓	11	31	0	56	N
	✳	♓	13	14	0	41	N
4	μ	♓	9	55	0	50	S
5	ν	♓	14	28-	0	42	N
	ξ	K	6	44	0	8	S
	ξ	♈	13	3	1	0	S
	2 ξ	K	13	17	1	20	N
	μ	K	21	53	0	53	N
6	f	♉	20	36	1	0	N
7	γ	♉	20	39	0	47	N
	δ	♉	22	45	0	58-	S
8	θ	♉	0	54	0	49	N
	θ	♉	0	55	0	54	N
	α	♉	4	35	0	32	N
10	ν	♊	10	56	0	59	S
12	ζ	♋	12	51	0	12	S
14	ν	♌	16	35	0	21	S
	α	♌	21	28	0	34	S
15	ρ	♌	10	9	0	21	N
16	χ	♌	1	38	0	9	S
	σ	♌	9	28	0	9	S
18	γ	♍	0	27	0	22	N
	♀		9	18	1	39-	N
	l	♍	23	10	1	11	N
27	μ	♑	6	49	0	59	N
	σ	≈	23	35	0	42	N
28	λ	≈	10	35	0	40	S
	φ	≈	20	36	0	30	S
29	✳	♓	16	38	0	42	N
	✳	♓	18	40-	0	28	N

Jours du Mois.	Demi-Diametre du SOLEIL.		MOUVEM. horaire du SOLEIL.		TEMPS que le ☉ met à traverser le Méridien.		DISTANCE du SOLEIL à la Terre. *Distance moy.* 100000	LE SOLEIL entre au ♐ le 21 à 8h 3′ 33″.
	M.	*S.*	*M.*	*S.*	*M.*	*S.*		
1	16	14-	2	30. 5	2	14	99113	
11	16	17	2	31. 2	2	17	98877	
21	16	19	2	31. 8	2	19	98675	

PHENOMENES ET OBSERVATIONS.

J. du M.	
1	♀ à 16h à 4½′ N de β ♍. ‖ Le 5 ☉ Pl. L. à 10h 24′.
6	♂ de ☿ Voy. p. 5. ‖ ♄ à 20h à 1° 3′ S de ν ♐.
8	♀ à 18h & à 23h est à 10′ N & 3½′ S des 2 ✳ de η ♍.
9	☽ Apogée à 4h 0½′ en 18° 6′ des ♊.
11	☿ Périhélie. ‖ ♃ à 12h à 32′ N de λ ♍.
14	☾ Dern. Qu. à 15h 10′. ‖ Le 16 ♀ à 23h à 15′ S d'une ✳ ♍.
18	♀ à 8h & 8½ est à 32′ S & 33′ S des 2 ✳ de k ♍.
19	♀ à 4h à 1° 4′ S d'une ✳ ♍. ‖ Le 20 ☿ quitte ses cornes.
21	♀ à 1h à 12′ N de θ ♍. ‖ ● Nouv. L. de Nov. à 17h 20′.
22	☿ à 0h à 22′ N de μ ♎. ‖ Le 23 ☿ Elongat. 19° 59′.
23	☽ Périgée à 3h 37′ en 22° 4′ du ♐.
25	♀ à 12h & à 18h est à 41′ S & 56½′ S de l ♍.
26	♀ Périhélie. ‖ ☿ à 9h & 11h à 56′ N & 1° 8′ N de ν ♎.
26	♀ à 12h à 7′ N d'une ✳ ♍. ‖ Le 27 à 10h ♀ à 0′ d'une ✳ ♍.
28	☿ à 2½h à 56′ S de la précéd. ο ♎. ‖ ☽ Pr. Qu. à 8h 42′.
28	♀ à 11h à 27′ N de m ♍. ‖ Le 29 ☿ moy. dist. à 13h.
30	☿ à 9h 17h & 18h est à 21′ S, 5′ N, & 38′ S des 3 précéd. ζ ♎.

Phase de VENUS — Occid. — Orient. — le premier du mois.
Partie éclairée 0, 529. Partie obscure 0, 471.

Depuis le 15 de Nov. jusques vers le 8 Déc. on découvrira assez facilement ☿ le matin sous nos latitudes.

Jours du Mois.	DÉCEMBRE.	LIEU DU SOLEIL.				ASCENSION DROITE DU SOLEIL.			DÉCLINAISON DU ☉ Méridion.			Equation de l'Horloge.	
		S.	D.	M.	S.	D.	M.	S.	D.	M.	S.	M.	S.
1	Merc. S. Eloy Evêq.	♐	9	48	7	248	8	40	21	57	3	10 R	20
2	Je. S. Franç. Xavier.		10	49	5	249	13	46	22	5	52	9	56
3	Vend. S. Anême Ev.		11	50	3	250	18	59	22	14	15	9	32
4	Sam. Ste Barbe Vier.		12	51	2	251	24	20	22	22	13	9	7
5	II D. S. Sabas Abbé.		13	52	2	252	29	49	22	29	45	8	42
6	Lun. S. Nicolas Ev.		14	53	3	253	35	26	22	36	51	8	16
7	Mar. Ste Fare Vier.		15	54	5	254	41	10	22	43	30	7	50
8	M. Concept. de N. D.		16	55	8	255	47	2	22	49	42	7	23
9	Jeu. Ste Valere Vier.		17	56	12	256	53	2	22	55	27	6	56
10	Vend. S. Melchiade		18	57	17	257	59	8	23	0	44	6	28
11	Samed. S. Damase P.		19	58	22	259	5	20	23	5	34	6	0
12	III D. S. Paul Evêq.		20	59	28	260	11	36	23	9	57	5	31
13	Lu. Ste Luce V. & M.		22	0	34	261	17	57	23	13	52	5	3
14	Mar. S. Nicaise Ev.		23	1	41	262	24	32	23	17	19	4	34
15	Mer. Quatre-Temps.		24	2	49	263	30	52	23	20	18	4	4
16	Jeud. Ste Adélaide.		25	3	58	264	37	25	23	22	49	3	35
17	Ve. Ste Olympiade.		26	5	7	265	44	0	23	24	52	3	5
18	Sam. S. Gatien Ev.		27	6	17	266	50	38	23	26	26	2	35
19	IV D. S. Nemese M.		28	7	27	267	57	18	23	27	32	2	5
20	Lu. S. Philogone E.		29	8	37	269	3	59	23	28	10	1	55
21	Mar. S. Thomas Ap.	♑	0	9	48	270	10	41	23	28	20	1	5
22	Mer. S. Isquyrion M.		1	10	59	271	17	23	23	28	1	0	35
23	Jeu. Ste Victoire V.		2	12	10	272	24	4	23	27	14	0	4
24	Vend. Vigile-jeûne.		3	13	21	273	30	45	23	25	59	0 A	26
25	Sa. Nativité de N. S.		4	14	33	274	37	25	23	24	15	0	56
26	Dim. S. Etienne I. M		5	15	45	275	44	3	23	22	3	1	25
27	Lu. S. Jean l'Evang.		6	16	57	276	50	38	23	19	23	1	55
28	Mar. SS. Innocens.		7	18	9	277	57	11	23	16	15	2	25
29	M. S. Thomas de C.		8	19	21	279	3	41	23	12	39	2	54
30	Jeu. S. Perpet Ev.		9	20	33	280	10	7	23	8	35	3	23
31	Vend. S. Silveftre P.		10	21	45	281	16	29	23	4	3	3	52

Jours du Mois.	Jours de la L.	LIEU de la LUNE à Midi. S. D. M. S.				Mouvement horaire. M. S.		LIEU de la LUNE à Minuit. S. D. M. S.				Mouvement horaire. M. S.		ARGUM. annuel de la Lune. S. D. M.			Distance de la LUNE au SOLEIL S. D. M.		
1	10	♈ 11	29	34		31	43	♈ 17	48	40		31	27	V 7	27		4	1	41
2	11	24	4	46		31	13	♉ 0	18	9		31	0	8	21		4	13	16
3	12	♉ 6	29	2		30	48	12	37	37		30	37	9	15		4	24	39
4	13	18	44	5		30	27	24	48	36		30	18	10	9		5	5	53
5	14	♊ 0	51	20		30	9	♊ 6	52	22		30	1	11	3		5	16	59
6	15	12	51	57		29	54	18	50	11		29	48	11	57		5	27	59
7	16	24	47	17		29	43	♋ 0	43	25		29	38	12	51		6	8	53
8	17	♋ 6	38	49		29	35	12	33	42		29	33	13	45		6	19	44
9	18	18	28	22		29	33	24	23	6		29	35	14	39		7	0	32
0	19	♌ 0	18	19		29	38	♌ 6	14	25		29	43	15	33		7	11	21
1	20	12	11	50		29	51	18	11	0		30	1	16	27		7	22	13
2	21	24	12	27		30	14	♍ 0	16	44		30	30	17	21		8	3	13
3	22	♍ 6	24	55		30	48	12	36	6		31	10	18	15		8	14	24
4	23	18	52	26		31	35	25	14	2		32	3	19	10		8	25	51
5	24	♎ 1	41	28		32	33	♎ 8	15	23		33	6	20	4		9	7	39
6	25	14	56	10		33	42	21	44	16		34	19	20	58		9	19	52
7	26	28	39	54		34	57	♏ 5	43	13		35	35	21	52		10	2	35
8	27	♏ 12	54	1		36	12	20	11	59		36	46	22	46		10	15	48
9	28	27	36	25		37	17	♐ 5	6	35		37	43	23	40		10	29	29
0	29	♐ 12	41	19		38	3	20	19	23		38	16	24	34		11	13	33
1	1	27	59	21		38	22	♑ 5	39	45		38	20	25	28		11	27	50
2	2	♑ 13	19	6		38	11	20	55	53		37	55	26	23		0	12	8
3	3	28	28	55		37	33	♒ 5	57	2		37	7	27	17		0	26	17
4	4	♒ 13	19	30		36	37	20	35	35		36	4	28	11		1	10	6
5	5	27	44	59		35	30	♓ 4	47	21		34	54	29	5		1	23	30
6	6	♓ 11	42	48		34	20	18	31	23		33	47	29	59		2	6	27
7	7	25	13	30		33	15	♈ 1	49	34		32	46	VI 0	53		2	18	57
8	8	♈ 8	20	1		32	19	14	45	16		31	54	1	48		3	1	2
9	9	21	5	51		31	32	27	22	15		31	21	2	42		3	12	46
0	10	♉ 3	34	56		30	55	♉ 9	44	20		30	40	3	36		3	24	14
1	11	15	50	52		30	26	21	54	58		30	15	4	30		4	5	29

Jours du Mois	Latitude de la Lune à Midi. (D. M. S.)	Mouvement horaire. (M. S.)	Latitude de la Lune à Minuit. (D. M. S.)	Mouvement horaire. (M. S.)	Angle horaire de la Lune à Midi. (D. M. S.)	Variation horaire 14 dég. (M. S.)
1	3 35 10 S	1 D 57	3 57 10 S	1 D 43	123 49 24 E	32 47
2	4 16 6	1 27	4 31 50	1 10	134 38 19	33 4
3	4 44 15	0 53	4 53 15	0 36	145 24 52	33 0
4	4 58 51	0 19	5 1 1	0 2	156 16 7	32 42
5	4 59 47	0 A 15	4 55 11	0 A 31	167 16 42	32 15
6	4 47 21	0 47	4 36 22	1 3	178 28 7	31 48
7	4 22 24	1 17	4 5 36	1 31	170 10 59 O	31 29
8	3 46 8	1 44	3 24 14	1 55	158 44 39	31 22
9	3 0 6	2 6	2 33 59	2 15	145 18 19	31 29
10	2 6 8	2 23	1 36 48	2 30	135 57 12	31 47
11	1 6 16	2 35	0 34 49	2 39	124 44 37	32 11
12	0 2 46	2 41	0 29 36 N	2 42	113 41 18	32 32
13	1 1 57 N	2 41	1 33 56	2 38	102 44 34	32 42
14	2 5 11	2 34	2 35 20	2 27	91 48 33	32 34
15	3 3 57	2 19	3 30 38	2 8	80 44 32	32 1
16	3 54 54	1 54	4 16 18	1 39	69 21 35	30 59
17	4 34 21	1 21	4 48 35	1 1	57 27 50	29 27
18	4 58 33	0 49	5 3 50	0 14	44 51 57	27 30
19	5 4 10	0 D 11	4 59 17	0 D 38	31 26 24	25 22
20	4 49 8	1 4	4 33 43	1 30	17 11 14	23 28
21	4 13 20	1 54	3 48 18	2 16	2 18 7	22 18
22	3 19 11	2 35	2 46 36	2 50	12 49 52 E	22 16
23	2 11 19	3 2	1 34 5	3 10	27 44 7	23 24
24	0 55 40	3 14	0 10 51	3 14	42 0 37	25 19
25	0 21 42 S	3 11	0 59 18 S	3 5	55 26 39	27 31
26	1 35 28 -	2 56	2 9 41	2 46	68 0 59	29 34
27	2 41 36	2 33	3 10 49	2 19	79 50 50	31 11
28	3 37 9	2 4	4 0 23	1 48	91 7 39	32 19
29	4 20 22	1 32	4 36 58	1 15	102 3 35	32 56
30	4 50 9	0 57	4 59 50	0 40	112 50 1	33 7
31	5 6 2	0 22	5 8 43	0 5	123 36 22	32 58

Jours du Mois.	Angle horaire de la LUNE à Minuit.			Variation horaire 14 dégr.		Déclinaison de la LUNE à Midi.			Mouvement horaire.		Déclinaison de la LUNE à Minuit.			Mouvement horaire.	
	D.	M.	S.	M.	S.	D.	M.	S.	M.	S.	D.	M.	S.	M.	S.
1	50	45	19 O	32	58	1	15	4 N	10 A	33	3	20	35 N	10 A	20
2	39	58	36	33	4	5	22	54	10	1	7	20	50	9	37
3	29	10	27	32	52	9	13	20	9	7	10	59	17	8	42
4	18	14	56	32	29	12	37	41	7	51	14	7	32	7	6
5	7	8	54	32	1	15	27	58	6	17	16	38	7	5	24
6	4	7	36 E	31	37	17	37	15	4	26	18	24	41	3	27
7	15	31	50	31	24	18	59	57	2	25	19	22	36	1	21
8	26	58	52	31	24	19	32	27	0	17	19	29	19	0 D	48
9	38	23	9	31	37	19	13	20	1 D	52	18	44	36	2	55
10	49	40	17	31	59	18	3	32	3	56	17	10	30	4	54
11	60	48	7	32	22	16	6	6	5	49	14	50	54	6	42
12	71	47	36	32	39	13	25	38	7	30	11	51	2	8	15
13	82	43	3	32	41	10	7	56	8	55	8	17	9	9	32
14	93	41	49	32	21	6	19	38	10	3	4	16	19	10	28
15	104	53	50	31	34	2	8	20	10	50	0	3	12 S	11	4
16	116	30	42	30	16	2	16	50 S	11	11	4	31	9	11	10
17	128	44	14	28	31	6	44	17	10	59	8	54	23	10	39
18	141	44	24	26	26	10	59	7	10	6	12	56	6	9	21
19	155	35	25	24	21	14	42	43	8	22	16	16	15	7	9
20	170	11	48	22	45	17	34	10	5	46	18	34	1	4	11
21	174	44	13 O	22	8	19	14	7	2	28	19	32	52	0	41
22	159	39	34	22	43	19	30	5	1 A	9	19	5	41	3 A	54
23	145	1	49	24	18	18	20	58	4	32	17	17	23	6	1
24	131	9	45	26	25	15	57	15	7	18	14	2	49	8	23
25	118	10	1	28	35	12	36	39	9	16	10	41	18	9	55
26	105	59	12	30	27	8	39	0	10	24	6	32	4	10	43
27	94	27	24	31	49	4	22	17	10	52	2	11	36	10	54
28	83	22	31	32	42	0	0	59	10	48	2	7	35 N	10	36
29	72	32	39	33	5	4	13	6	10	13	6	14	26	9	54
30	61	47	19	33	5	8	10	32	9	26	10	0	24	8	52
31	50	58	11	32	47	11	43	6	1	[illegible]	13	17	46	7	32

N

Jours du Mois.	PASSAGE de la Lune au Méridien sur l'Horiz.			Variation horaire.		PASSAGE de la Lune au Méridien sous l'Horiz.			Variation horaire.		Demi-diametre horiz. de la ☾.		PARALLAXE horizont. de la Lune.	
	H.	M.	S.	M.	S.	H.	M.	S.	M.	S.	M.	S.	M.	S.
1	8	30	41	1	51.7	20	52	57	1	51.1	15	18	55	29
2	9	15	10	1	51.0	21	37	23	1	51.3	15	8	54	53
3	9	59	41	1	51.8	22	22	6	1	52.6	14	59	54	24
4	10	44	42	1	53.5	23	7	30	1	54.5	14	53	54	1
5	11	30	29	1	55.5	23	53	41	1	56.4	14	50	53	46
6	12	17	3	1	57.2		8				14	48	53	39
7	13	4	10	1	58.2	0	40	33	1	57.8	14	44	53	27
8	13	51	28	1	58.1	1	27	49	1	58.3	14	42	53	21
9	14	38	32	1	57.1	2	15	3	1	57.7	14	42	53	23
10	15	25	4	1	55.4	3	1	53	1	56.3	14	46	53	35
11	16	10	54	1	53.8	3	48	4	1	54.6	14	52	53	55
12	16	56	10	1	52.7	4	33	35	1	53.1	15	0	54	24
13	17	41	14	1	52.9	5	18	42	1	52.6	15	10	55	1
14	18	26	41	1	54.8	6	3	52	1	53.6	15	22	55	46
15	19	13	21	1	58.4	6	49	49	1	56.6	15	35	56	35
16	20	2	6	2	5.3	7	37	24-	2	1.8	15	51	57	26
17	20	53	50-	2	13.7	8	37	33	2	9.3	16	7	58	21
18	21	49	13	2	23.2	9	21	3	2	18.4	16	21	59	13
19	22	48	21	2	31.9	10	18	20-	2	27.9	16	34	60	1
20	23	50	23	2	37.4	11	19	6	2	35.3	16	44	60	39
21		☌				12	21	59	2	38.1	16	50	61	4
22	0	53	34	2	37.4	13	24	52-	2	35.3	16	47	60	53
23	1	55	38	2	32.0	14	25	38-	2	27.9	16	40	60	26
24	2	54	45	2	23.2	15	22	53	2	18.2	16	28	59	45
25	3	50	2	2	13.3	16	16	14	2	8.7	16	15	58	56
26	4	41	32	2	4.5	17	6	3	2	0.9	16	0	58	3
27	5	29	54	1	57.7	17	53	11	1	55.3	15	45	57	9
28	6	16	2	1	53.4	18	38	33	1	52.0	15	30	56	18
29	7	0	52	1	51.2	19	23	4	1	50.9	15	18	55	30
30	7	45	14	1	50.9	20	7	26	1	51.4	15	7	54	49
31	8	29	46	1	52.0	20	52	15	1	52.8	14	58	54	15

Jours du M.	LIEU des PLAN. S. D. M.	LATIT. des PLAN. D. M.	DECLINAISON des Plan. D. M.	ASCENS. droite des PLANET. D. M.	PASSAGE des Plan. au Mérid. H. M.	ELONGAT. des PLANETES. S. D. M.

♄ SATURNE.

Jours	LIEU des PLAN.	LATIT.	DECLINAISON	ASCENS. droite	PASSAGE	ELONGAT.
1	♒ 5 55	0 47 S	19 35 S	308 30	4 1	1 26 7 E
7	6 27	0 47	19 28	309 3	3 37	1 20 33
13	7 1	0 47	19 20	309 38	3 13	1 15 0
19	7 36	0 47	19 11	310 14	2 49	1 9 29
25	8 13	0 48	19 1	310 52	2 25	1 3 58

♃ JUPITER.

Jours	LIEU des PLAN.	LATIT.	DECLINAISON	ASCENS. droite	PASSAGE	ELONGAT.
1	♏ 7 38	1 3 N	13 5 S	215 37	21 46	1 2 10 O
7	8 49	1 3	13 28	216 47	21 25	1 7 5
13	9 58	1 4	13 50	217 55	21 3	1 12 3
19	11 5	1 4	14 10	219 1	20 41	1 17 3
25	12 9	1 5	14 29	220 3	20 18	1 22 6

♂ MARS.

Jours	LIEU des PLAN.	LATIT.	DECLINAISON	ASCENS. droite	PASSAGE	ELONGAT.
1	♐ 13 37	0 31 S	22 59 S	252 10	0 15	0 3 49 E
7	18 4	0 35	23 30	256 58	0 8	0 2 10
13	22 33	0 38	23 53	261 50	0 1	0 0 32
19	27 3	0 41	24 7	266 46	23 53	0 1 4 O
25	♑ 1 35	0 44	24 12	271 44	23 47	0 2 40

♀ VENUS.

Jours	LIEU des PLAN.	LATIT.	DECLINAISON	ASCENS. droite	PASSAGE	ELONGAT.
1	♎ 26 14	2 15 N	8 3 S	205 8-	21 8	1 13 24 O
7	♏ 3 14	2 19	10 26	211 46	21 9	1 12 40
13	10 19	2 20	12 43	218 35	21 10	1 11 42
19	17 27	2 17	14 52	225 36	21 11	1 10 40
25	24 38	2 11	16 50	232 49	21 13	1 9 36

☿ MERCURE.

Jours	LIEU des PLAN.	LATIT.	DECLINAISON	ASCENS. droite	PASSAGE	ELONGAT.
1	♏ 21 25	1 43 N	16 29 S	229 25	22 46	0 18 25 O
7	29 57	1 0	19 11	238 0	22 55	0 15 57
13	♐ 8 56	0 16	21 33	247 16	23 6	0 13 5
19	18 6	0 26 S	23 22	257 1	23 18	0 10 2
25	27 21	1 3	24 29	267 5	23 32	0 6 54

PASSAGE de 0° du ♈ au Mérid.

Jours du M.	H.	M.	S.
1	7	26	5
2	7	21	45
3	7	17	24
4	7	13	4
5	7	8	43
6	7	4	20
7	6	59	58
8	6	55	35
9	6	51	12
10	6	46	48
11	6	42	24
12	6	38	0
13	6	33	35
14	6	29	10
15	6	24	45
16	6	20	19
17	6	15	54
18	6	11	28
19	6	7	2
20	6	2	36
21	5	58	10
22	5	53	44
23	5	49	18
24	5	44	52
25	5	40	26
26	5	36	1
27	5	31	35
28	5	27	10
29	5	22	45
30	5	18	20
31	5	13	56

ECLIPSES du 1er Satel. de Jupiter.

Jours du M.	H.	M.
	Immersions.	
1	19	8
3	13	35
5	8	3
7	3	30
8	20	58
10	15	26
12	9	53
14	4	21
15	23	48
17	17	16
19	11	43
21	6	10
23	0	38
24	19	5
26	13	33
28	8	0
30	2	28
31	20	55

♂ de la Lune avec les Fixes. — HEURE de la Conjonct. — Dist. du centre de la Lune à l'Etoile.

Jours du M.	Étoile	Signe	H.	M.	D.	M.	
1	μ	♓	15	37	0	59	S
	ν	♓	20	13	0	33	N
2	ξ	K	12	39	0	15-	S
	2ξ	K	19	16	1	13	N
3	μ	K	3	55	0	48	N
4	f	♉	2	51	0	57-	N
5	γ	♉	3	3	0	47-	N
	δ	♉	5	11	0	58	S
	θ	♉	7	20	0	50	N
	θ	♉	7	21	0	55-	N
	α	♉	11	1-	0	33-	N
7	ν	♊	17	25	0	51	S
9	ζ	♋	17	12	0	0-	S
11	ν	♌	23	29	0	5-	S
12	α	♌	4	25	0	18-	S
	ρ	♌	17	20	0	36	N
13	χ	♌	9	10	0	6	N
	σ	♌	17	12	0	7	N
15	γ	♍	9	22	0	36	N
18	γ	♎	14	31	0	39	N
	η	♎	18	7	1	2	N
24	μ	♐	15	2	0	46	N
25	σ	♒.	7	13	0	28	N
	λ	♒	17	50	0	54	N
26	φ	♒	3	16	0	44	S
	*	♓	23	24	0	28	N
27	*	♓	1	4	0	13-	N
29	ν	♓	1	55	0	20	N
	2ξ	K	18	18	0	27	S
30	2ξ	K	0	55	1	2	N
	μ	K	9	16	0	37-	N
31	f	♉	8	34	0	49	N

Jours du Mois.	Demi-Diametre du SOLEIL.		MOUVEM. horaire du SOLEIL.			TEMPS que le ☉ met à traverser le Méridien.		DISTANCE du SOLEIL à la Terre. Distance moy. 100000	LE SOLEIL entre au ♐ le 20 à 20ʰ 9′ 21″.
	M.	S.	M.	S.		M.	S.		
1	16	21	2	32.	4	2	21	98512	
11	16	22	2	32.	7	2	22	98396	
21	16	23	2	33.	0	2	23	98325	

PHENOMENES ET OBSERVATIONS.

2	☿ à 4ʰ à 42′ S de ζ ♎. ‖ Le 4 ♀ à 10ʰ à 11′ S d'une ✳ ♏.
5	♀ à 0ʰ à 57′ S d'une ✳ ♏. ‖ ♀ à 4½ʰ à 37′ S de x ♏.
6	☉ Pl. Lune à 4ʰ 26′. ‖ ☿ à 21½ʰ à 2′ S de β ♏.
7	☿ à 5ʰ & à 8ʰ avec les 2 ✳ de ω ♏. Dist. 43′ & 52′ N.
7	☽ Apogée à 5ʰ 5′ en ♊ 27° 18′.
7	♀ à 16ʰ à 7′ S d'une ✳ ♎. ‖ ☿ à 21ʰ à 47′ S de ν ♏.
9	☿ à 20ʰ à 57′ S de ↓ ○. ‖ Le 10 à 15ʰ ☿ à 4′ N de ω ○.
12	♂ de ♅ & ♀ à 16ʰ. ♅ est 1° 16′ plus au Nord.
13	♀ à 10ʰ à 16′ N de μ ♎. ‖ Le 14 ☾ Dern. Quart. à 8ʰ 39′.
15	♂ de ♂ & du ☉. ‖ ♅ à 9ʰ à 28′ N d'une ✳ ♎.
19	♀ à 22ʰ & le 20 à 5ʰ est à 34′ S & 66′ S des 2 ✳ ο ♎.
20	♄ à 6ʰ est à 19′ S d'une ✳ du ♐.
21	● Nouv. L. de Décemb. à 3ʰ 38′, & Périg. à 8ʰ 14′ en ♐ 2° 15′.
21	☿ à 14ʰ, 23ʰ & le 22 à 0ʰ & 12ʰ passe à 7′ N, 34′ N, 9′ S, & 2½′ S des 4 ✳ de ζ ♎.
22	♅ à 1ʰ & à 20ʰ à 40′ N & 42′ N des 2 ✳ x ♎.
25	☿ Aphélie. ‖ Le 27 ☽ Prem. Quart. à 21ʰ 55′.
27	♄ à 22ʰ est à 1° 3′ d'une ✳ du ♐.
29	♀ à 7ʰ à 1° 0′ N de β ♏. ‖ Le 30 à 11½ʰ ♀ à 20′ N de ν ♏.

Phase de VENUS   Occid. ◖ Orient.   le premier du mois.
Partie éclairée 0, 661.   Partie obscure 0, 339.

Table pour réduire le Temps en degrés de Longitude terrestre.

Heures.	Dégrés.	Minutes. Secondes Tierces.	Degr. Minut. Sec.	Minutes. Secondes. Tierces.	Minutes. Second. Tierces.	Degrés. Minutes. Secondes.	Minutes. Second. Tierces.
1	15	1	0	15	31	7	45
2	30	2	0	30	32	8	0
3	45	3	0	45	33	8	15
4	60	4	1	0	34	8	30
5	75	5	1	15	35	8	45
6	90	6	1	30	36	9	0
7	105	7	1	45	37	9	15
8	120	8	2	0	38	9	30
9	135	9	2	15	39	9	45
10	150	10	2	30	40	10	0
11	165	11	2	45	41	10	15
12	180	12	3	0	42	10	30
13	195	13	3	15	43	10	45
14	210	14	3	30	44	11	0
15	225	15	3	45	45	11	15
16	240	16	4	0	46	11	30
17	255	17	4	15	47	11	45
18	270	18	4	30	48	12	0
19	285	19	4	45	49	12	15
20	300	20	5	0	50	12	30
21	315	21	5	15	51	12	45
22	330	22	5	30	52	13	0
23	345	23	5	45	53	13	15
24	360	24	6	0	54	13	30
		25	6	15	55	13	45
		26	6	30	56	14	0
		27	6	45	57	14	15
		28	7	0	58	14	30
		29	7	15	59	14	45
		30	7	30	60	15	0

Table pour réduire les dégrés de Longitude terreſtre en Temps.

Dégrés. Minutes. Second.	Heur. Minut. Second.	Minut. Sec. Tierc.	Dégrés. Minutes. Secondes	Heur. Minut. Sec.	Minut. Sec. Tierc.	Dégrés.	Heur.	Minut.
1	0	4	31	2	4	70	4	40
2	0	8	32	2	8	80	5	20
3	0	12	33	2	12	90	6	0
4	0	16	34	2	16	100	6	40
5	0	20	35	2	20	110	7	20
6	0	24	36	2	24	120	8	0
7	0	28	37	2	28	130	8	40
8	0	32	38	2	32	140	9	20
9	0	36	39	2	36	150	10	0
10	0	40	40	2	40	160	10	40
11	0	44	41	2	44	170	11	20
12	0	48	42	2	48	180	12	0
13	0	52	43	2	52	190	12	40
14	0	56	44	2	56	200	13	20
15	1	0	45	3	0	210	14	0
16	1	4	46	3	4	220	14	40
17	1	8	47	3	8	230	15	20
18	1	12	48	3	12	240	16	0
19	1	16	49	3	16	250	16	40
20	1	20	50	3	20	260	17	20
21	1	24	51	3	24	270	18	0
22	1	28	52	3	28	280	18	40
23	1	32	53	3	32	290	19	20
24	1	36	54	3	36	300	20	0
25	1	40	55	3	40	310	20	40
26	1	44	56	3	44	320	21	20
27	1	48	57	3	48	330	22	0
28	1	52	58	3	52	340	22	40
29	1	56	59	3	56	350	23	20
30	2	0	60	4	0	360	24	0

Table pour égaler l'Ascension droite des Etoiles.

Anticipation du passage de 0° du ♈ par le Méridien.

Afc. dr. des ★ H M	3' 35" M S	S T	3' 39" M S	S T	3' 42" M S	S T	3' 45" M S	S T	3' 48" M S	S T	3' 51" M S	S T
1	0	9	0	9	0	9	0	9	0	9-	0	10
2	0	18	0	18	0	18-	0	19	0	19	0	19
3	0	27	0	27	0	28	0	28	0	28-	0	29
4	0	36	0	36-	0	37	0	37-	0	38	0	38-
5	0	45	0	46	0	46	0	47	0	47-	0	48
6	0	54	0	55	0	55-	0	56	0	57	0	58
7	1	3	1	4	1	5	1	6	1	6-	1	7
8	1	12	1	13	1	14	1	15	1	16	1	17
9	1	21	1	22	1	23	1	24	1	25-	1	27
10	1	30	1	31	1	32-	1	34	1	35	1	36
11	1	39	1	40	1	42	1	43	1	44-	1	46
12	1	47-	1	49-	1	51	1	52-	1	54	1	55-
13	1	56	1	59	2	0	2	2	2	3-	2	5
14	2	5	2	8	2	9-	2	11	2	13	2	15
15	2	14	2	17	2	19	2	21	2	22-	2	24
16	2	23	2	26	2	28	2	30	2	32	2	34
17	2	32	2	35	2	37	2	39	2	41-	2	44
18	2	41	2	44	2	46-	2	49	2	51	2	53
19	2	50	2	53	2	56	2	58	3	0-	3	3
20	2	59	3	2-	3	5	3	7-	3	10	3	12-
21	3	8	3	12	3	14	3	17	3	19-	3	22
22	3	17	3	21	3	23-	3	26	3	29	3	32
23	3	26	3	30	3	33	3	36	3	38-	3	41
24	3	35	3	39	3	42	3	45	3	48	3	51
30	4	29	4	34	4	37-	4	41	4	45	4	49
36	5	22-	5	28-	5	33	5	37-	5	42	5	46-
42	6	16	6	23	6	28-	6	34	6	39	6	44
48	7	10	7	18	7	24	7	30	7	36	7	42
54	8	4	8	13	8	19-	8	26	8	33	8	40
60	8	57-	9	7-	9	15-	9	22-	9	30	9	37-

Suite de la Table pour égaler l'Ascension droite des Etoiles.

Anticipation du passage de o° du ♈ par le Méridien.

Asc. dr. des ✶. H M	3' 54" M S / S T		3' 57" M S / S T		4' 0" M S / S T		4' 3" M S / S T		4' 6" M S / S T		4' 9" M S / S T	
1	o	10	o	10	o	10	o	10	o	10	o	10
2	o	19-	o	20	o	20	o	20	o	20-	o	21
3	o	29	o	30	o	30	o	30	o	31	o	31
4	o	39	o	39-	o	40	o	40-	o	41	o	41-
5	o	49	o	49	o	50	o	51	o	51	o	52
6	o	58-	o	59	1	o	1	1	1	1-	1	2
7	1	8	1	9	1	10	1	11	1	12	1	13
8	1	18	1	19	1	20	1	21	1	22	1	23
9	1	28	1	29	1	30	1	31	1	32	1	33
10	1	37-	1	39	1	40	1	41	1	42-	1	44
11	1	47	1	49	1	50	1	51	1	53	1	54
12	1	57	1	58-	2	o	2	1-	2	3	2	4-
13	2	7	2	8	2	10	2	12	2	13	2	15
14	2	16-	2	18	2	20	2	22	2	23-	2	25
15	2	26	2	28	2	30	2	32	2	34	2	36
16	2	36	2	38	2	40	2	42	2	44	2	46
17	2	46	2	48	2	50	2	52	2	54	2	56
18	2	55-	2	58	3	o	3	2	3	4-	3	7
19	3	5	3	8	3	10	3	12	3	15	3	17
20	3	15	3	17-	3	20	3	22-	3	25	3	27-
21	3	25	3	27	3	30	3	33	3	35	3	38
22	3	34-	3	37	3	40	3	43	3	45-	3	48
23	3	44	3	47	3	50	3	53	3	56	3	59
24	3	54	3	57	4	o	4	3	4	6	4	9
30	4	52-	4	56	5	o	5	4	5	7-	5	11
36	5	51	5	55-	6	o	6	4-	6	9	6	13-
42	6	49-	6	55	7	o	7	5	7	10-	7	16
48	7	48	7	54	8	o	8	6	8	12	8	18
54	8	46-	8	53	9	o	9	7	9	13-	9	20
60	9	45	9	52-	10	o	10	7-	10	15	10	22-

Suite de la Table pour égaler l'Ascension droite des Etoiles.

Anticipation du passage de 0° du ♈ par le Méridien.

Asc. di. des *. H M	4' 12"		4' 15"		4' 18"		4' 21"		4' 24"		4' 27"	
	M S	S T	M S	S T	M S	S T	M S	S T	M S	S T	M S	S T
1	0	10-	0	11	0	11	0	11	0	11	0	11
2	0	21	0	21	0	21-	0	22	0	22	0	22
3	0	31-	0	32	0	32	0	33	0	33	0	33
4	0	42	0	42-	0	43	0	43-	0	44	0	44
5	0	52-	0	53	0	54	0	54	0	55	0	56
6	1	3	1	4	1	4-	1	5	1	6	1	7
7	1	23-	1	14	1	15	1	16	1	17	1	18
8	1	24	1	25	1	26	1	27	1	28	1	29
9	1	34-	1	36	1	37	1	38	1	39	1	40
10	1	45	1	46	1	47-	1	49	1	50	1	51
11	1	55-	1	57	1	58	2	0	2	1	2	2
12	2	6	2	7-	2	9	2	10-	2	12	2	13
13	2	16-	2	18	2	20	2	21	2	23	2	25
14	2	27	2	29	2	30-	2	32	2	34	2	36
15	2	37-	2	39	2	41	2	43	2	45	2	47
16	2	48	2	50	2	52	2	54	2	56	2	58
17	2	58-	3	1	3	3	3	5	3	7	3	9
18	3	9	3	11	3	13-	3	16	3	18	3	20
19	3	19-	3	22	3	24	3	27	3	29	3	31
20	3	30	3	32-	3	35	3	37-	3	40	3	42-
21	3	40-	3	43	3	46	3	48	3	51	3	54
22	3	51	3	54	3	56-	3	59	4	2	4	5
23	4	1-	4	4	4	7	4	10	4	13	4	16
24	4	12	4	15	4	18	4	21	4	24	4	27
30	5	15	5	19	5	22-	5	26	5	30	5	34
36	6	18	6	22-	6	27	6	31-	6	36	6	40
42	7	21	7	26	7	31-	7	37	7	42	7	47
48	8	24	8	30	8	36	8	42	8	48	8	54
54	9	27	9	34	9	40-	9	47	9	54	10	1
60	10	30	10	37-	10	45	10	52-	11	0	11	7-

TABLE DES ARCS SÉMIDIURNES.

Latitudes ou hauteurs du Pole.

Déclinaison des Astres	2	4	6	8	10	12	14
1°	6h 0'	6h 0'	6h 0'	5h 59'	5h 59'	5h 59'	5h 59'
2	6 0	5 59	5 59	5 58	5 58	5 58	5 58
3	5 59	5 59	5 59	5 58	5 58	5 57	5 57
4	5 59	5 59	5 58	5 57	5 57	5 56	5 56
5	5 59	5 59	5 58	5 57	5 56	5 55	5 55
6	5 59	5 58	5 57	5 56	5 55	5 54	5 54
7	5 59	5 58	5 57	5 56	5 55	5 54	5 53
8	5 59	5 58	5 57	5 55	5 54	5 53	5 52
9	5 58	5 57	5 56	5 55	5 53	5 52	5 51
10	5 58	5 57	5 56	5 54	5 53	5 51	5 50
11	5 58	5 57	5 55	5 54	5 52	5 50	5 49
12	5 58	5 56	5 55	5 53	5 51	5 49	5 48
13	5 58	5 56	5 55	5 53	5 51	5 49	5 47
14	5 58	5 56	5 54	5 52	5 50	5 48	5 46
15	5 58	5 56	5 54	5 52	5 49	5 47	5 45
16	5 58	5 55	5 53	5 51	5 48	5 46	5 44
17	5 57	5 55	5 53	5 50	5 47	5 45	5 42
18	5 57	5 55	5 52	5 50	5 47	5 44	5 41
19	5 57	5 55	5 52	5 49	5 46	5 43	5 40
20	5 57	5 54	5 52	5 49	5 45	5 42	5 39
21	5 57	5 54	5 51	5 48	5 44	5 41	5 38
22	5 57	5 54	5 51	5 48	5 44	5 40	5 37
23	5 57	5 53	5 50	5 47	5 43	5 39	5 36
24	5 56	5 53	5 50	5 46	5 42	5 38	5 35
25	5 56	5 53	5 49	5 46	5 42	5 38	5 34
26	5 56	5 52	5 49	5 45	5 41	5 37	5 33
27	5 55	5 52	5 48	5 44	5 40	5 36	5 31
28	5 56	5 52	5 48	5 43	5 39	5 35	5 30
29	5 56	5 51	5 47	5 43	5 38	5 34	5 29

Équation pour l'effet de la Réfraction.

	2		4		6		8		10		12		14	
1	0	2	0	2	0	2	0	2	0	2	0	2	0	2
20	0	2	0	2	0	2	0	2-	0	2-	0	2-	0	2-
29	0	2-	0	2-	0	2-	0	2-	0	2-	0	2-	0	2-

SUITE DE LA TABLE DES ARCS SÉMIDIURNES.

SUITE DE LA TABLE DES ARCS SÉMIDIURNES.

Déclinaif. des Aftres.	Latitudes ou hauteurs du Pole.						
	16	18	20	22	24	26	28
1°	5^h 59'	5^h 58'	5^h 58'	5^h 58'	5^h 58'	5^h 58'	5^h 58'
2	5 58	5 57	5 57	5 57	5 56	5 59	5 56
3	5 56	5 56	5 55	5 55	5 54	5 54	5 53
4	5 55	5 54	5 54	5 53	5 52	5 52	5 52
5	5 54	5 53	5 52	5 52	5 51	5 50	5 49
6	5 53	5 52	5 51	5 50	5 49	5 48	5 47
7	5 52	5 50	5 49	5 48	5 47	5 46	5 45
8	5 51	5 49	5 48	5 47	5 45	5 44	5 42
9	5 49	5 48	5 46	5 45	5 43	5 42	5 40
10	5 48	5 47	5 45	5 43	5 42	5 40	5 38
11	5 47	5 45	5 43	5 42	5 40	5 38	5 36
12	5 46	5 44	5 42	5 40	5 38	5 36	5 34
13	5 44	5 42	5 40	5 38	5 36	5 34	5 32
14	5 43	5 41	5 39	5 37	5 34	5 32	5 30
15	5 42	5 40	5 38	5 35	5 33	5 30	5 27
16	5 41	5 38	5 36	5 33	5 31	5 28	5 25
17	5 40	5 37	5 35	5 32	5 29	5 26	5 23
18	5 39	5 36	5 33	5 30	5 27	5 24	5 20
19	5 37	5 34	5 31	5 28	5 25	5 22	5 18
20	5 36	5 33	5 30	5 26	5 23	5 19	5 15
21	5 35	5 31	5 28	5 24	5 20	5 17	5 13
22	5 33	5 30	5 26	5 22	5 18	5 14	5 10
23	5 32	5 28	5 24	5 20	5 16	5 12	5 7
24	5 31	5 27	5 23	5 18	5 14	5 10	5 5
25	5 30	5 25	5 21	5 16	5 12	5 7	5 2
26	5 28	5 24	5 19	5 14	5 10	5 5	5 0
27	5 27	5 22	5 17	5 12	5 7	5 2	4 57
28	5 26	5 21	5 15	5 10	5 5	5 0	4 55
29	5 24	5 19	5 13	5 8	5 3	4 57	4 52
Equation pour l'effet de la Réfraction.							
1	0 2	0 2	0 2	0 2-	0 2-	0 2-	0 2-
20	0 2-	0 2-	0 2-	0 2-	0 2-	0 2-	0 2-
29	0 2-	0 2-	0 2-	0 2-	0 3	0 3-	0 3

SUITE DE LA TABLE DES ARCS SÉMIDIURNES.

Latitudes ou hauteurs du Pole.

Déclinaif. des Aftres.	30	31	32	33	34	35	36
1°	5ʰ 57′	5ʰ 57′	5ʰ 57′	5ʰ 57′	5ʰ 57′	5ʰ 57′	5ʰ 57′
2	5 55	5 55	5 55	5 54	5 54	5 54	5 54
3	5 53	5 52	5 52	5 52	5 51	5 51	5 51
4	5 50	5 50	5 50	5 49	5 49	5 48	5 48
5	5 48	5 48	5 47	5 46	5 46	5 45	5 45
6	5 46	5 45	5 45	5 44	5 43	5 42	5 42
7	5 43	5 43	5 42	5 41	5 40	5 39	5 39
8	5 41	5 41	5 40	5 39	5 38	5 37	5 36
9	5 39	5 38	5 37	5 36	5 35	5 34	5 33
10	5 37	5 36	5 35	5 34	5 32	5 31	5 30
11	5 34	5 33	5 32	5 31	5 29	5 28	5 27
12	5 32	5 31	5 29	5 28	5 26	5 25	5 24
13	5 30	5 28	5 27	5 25	5 24	5 22	5 21
14	5 27	5 25	5 24	5 22	5 21	5 19	5 18
15	5 24	5 22	5 21	5 19	5 18	5 16	5 14
16	5 22	5 20	5 18	5 16	5 15	5 13	5 11
17	5 19	5 17	5 15	5 13	5 12	5 10	5 8
18	5 16	5 14	5 12	5 10	5 9	5 7	5 5
19	5 14	5 12	5 10	5 8	5 6	5 4	5 2
20	5 11	5 9	5 7	5 5	5 3	5 1	4 59
21	5 8	5 6	5 4	5 2	5 0	4 58	4 55
22	5 5	5 3	5 1	4 59	4 57	4 54	4 52
23	5 3	5 1	4 58	4 56	4 54	4 51	4 49
24	5 0	4 58	4 55	4 53	4 50	4 47	4 45
25	4 57	4 55	4 52	4 50	4 47	4 44	4 41
26	4 54	4 52	4 49	4 46	4 43	4 40	4 37
27	4 52	4 49	4 46	4 43	4 40	4 36	4 33
28	4 49	4 46	4 43	4 39	4 36	4 33	4 29
29	4 45	4 42	4 39	4 36	4 32	4 29	4 25

Équation pour l'effet de la Réfraction.

	30	31	32	33	34	35	36
1	0 2-	0 2-	0 2-	0 2-	0 2-	0 2-	0 2-
20	0 2-	0 2-	0 2-	0 2-	0 3	0 3	0 3
29	0 3	0 3	0 3	0 3	0 3-	0 3-	0 3-

SUITE DE LA TABLE DES ARCS SÉMIDIURNES.

Latitudes ou hauteurs du Pole.

Déclinais. des Astres.	37		38		39		40		41		42	
1°	5^h	57′	5^h	57′	5^h	57′	5^h	57′	5^h	56′	5^h	56′
2	5	54	5	54	5	53	5	53	5	53	5	52
3	5	51	5	50	5	50	5	50	5	49	5	49
4	5	47	5	47	5	47	5	46	5	46	5	45
5	5	44	5	44	5	43	5	43	5	42	5	42
6	5	41	5	41	5	40	5	40	5	39	5	38
7	5	38	5	38	5	37	5	36	5	35	5	35
8	5	35	5	35	5	34	5	33	5	32	5	31
9	5	32	5	31	5	30	5	29	5	28	5	27
10	5	29	5	28	5	27	5	26	5	25	5	23
11	5	26	5	25	5	24	5	22	5	21	5	20
12	5	22	5	21	5	20	5	19	5	18	5	16
13	5	19	5	18	5	17	5	15	5	14	5	12
14	5	16	5	15	5	13	5	12	5	10	5	8
15	5	13	5	11	5	10	5	8	5	6	5	4
16	5	10	5	8	5	6	5	5	5	3	5	1
17	5	6	5	4	5	3	5	1	4	59	4	57
18	5	3	5	1	4	59	4	57	4	55	4	52
19	5	0	4	57	4	55	4	53	4	51	4	48
20	4	56	4	54	4	51	4	49	4	46	4	43
21	4	53	4	50	4	48	4	45	4	42	4	39
22	4	49	4	47	4	44	4	41	4	38	4	34
23	4	46	4	43	4	40	4	37	4	34	4	30
24	4	42	4	39	4	36	4	33	4	29	4	25
25	4	38	4	35	4	32	4	28	4	24	4	20
26	4	34	4	31	4	27	4	24	4	20	4	15
27	4	30	4	27	4	23	4	19	4	15	4	10
28	4	26	4	22	4	18	4	14	4	10	4	5
29	4	22	4	18	4	14	4	10	4	5	4	0

Équation pour l'effet de la Réfraction.

	37		38		39		40		41		42	
1	0	2−	0	2−	0	2−	0	2−	0	2−	0	3
20	0	3	0	3	0	3	0	3	0	3	0	3−
29	0	3−	0	3−	0	3−	0	3−	0	3−	0	4

SUITE DE LA TABLE DES ARCS SÉMIDIURNES.

Déclinaif. des Aftres.	Latitudes ou hauteurs du Pole.					
	43	44	45	46	47	48
1°	5ʰ 56′	5ʰ 56′	5ʰ 56′	5ʰ 56′	5ʰ 56′	5ʰ 56′
2	5 52	5 52	5 52	5 51	5 51	5 51
3	5 48	5 48	5 48	5 47	5 47	5 46
4	5 45	5 44	5 44	5 43	5 42	5 42
5	5 41	5 40	5 40	5 39	5 38	5 37
6	5 37	5 36	5 35	5 35	5 34	5 33
7	5 34	5 33	5 31	5 30	5 29	5 28
8	5 30	5 29	5 27	5 26	5 25	5 24
9	5 26	5 25	5 23	5 22	5 20	5 19
10	5 22	5 21	5 19	5 18	5 16	5 15
11	5 18	5 17	5 15	5 14	5 12	5 10
12	5 14	5 13	5 11	5 9	5 7	5 5
13	5 10	5 9	5 7	5 5	5 3	5 1
14	5 6	5 5	5 3	5 1	4 58	4 56
15	5 2	5 0	4 58	4 56	4 53	4 51
16	4 58	4 56	4 54	4 52	4 49	4 46
17	4 54	4 52	4 49	4 47	4 44	4 41
18	4 49	4 47	4 44	4 42	4 39	4 36
19	4 45	4 42	4 39	4 36	4 33	4 30
20	4 40	4 37	4 34	4 31	4 28	4 25
21	4 36	4 32	4 29	4 26	4 23	4 19
22	4 31	4 27	4 24	4 20	4 17	4 13
23	4 26	4 22	4 19	4 15	4 11	4 7
24	4 21	4 17	4 14	4 10	4 6	4 1
25	4 16	4 12	4 8	4 4	4 0	3 55
26	4 11	4 7	4 3	3 58	3 54	3 49
27	4 6	4 2	3 57	3 52	3 47	3 42
28	4 1	3 56	3 51	3 46	3 41	3 35
29	3 55	3 50	3 45	3 40	3 34	3 28
Equation pour l'effet de la Réfraction.						
1	0 3	0 3	0 3	0 3	0 3	0 3
20	0 3-	0 3-	0 3-	0 3-	0 3-	0 3-
29	0 4	0 4	0 4	0 4	0 4-	0 4-

Déclinaison des Astres	SUITE DE LA TABLE DES ARCS SÉMIDIURNE					
	Latitudes ou hauteurs du Pole.					
	49	50	51	52	53	54
1°	5ʰ 55′	5ʰ 55′	5ʰ 55′	5ʰ 55′	5ʰ 55′	5ʰ 5..
2	5 50	5 50	5 50	5 49	5 59	5 4.
3	5 46	5 45	5 45	5 44	5 44	5 4.
4	5 41	5 41	5 40	5 39	5 39	5 3.
5	5 37	5 36	5 35	5 34	5 33	5 3.
6	5 32	5 31	5 30	5 29	5 28	5 2.
7	5 27	5 26	5 25	5 24	5 23	5 2.
8	5 22	5 21	5 20	5 19	5 17	5 1.
9	5 18	5 16	5 15	5 14	5 12	5 1.
10	5 13	5 11	5 10	5 8	5 6	5 ..
11	5 8	5 6	5 5	5 3	5 1	4 5.
12	5 3	5 1	5 0	4 58	4 55	4 5.
13	4 59	4 56	4 54	4 52	4 49	4 4.
14	4 54	4 51	4 49	4 46	4 43	4 4.
15	4 49	4 46	4 43	4 40	4 37	4 3.
16	4 43	4 40	4 37	4 34	4 30	4 2.
17	4 38	4 35	4 31	4 28	4 24	4 2.
18	4 32	4 29	4 25	4 22	4 18	4 1.
19	4 26	4 23	4 19	4 15	4 11	4 ..
20	4 21	4 17	4 13	4 9	4 4	3 5.
21	4 15	4 11	4 7	4 2	3 57	3 5.
22	4 6	4 5	4 0	3 55	3 50	3 4.
23	4 3	3 58	3 53	3 48	3 42	3 ..
24	3 56	3 51	3 46	3 41	3 35	3 ..
25	3 50	3 44	3 39	3 33	3 27	3 ..
26	3 43	3 37	3 32	3 26	3 19	3 ..
27	3 36	3 30	3 24	3 18	3 10	3 ..
28	3 29	3 23	3 16	3 9	3 1	2 ..
29	3 22	3 15	3 7	2 59	2 50	2 ..
Equation pour l'effet de la Réfraction.						
1	0 3	0 3	0 3-	0 3-	0 3-	0 ..
20	0 4	0 4	0 4-	0 4-	0 4-	0 ..
29	0 5	0 5-	0 6	0 6	0 6-	0 ..

SUITE DE LA TABLE DES ARCS SÉMIDIURNES.

Latitudes ou hauteurs du Pole.

Déclinaif. des Aftres.	55	56	57	58	59	60
1°	5ʰ 54′	5ʰ 54′	5ʰ 54′	5ʰ 53′	5ʰ 53′	5ʰ 53′
2	5 48	5 48	5 47	5 47	5 46	5 46
3	5 42	5 42	5 41	5 40	5 39	5 39
4	5 37	5 36	5 35	5 34	5 33	5 32
5	5 31	5 30	5 29	5 28	5 26	5 25
6	5 25	5 24	5 23	5 22	5 20	5 18
7	5 20	5 18	5 17	5 15	5 13	5 11
8	5 14	5 12	5 10	5 8	5 6	5 3
9	5 8	5 6	5 4	5 1	4 59	4 56
10	5 2	4 59	4 57	4 54	4 52	4 48
11	4 56	4 53	4 51	4 48	4 45	4 41
12	4 50	4 47	4 44	4 41	4 37	4 33
13	4 43	4 40	4 37	4 33	4 29	4 25
14	4 36	4 33	4 29	4 25	4 21	4 17
15	4 30	4 26	4 22	4 17	4 13	4 9
16	4 23	4 19	4 14	4 15	4 5	4 0
17	4 16	4 12	4 7	4 2	3 57	3 51
18	4 9	4 5	4 0	3 54	3 48	3 42
19	4 2	3 57	3 52	3 46	3 40	3 33
20	3 54	3 49	3 43	3 37	3 31	3 24
21	3 47	3 41	3 35	3 28	3 2	3 14
22	3 39	3 33	3 26	3 18	3 11	3 3
23	3 31	3 24	3 16	3 8	3 0	2 51
24	3 22	3 15	3 7	2 58	2 49	2 38
25	3 13	3 5	2 57	2 47	2 36	2 24
26	3 3	2 55	2 46	2 36	2 23	2 9
27	2 53	2 44	2 34	2 23	2 9	1 52
28	2 42	2 32	2 21	2 8	1 52	1 32
29	2 31	2 19	2 6	1 50	1 30	1 5

Equation pour l'effet de la Réfraction.

	55	56	57	58	59	60
1	0 4	0 4	0 4	0 4-	0 4-	0 4-
20	0 5	0 5	0 5-	0 5-	0 6	0 6-
29	0 7-	0 8	0 9	0 10-	0 13	{ 0 22 / 0 16 }

Latitudes ou hauteurs du Pole.

Déclinaif. des Astres.	61		62		63		64		65		66	
1°	5^h	53′	5^h	52′	5^h	52′	5^h	52	5^h	51′	5^h	51′
2	5	45	5	45	5	44	5	43	5	43	5	42
3	5	38	5	37	5	36	5	35	5	34	5	33
4	5	31	5	30	5	28	5	27	5	26	5	24
5	5	24	5	22	5	20	5	19	5	17	5	15
6	5	17	5	14	5	12	5	10	5	8	5	6
7	5	9	5	6	5	4	5	2	4	59	4	56
8	5	1	4	58	4	56	4	53	4	50	4	47
9	4	53	4	50	4	47	4	44	4	41	4	37
10	4	45	4	42	4	39	4	35	4	31	4	26
11	4	38	4	34	4	30	4	26	4	21	4	16
12	4	30	4	26	4	22	4	17	4	11	4	6
13	4	21	4	17	4	13	4	7	4	1	3	55
14	4	13	4	8	4	3	3	57	3	51	3	44
15	4	4	3	59	3	53	3	47	3	40	3	32
16	3	56	3	50	3	43	3	36	3	28	3	19
17	3	47	3	40	3	33	3	25	3	16	3	6
18	3	37	3	30	3	22	3	13	3	3	2	52
19	3	26	3	19	3	10	3	1	2	50	2	37
20	3	16	3	7	2	58	2	47	2	35	2	21
21	3	5	2	55	2	45	2	32	2	18	2	2
22	2	53	2	42	2	30	2	16	1	59	1	39
23	2	40	2	28	2	14	1	58	1	38	1	10
24	2	26	2	13	1	56	1	36	1	9	0	0
25	2	11	1	55	1	35	1	8	0	0		
26	1	53	1	34	1	7	0	0				
27	1	33	1	6	0	0						
28	1	6	0	0								
29	0	0										

	Equation pour l'effet de la Réfraction.											
1	0	5	0	5	0	5	0	5	0	5-	0	6
20	0	6-	0	7	0	7-	0	8	0	9-	0	10-
23	0	8	0	9	0	10	0	11-	0	14	0	23
											0	19

TABLE DES AMPLITUDES.

Latitudes ou hauteurs du pôle.

Déclinais. des Astres.	2		4		6		8		10		12		14	
1°	1°	0′	1°	0′	1°	0′	1°	0′	1°	1′	1°	1′	1°	2′
2	2	0	2	0	2	1	2	1	2	2	2	3	2	3
3	3	0	3	0	3	1	3	2	3	3	3	4	3	5
4	4	0	4	1	4	2	4	3	4	4	4	5	4	7
5	5	0	5	1	5	2	5	3	5	5	5	7	5	9
6	6	0	6	1	6	2	6	4	6	6	6	8	6	11
7	7	0	7	1	7	3	7	5	7	7	7	10	7	13
8	8	0	8	1	8	3	8	5	8	8	8	11	8	15
9	9	0	9	1	9	3	9	6	9	9	9	13	9	17
10	10	0	10	2	10	4	10	6	10	10	10	14	10	18
11	11	0	11	2	11	4	11	7	11	11	11	15	11	20
12	12	0	12	2	12	4	12	7	12	11	12	16	12	22
13	13	0	13	2	13	5	13	8	13	12	13	18	13	24
14	14	0	14	2	14	5	14	9	14	13	14	19	14	26
15	15	0	15	2	15	5	15	9	15	14	15	20	15	28
16	16	1	16	3	16	6	16	10	16	15	16	22	16	30
17	17	1	17	3	17	6	17	10	17	16	17	23	17	32
18	18	1	18	3	18	6	18	11	18	17	18	25	18	34
19	19	1	19	3	19	7	19	12	19	18	19	26	19	36
20	20	1	20	3	20	7	20	12	20	19	20	28	20	38
21	21	1	21	3	21	7	21	13	21	20	21	29	21	40
22	22	1	22	4	22	8	22	13	22	21	22	31	22	42
23	23	1	23	4	23	8	23	14	23	23	23	33	23	45
24	24	1	24	4	24	8	24	15	24	24	24	34	24	47
25	25	1	25	4	25	9	25	15	25	25	25	36	25	49
26	26	1	26	4	26	9	26	16	26	26	26	38	26	52
27	27	1	27	4	27	9	27	17	27	27	27	39	27	54
28	28	1	28	4	28	10	28	18	28	28	28	41	28	56
29	29	1	29	4	29	10	29	19	29	30	29	43	29	59

Equation pour l'effet de la Réfraction.

	2		4		6		8		10		12		14	
1	0	1	0	2	0	3	0	4-	0	6	0	7	0	8-
20	0	1	0	2	0	3-	0	5	0	6	0	7-	0	9
29	0	1	0	2-	0	3-	0	5	0	6-	0	8	0	9-

SUITE DE LA TABLE DES AMPLITUDES.

Latitudes ou hauteurs du Pole.

Déclinaif. des Aftres.	16		18		20		22		24		26		28	
1°	1°	2′	1°	3′	1°	4′	1°	5′	1°	6′	1°	7′	1°	8′
2	2	5	2	6	2	8	2	10	2	12	2	14	2	16
3	3	7	3	9	3	12	3	14	3	17	3	21	3	24
4	4	10	4	13	4	16	4	19	4	23	4	27	4	32
5	5	12	5	16	5	20	5	24	5	29	5	34	5	40
6	6	15	6	19	6	23	6	29	6	35	6	41	6	48
7	7	17	7	22	7	27	7	33	7	40	7	48	7	56
8	8	19	8	25	8	31	8	38	8	46	8	55	9	4
9	9	22	9	28	9	35	9	43	9	52	10	2	10	12
10	10	24	10	31	10	39	10	48	10	58	11	9	11	21
11	11	27	11	35	11	43	11	53	12	4	12	16	12	29
12	12	29	12	38	12	47	12	58	13	10	13	23	13	37
13	13	32	13	41	13	51	14	3	14	16	14	30	14	46
14	14	34	14	44	14	55	15	8	15	22	15	37	15	54
15	15	37	15	47	15	59	16	13	16	28	16	44	17	3
16	16	40	16	51	17	4	17	18	17	34	17	52	18	11
17	17	43	17	54	18	8	18	23	18	40	18	59	19	20
18	18	46	18	58	19	12	19	28	19	47	20	7	20	29
19	19	48	20	1	20	16	20	33	20	53	21	14	21	38
20	20	51	21	5	21	21	21	39	21	59	22	22	22	47
21	21	54	22	8	22	25	22	44	23	6	23	30	23	57
22	22	57	23	12	23	30	23	50	24	13	24	38	25	6
23	23	59	24	15	24	34	24	56	25	20	25	46	26	16
24	25	2	25	19	25	39	26	1	26	27	26	55	27	26
25	26	5	26	23	26	44	27	7	27	34	28	3	28	36
26	27	8	27	27	27	49	28	13	28	41	29	11	29	46
27	28	11	28	31	28	54	29	19	29	48	30	20	30	57
28	29	14	29	35	29	59	30	25	30	55	31	29	32	8
29	30	18	30	39	31	4	31	32	32	3	32	39	33	19

Equation pour l'effet de la Réfraction.

	16		18		20		22		24		26		28	
1	0	9-	0	10-	0	12	0	13	0	14	0	15-	0	17
20	0	10	0	11-	0	13	0	14-	0	16	0	17-	0	19
29	0	11-	0	13	0	14-	0	16	0	18	0	20	0	22

SUITE DE LA TABLE DES AMPLITUDES.

Latitudes ou hauteurs du Pole.

Déclinaif. des Aftres.	30	31	32	33	34	35	36
1°	1° 9'	1° 10'	1° 11'	1° 12'	1° 12'	1° 13'	1° 14'
2	2 19	2 20	2 22	2 23	2 25	2 27	2 28
3	3 28	3 30	3 33	3 35	3 37	3 40	3 43
4	4 37	4 40	4 43	4 46	4 50	4 53	4 57
5	5 46	5 50	5 54	5 58	6 2	6 6	6 11
6	6 56	6 0	7 5	7 10	7 15	7 20	7 25
7	8 5	8 10	8 16	8 21	8 27	8 33	8 40
8	9 15	9 21	9 27	9 33	9 40	9 47	9 54
9	10 24	10 31	10 38	10 45	10 53	11 1	11 9
10	11 34	11 41	11 49	11 57	12 5	12 14	12 24
11	12 44	12 52	13 0	13 9	13 18	13 28	13 39
12	13 53	14 2	14 11	14 21	14 32	14 42	14 54
13	15 3	15 13	15 23	15 34	15 45	15 57	16 9
14	16 13	16 23	16 34	16 46	16 58	17 11	17 24
15	17 23	17 34	17 46	17 59	18 12	18 26	18 40
16	18 33	18 45	18 58	19 11	19 25	19 40	19 55
17	19 44	19 57	20 10	20 24	20 39	20 55	21 11
18	20 54	21 8	21 22	21 37	21 53	22 10	22 27
19	22 5	22 20	22 35	22 51	23 7	23 25	23 44
20	23 16	23 31	23 47	24 4	24 22	24 41	25 1
21	24 27	24 43	25 0	25 18	25 37	25 57	26 18
22	25 38	25 55	26 13	26 32	26 52	27 13	27 35
23	26 49	27 7	27 26	27 46	28 7	28 29	28 53
24	28 1	28 20	28 40	29 1	29 23	29 46	30 11
25	29 13	29 33	29 54	30 16	30 39	31 4	31 30
26	30 25	30 46	31 8	31 31	31 56	32 22	32 49
27	31 37	31 59	32 22	32 47	33 13	33 40	34 8
28	32 50	33 13	33 37	34 3	34 30	34 59	35 28
29	34 3	34 27	34 52	35 19	35 43	36 18	36 49

Equation pour l'effet de la Réfraction.

	30	31	32	33	34	35	36
1	0 18-	0 19	0 20	0 20-	0 21-	0 22-	0 23-
20	0 20	0 21	0 22	0 23	0 24	0 25	0 26
29	0 24	0 25-	0 26-	0 27-	0 29	0 30	0 31-

SUITE DE LA TABLE DES AMPLITUDES.

Latitudes ou hauteurs du Pole.

Déclinaiſ. des Aſtres.	37		38		39		40		41		42	
1°	1°	15′	1°	16′	1°	17′	1°	18′	1°	19′	1°	
2	2	30	2	32	2	34	2	37	2	39	2	
3	3	45	3	48	3	52	3	55	3	59	4	
4	5	1	5	5	5	9	5	14	5	18	5	
5	6	16	6	21	6	27	6	32	6	38	6	
6	7	31	7	37	7	44	7	51	7	58	8	
7	8	47	8	54	9	1	9	9	9	18	9	
8	10	2	10	10	10	19	10	28	10	38	10	
9	11	18	11	27	11	37	11	47	11	58	12	
10	12	34	12	44	12	55	13	6	13	18	13	
11	13	49	14	1	14	13	14	26	14	39	14	
12	15	5	15	18	15	31	15	45	16	0	16	
13	16	22	16	35	16	50	17	5	17	21	17	
14	17	38	17	52	18	8	18	25	18	42	19	
15	18	55	19	10	19	27	19	45	20	3	20	
16	20	11	20	28	20	46	21	5	21	25	21	
17	21	28	21	47	22	6	22	26	22	47	23	
18	22	46	23	5	23	26	23	47	24	10	24	
19	24	3	24	24	24	46	25	9	25	34	25	
20	25	21	25	43	26	7	26	32	26	58	27	
21	26	40	27	3	27	28	27	54	28	22	28	
22	27	58	28	23	28	49	29	17	29	46	30	
23	29	17	29	44	30	11	30	40	31	11	31	
24	30	37	31	5	31	34	32	4	32	37	33	
25	31	57	32	26	32	57	33	29	34	4	34	
26	33	18	33	48	34	21	34	55	35	31	36	
27	34	39	35	11	35	45	36	21	36	59	37	
28	36	0	36	34	37	10	37	48	38	28	39	
29	37	22	37	58	38	36	39	16	39	58	40	

Équation pour l'effet de la Réfraction.

	37		38		39		40		41		42	
1	0	24-	0	25-	0	26-	0	27-	0	28-	0	3
20	0	27	0	28	0	29-	0	30-	0	32	0	3
29	0	33	0	35	0	36-	0	38	0	39-	0	4

SUITE DE LA TABLE DES AMPLITUDES.

Latitudes ou hauteurs du Pole.

Déclinaif. des Aftres.	43		44		45		46		47		48	
1°	1°	22′	1°	23′	1°	25′	1°	26′	1°	28′	1°	30′
2	2	44	2	47	2	50	2	53	2	56	2	59
3	4	6	4	10	4	15	4	19	4	24	4	29
4	5	29	5	34	5	40	5	46	5	52	5	59
5	6	51	6	58	7	5	7	13	7	21	7	29
6	8	13	8	21	8	30	8	39	8	49	8	59
7	9	35	9	45	9	55	10	6	10	18	10	30
8	10	58	11	9	11	21	11	34	11	47	12	0
9	12	21	12	34	12	47	13	1	13	16	13	31
10	13	44	13	58	14	13	14	29	14	45	15	2
11	15	7	15	23	15	40	15	57	16	15	16	34
12	16	31	16	48	17	6	17	25	17	45	18	6
13	17	55	18	13	18	33	18	54	19	16	19	39
14	19	19	19	39	20	0	20	23	20	47	21	12
15	20	43	21	5	21	28	21	53	22	18	22	45
16	22	8	22	32	22	57	23	23	23	50	24	20
17	23	34	23	59	24	26	24	54	25	23	25	55
18	25	0	25	26	25	55	26	25	26	57	27	31
19	26	26	26	54	27	25	27	57	28	31	29	7
20	27	53	28	23	28	56	29	30	30	6	30	44
21	29	21	29	53	30	27	31	4	31	42	32	23
22	30	49	31	23	31	59	32	38	33	19	34	3
23	32	18	32	54	33	33	34	14	34	57	35	44
24	33	48	34	26	35	7	35	51	36	37	37	26
25	35	19	35	59	36	42	37	29	38	18	39	10
26	36	50	37	33	38	19	39	8	40	0	40	56
27	38	22	39	8	39	57	40	49	41	44	42	44
28	39	56	40	45	41	36	42	31	43	30	44	34
29	41	31	42	23	43	17	44	16	45	19	46	26

Equation pour l'effet de la Réfraction.

	43		44		45		46		47		48	
1	0	31	0	32	0	33	0	35	0	36	0	37
20	0	34-	0	36	0	37-	0	39	0	41	0	43
29	0	44	0	46-	0	49	0	51-	0	54	0	57

SUITE DE LA TABLE DES AMPLITUDES.

Latitudes ou hauteurs du Pole.

Déclinaif. des Aftres.	49		50		51		52		53		54	
1°	1°	31′	1°	33′	1°	35′	1°	37′	1°	39′	1°	42′
2	3	3	3	7	3	11	3	15	3	19	3	24
3	4	35	4	40	4	46	4	52	4	59	5	6
4	6	6	6	14	6	22	6	30	6	40	6	49
5	7	38	7	48	7	58	8	8	8	20	8	32
6	9	10	9	22	9	34	9	47	10	0	10	15
7	10	43	10	56	11	10	11	25	11	41	11	58
8	12	15	12	30	12	47	13	4	13	22	13	42
9	13	48	14	5	14	24	14	43	15	4	15	26
10	15	21	15	40	16	1	16	23	16	47	17	11
11	16	55	17	16	17	39	18	3	18	30	18	57
12	18	29	18	52	19	17	19	44	20	13	20	43
13	20	4	20	29	20	57	21	26	21	57	22	30
14	21	38	22	7	22	37	23	9	23	42	24	18
15	23	14	23	45	24	18	24	52	25	28	26	7
16	24	51	25	24	25	59	26	36	27	16	27	58
17	26	28	27	3	27	41	28	21	29	4	29	50
18	28	6	28	44	29	24	30	7	30	54	31	43
19	29	45	30	26	31	9	31	55	32	45	33	38
20	31	25	32	9	32	55	33	45	34	38	35	35
21	33	6	33	53	34	43	35	36	36	33	37	34
22	34	49	35	39	36	32	37	29	38	30	39	36
23	36	33	37	26	38	23	39	24	40	29	41	40
24	38	19	39	15	40	16	41	21	42	31	43	47
25	40	6	41	6	42	11	43	21	44	36	45	58
26	41	56	43	0	44	9	45	24	46	45	48	14
27	43	48	44	56	46	10	47	31	48	58	50	34
28	45	42	46	55	48	15	49	41	51	16	53	0
29	47	38	48	57	50	23	51	57	53	40	55	34

Equation pour l'effet de la Réfraction.

	49		50		51		52		53		54	
1	0	39	0	40	0	42	0	44	0	45	0	47
20	0	46	0	48	0	51	0	53	0	55	0	58
29	1	0	1	3	1	7	1	12	1	18	1	25

SUITE DE LA TABLE DES AMPLITUDES.

Latitudes ou Hauteurs du Pole.

Déclinaif. des Aftres.	55		56		57		58		59		60	
1	1°	44'	1°	47'	1°	50'	1°	53'	1°	56'	2°	0'
2	3	29	3	35	3	41	3	47	3	53	4	0
3	5	14	5	22	5	31	5	40	5	50	6	1
4	6	59	7	10	7	22	7	34	7	47	8	1
5	8	44	8	58	9	13	9	28	9	45	10	2
6	10	30	10	46	11	4	11	23	11	43	12	4
7	12	16	12	35	12	56	13	18	13	42	14	7
8	14	3	14	25	14	48	15	13	15	41	16	10
9	15	50	16	15	16	42	17	10	17	41	18	14
10	17	38	18	6	18	36	19	8	19	43	20	19
11	19	26	19	58	20	31	21	6	21	45	22	25
.12	21	15	21	50	22	27	23	6	23	49	24	34
13	23	5	23	43	24	24	25	8	25	54	26	44
14	24	57	25	38	26	22	27	10	28	1	28	56
15	26	49	27	34	28	22	29	14	30	10	31	10
16	28	43	29	32	30	24	31	20	32	21	33	27
17	30	39	31	32	32	28	33	29	34	35	35	47
18	32	36	33	33	34	34	35	40	36	52	38	10
19	34	35	35	36	36	42	37	54	39	12	40	37
20	36	36	37	42	38	54	40	12	41	37	43	10
21	38	40	39	51	41	9	42	34	44	6	45	47
22	40	47	42	4	43	28	45	0	46	40	48	31
23	42	56	44	20	45	51	47	31	49	22	51	24
24	45	10	46	40	48	19	50	8	52	10	54	26
25	47	28	49	6	50	54	52	54	55	8	57	42
26	49	51	51	37	53	36	55	49	58	20	61	15
27	52	20	54	17	56	28	58	57	61	49	65	14
28	54	56	57	6	59	32	62	22	65	43	69	53
29	57	42	60	7	62	54	66	11	70	16	75	50

Equation pour l'effet de la Réfraction.

	55		56		57		58		59		60	
1	0	49	0	51	0	53	0	55	0	57	0	59
20	1	1	1	4	1	8	1	12	1	16	1	21
29	1	33	1	44	1	59	2	22	3	2	4	51

Q

SUITE DE LA TABLE DES AMPLITUDES.

Latitudes ou hauteurs du Pole.

Déclinaif. des Aftres.	61		62		63		64		65		66	
1°	2°	4′	2°	8′	2°	12	2°	17′	2°	22′	2°	28′
2	4	8	4	16	4	25	4	34	4	45	4	56
3	6	12	6	24	6	37	6	51	7	7	7	24
4	8	16	8	33	8	50	9	9	9	30	9	53
5	10	21	10	42	11	4	11	28	11	54	12	23
6	12	27	12	52	13	19	13	48	14	19	14	54
7	14	34	15	3	15	35	16	9	16	46	17	26
8	16	41	17	15	17	52	18	31	19	14	20	0
9	18	50	19	28	20	10	20	55	21	44	22	36
10	20	59	21	43	22	30	23	20	24	16	25	15
11	23	11	23	59	24	51	25	48	26	50	27	58
12	25	24	26	17	27	15	28	19	29	28	30	44
13	27	39	28	38	29	42	30	53	32	10	33	35
14	29	56	31	1	32	12	33	30	34	55	36	30
15	32	16	33	27	34	46	36	12	37	46	39	31
16	34	39	35	57	37	23	38	58	40	43	42	40
17	37	5	38	31	40	5	41	50	43	46	45	58
18	39	36	41	10	42	54	44	49	46	59	49	27
19	42	11	43	55	45	50	47	57	50	23	53	10
20	44	52	46	46	48	53	51	17	54	2	57	14
21	47	40	49	46	52	8	54	50	58	0	61	47
22	50	36	52	56	55	36	58	43	62	26	67	5
23	53	42	56	20	59	24	63	3	67	36	73	53

Equation pour l'effet de la Réfraction.

	61		62		63		64		65		66	
1	1	1	1	4	1	7	1	10	1	13	1	17
20	1	28	1	35	1	43	1	54	2	7	2	26
23	1	46	1	59	2	15	2	41	3	27	5	30

AVERTISSEMENT
Sur les deux Tables précédentes.

On ne donne ici qu'une seule Table des Arcs Sémidiurnes, & une des Amplitudes. L'une & l'autre peut également servir, soit que la Déclinaison de l'Astre soit du côté du Pole élevé sur l'Horizon, soit qu'elle soit du côté du Pole abaissé, comme nous l'expliquerons plus bas.

Mais il n'en est pas de même des Equations qui sont au bas des pages. Par rapport aux Arcs Sémidiurnes, elles diffèrent très-peu. Lorsque la différence s'est trouvée sensible, on a renfermé les deux Equations dans un crochet. Il faudra employer l'Equation supérieure ou l'inférieure, selon que la Déclinaison de l'Astre sera de même nom que le Pole élevé ou que le Pole abaissé.

Quant aux Amplitudes, la différence est considérable, lorsque la Déclinaison de l'Astre & la Latitude du lieu commencent à devenir un peu fortes. En conséquence on n'a pu marquer au bas des pages que les Equations correspondantes aux Déclinaisons & aux Latitudes de même nom. Lorsque la Déclinaison de l'Astre est d'une autre dénomination que la Latitude, les Equations sont les mêmes, excepté les suivantes.

Déclin. des Astres.	Latitudes ou hauteurs du Pole.						
	47	48	49	50	51	52	53
20°	0° 41'	0° 43'	0° 45'	0° 47'	0° 50'	0° 52'	0° 54'
29	0 53	0 55	0 57	1 0	1 4	1 9	1 15

Déclin. des Astres.	Latitudes ou hauteurs du Pole.						
	54	55	56	57	58	59	60
20°	0 57	1 0	1 3	1 7	1 11	1 15	1 20
29	1 21	1 29	1 39	1 52	2 9	2 37	3 33

Déclin. des Astres.	Latitudes ou hauteurs du Pole.					
	61	62	63	64	65	66
20	1 25	1 32	1 40	1 49	2 1	2 17
23	1 41	1 52	2 7	2 28	3 0	4 5

TABLE POUR L'EQUATION DE L'ARC SEMIDIURNE DE LA LUNE.

Variation horaire du passage de la Lune au Méridien.

Arc Sémidiurne.		1 minute.		2 minutes								
H.	M.	45″	55″	5″	10″	15″	20″	25″	30″	35″	40″	45′
0	30	1′	1′	1′	1′	1′	1′	1′	1′	1′	1′	1′
1	0	2	2	2	2	2	2	3	3	3	3	3
1	30	3	3	3	3	3	4	4	4	4	4	4
2	0	4	4	4	4	5	5	5	5	5	6	6
2	30	5	5	5	6	6	6	6	7	7	7	7
3	0	5	6	6	7	7	7	7	8	8	8	9
3	30	6	7	8	8	8	8	9	9	9	10	10
4	0	7	8	9	9	9	10	10	10	11	11	12
4	30	8	9	10	10	10	11	11	12	12	13	13
5	0	9	10	11	11	12	12	13	13	13	14	14
5	30	10	11	12	12	13	13	14	14	15	15	16
6	0	11	12	13	13	14	14	15	16	16	17	17
6	30	12	13	14	15	15	16	16	17	17	18	19
7	0	12	14	15	16	16	17	18	18	19	20	20
7	30	13	15	16	17	17	18	19	20	20	21	22
8	0	14	16	17	18	19	19	20	21	22	22	23
8	30	15	17	18	19	20	21	21	22	23	24	24
9	0	16	18	19	20	21	22	23	23	24	25	26
9	30	17	19	20	21	22	23	24	25	26	26	27
10	0	18	20	22	22	23	24	25	26	27	28	29
10	30	19	21	23	24	24	25	26	27	28	29	30
11	0	20	22	24	25	26	27	28	29	30	31	32
11	30	21	23	25	26	27	28	29	30	31	32	33
12	0	0	0	0	0	0	0	0	0	0	0	0

Cette Equation doit être ajoutée à l'Arc Sémidiurne.

Table des Réfractions tant en *France* dans les plus grandes chaleurs de l'Eté, qu'au niveau de la Mer dans la *Zone* Torride.

| Hauteur. | Réfract. en France. | | Réfract. dans la Zone T. | | Hauteur. | Réfract. en France. | | Réfract. dans la Zone T. | | Hauteur. | Réfract. en France. | | Réfr. dans la Zone T. | |
D.	M.	S.	M.	S.	D.	M.	S.	M.	S.	D.	M.	S.	M.	S.
0	33	45	27	0	31	1	28	1	14	62	0	28	0	24
1	23	7	20	31	32	1	25	1	10	63	0	27	0	23
2	17	8	15	53	33	1	22	1	8	64	0	26	0	22
3	13	20	12	25	34	1	19	1	6	65	0	25	0	21
4	10	48	10	5	35	1	16	1	4	66	0	24	0	20
5	9	2	8	18	36	1	13	1	2	67	0	23	0	19
6	7	45	7	4	37	1	11	1	0	68	0	22	0	18
7	6	47	6	5	38	1	8	0	58	69	0	21	0	18
8	6	0	5	21	39	1	6	0	55	70	0	20	0	17
9	5	22	4	50	40	1	4	0	53	72	0	18	0	15
10	4	52	4	20	41	1	2	0	51	74	0	16	0	13
11	4	27	3	54	42	1	0	0	49	76	0	14	0	12
12	4	5	3	31	43	0	58	0	48	78	0	12	0	10
13	3	47	3	14	44	0	56	0	46	80	0	10	0	8
14	3	31	2	59	45	0	54	0	44	82	0	8	0	6
15	3	17	2	47	46	0	52	0	42	84	0	6	0	5
16	3	4	2	36	47	0	50	0	41	86	0	4	0	3
17	2	53	2	26	48	0	48	0	40	88	0	2	0	2
18	2	43	2	17	49	0	47	0	39	90	0	0	0	0
19	2	34	2	10	50	0	45	0	38					
20	2	26	2	3	51	0	44	0	36					
21	2	18	1	57	52	0	42	0	35					
22	2	11	1	51	53	0	40	0	33					
23	2	5	1	45	54	0	39	0	32					
24	1	59	1	41	55	0	38	0	31					
25	1	54	1	36	56	0	36	0	30					
26	1	49	1	31	57	0	35	0	29					
27	1	44	1	27	58	0	34	0	28					
28	1	40	1	24	59	0	32	0	27					
29	1	36	1	20	60	0	31	0	26					
30	1	32	1	17	61	0	30	0	25					

Tab. de la Parall. du Sol.

Haut.	Parall.	
0°	0′	10″
10	0	10
20	0	9
30	0	8
40	0	7
50	0	6
60	0	5
70	0	3
80	0	2
90	0	0

Table de la Parallaxe de la Lune à divers dégrés de hauteur sur l'Horizon.

Hauteurs de la Lune.	Parallaxe Horizontale 54'		56'		58'		61'		Aug. du diam. Horiz. de ☽ — La Lune Apog.	Péri.
	'	"	'	"	'	"	'	"	"	"
0°	54	0	56	0	58	0	61	0	0	0
3	53	55	55	55	57	55	60	55	2	2
6	53	42	55	41	57	41	60	40	3	4
9	53	20	55	19	57	17	60	15	5	6
12	52	49	54	46	56	44	59	40	6	7
15	52	9	54	6	56	2	58	56	8	9
18	51	22	53	16	55	10	58	1	9	11
21	50	25	52	17	54	9	56	57	10	13
24	49	20	51	10	52	59	55	44	11	15
27	48	7	49	54	51	41	54	21	13	16
30	46	46	48	30	50	14	52	50	14	18
33	45	17	46	58	48	38	51	9	15	20
36	43	41	45	18	46	55	49	21	16	21
39	41	57	43	31	45	5	47	24	18	23
42	40	7	41	37	43	6	45	20	19	24
45	38	10	39	35	41	0	43	9	20	25
48	36	8	37	28	38	49	40	49	21	27
51	33	59	35	15	36	30	38	24	22	28
54	31	44	32	55	34	5	35	51	23	29
57	29	25	30	30	31	36	33	14	23	30
60	27	0	28	0	29	0	30	30	24	31
63	24	31	25	25	26	20	27	41	25	32
66	21	58	22	46	23	35	24	48	26	33
69	19	21	20	4	20	47	21	51	26	34
72	16	41	17	18	17	55	18	51	27	34
75	13	58	14	29	15	0	15	47	27	35
78	11	13	11	38	12	3	12	40	27	35
81	8	27	8	45	9	4	9	32	28	36
84	5	38	5	51	6	3	6	22	28	36
87	2	49	2	55	3	2	3	11	28	36
90	0	0	0	0	0	0	0	0	29	36

Table pour trouver le diametre de laLune en Longitude ou Asc.dr.

Lat. ou déclin. de ☽.	Milliémes parties à ajouter.
1°	0. 000
2	0. 001
3	0. 001
4	0. 002
5	0. 004
6	0. 005
7	0. 007
8	0. 010
9	0. 012
10	0. 015
11	0. 018
12	0. 022
13	0. 026
14	0. 030
15	0. 034
16	0. 039
17	0. 044
18	0. 049
19	0. 054
20	0. 060
21	0. 066
22	0. 073
23	0. 079-
24	0. 086-
25	0. 094
26	0. 101
27	0. 109
28	0. 117
29	0. 125

TABLE pour le Retardement ou l'Anticipation des Marées.

Dist. de la ☽ au ☀. S.	D.	Retardement. H.	M.	Anticipation. H.	M.	Distance de la ☽ au ☀. S.	D.
O	6	0	18			VI	6
	12	0	35				12
	18	0	52				18
	24	1	9				24
I	0	1	26			VII	0
	6	1	44				6
	12	2	2				12
	18	2	20				18
	24	2	39				24
II	0	2	58			VIII	0
	6	3	18				6
	12	3	40				12
	18	4	4				18
	24	4	29				24
III	0	4	57			IX	0
	6	5	29				6
	12	6	5	5	55		12
	18	6	45	5	15		18
	24	7	25	4	35		24
IV	0	8	3	3	57	X	0
	6	8	38	3	22		6
	12	9	8	2	52		12
	18	9	35	2	25		18
	24	10	0	2	0		24
V	0	10	23	1	37	XI	0
	6	10	44	1	16		6
	12	11	4	0	56		12
	18	11	23	0	37		18
	24	11	41	0	19		24
VI	0	0	0	0	0	XII	0

HEURES DE LA PLEINE MER,

OU

ÉTABLISSEMENT DES COTES

ET DES PRINCIPAUX PORTS DE L'EUROPE.

H.	M.	ESPAGNE ET PORTUGAL.
2	0	Cadiz.
1	45	Sanlucar de Barrameda.
12	45	Palos & Guelva.
1	30	Lepe , Aimonte , Tavilla.
2	15	Farao.
4	30	Sétuval.
4	0	Lisbonne.
3	0	Sur les Côtes Occidentales des deux Royaumes.
3	0	Sur les Côtes Septentrionales d'Espagne.
3	45	Dans les Ports & Havres des Côtes Septentrionales.

Le long des Côtes de Barbarie, depuis le Cap de Geer jusqu'au détroit, la mer monte de 10 pieds ; de 10 le long des Côtes d'Espagne, depuis le détroit jusqu'au Cap Sainte Marie; de 12 jusqu'au Cap de Finisterre; & de 15 jusqu'à S. Jean-de-Luz.

H.	M.	GASCOGNE ET GUIENNE.
3	0	Sur toutes les Côtes en général.
3	15	A S. Jean-de-Luz & à Mémissan.
3	45	Bayonne & dans le bassin d'Arcasson.
7	14	Bordeaux.
3	45	Au Sud de la Tour de Cordouan & à Royan.
4	30	Au Nord de cette Tour, & à l'entrée de la Garonne

Le long de toutes ces Côtes la Mer monte de 15 pieds

H.	M.	AUNIS ET POITOU.
3	0	Sur les Côtes en général.
3	45	Brouage, & la Rochelle.

H.	M.	HEURES DE LA PLEINE MER.
4	15	Rochefort.
3	30	Chapus , & Beauvoir.
3	30	Dans le Pertuis Breton & dans celui d'Antioche,
3	15	L'Iſle de Ré & Olonne.

La mer monte par - tout de 18 pieds.

BRETAGNE.

H.	M.	
3	0	Sur les Côtes Méridionales & dans la Rade du Conqueſt.
3	15	Iſle Noirmoutier.
4	0	Bourgneuf.
3	45	A l'embouchure de la Loire , au Croiſic.
4	30	La Roche-Bernard.
4	15	A Port-Blanc.
3	45	La Riviere de Vilaine , Morbihan , Auray.
1	45	Vannes, Iſle de Groa , Belle-Iſle.
4	0	Port-Louis ou Blavet , & dans le Raz de Fontenay.
3	45	Concarneau , & dans le Port de Breſt.
3	30	Benaudet, Penmarck, Audierne, & dans la Baye de Breſt.
4	15	Dans l'Yroiſe.
4	0	Dans le paſſage du Four.
4	30	Hors l'Iſle d'Oueſſant en Mer.
5	0	Porſal.
5	15	Iſle de Bas, S. Paul de Léon , Morlaix.
5	30	Tréguier.
6	0	Iſles de Bréhat, Rade de la Frénaye, S. Malo, Cancale.

Sur les Côtes Méridionales, depuis l'embouchure de la Loire juſqu'au Raz de Fontenay , dans l'Yroiſe, & au paſſage du Four, la mer monte de 18 pieds ; de 20 dans les Rades de Douernené & de Bertaume ; de 25 à l'Iſle de Bas ; de 30 aux ſept Iſles ; de 45 à Bréhat, S. Malo & Cancale.

NORMANDIE.

H.	M.	
6	30	Mont S. Michel , Pontorſon , Granville.
9	30	Iſles de Gerneſey & d'Origny.
12	45	Dans le Raz Blanchart.

H.	M.	HEURES DE LA PLEINE MER.
12	30	Cap de la Hougue.
10	15	Au large de Cherbourg.
7	45	A Cherbourg.
10	30	A Barfleur & au large de la Hougue.
8	0	A la Hougue, au Port en Beſſin.
10	0	Iſiguy, Etrehan.
9	0	Caen, Dive.
1	15	Rouen.
9	15	Honfleur.
9	0	L'embouchure de la Seine, le Havre de Grace.
10	0	Fécamp, S. Valeri en Caux.
10	15	Dieppe.
10	30	Le Tréport, Quillebeuf.

La mer monte de 36 à 40 pieds à Granville & aux Iſles Angloiſes, & ſeulement de 18 depuis la Hougue juſqu'au Chef de Caux.

PICARDIE.

H.	M.	
10	30	Sur les côtes de Picardie.
10	45	S. Valery ſur Somme, Etaples & Boulogne.
11	0	Ambleteuſe.
11	30	Calais.

Depuis le Chef de Caux juſqu'au Pas de Calais la mer monte de 18 pieds.

FLANDRES.

H.	M.	
3	0	Hors les Bancs en mer.
12	0	Sur les Côtes près de terre.
11	30	Graveline.
12	0	Nieuport, Oſtende, l'Ecluſe.
11	45	Dunkerque.

En dedans des bancs, depuis le pas de Calais juſqu'à l'embouchure de l'Eſcaut, la mer monte de 18 pieds & de 15 ſeulement au large des bancs.

H.	M.	HEURES DE LA PLEINE MER.
		Côtes & Isles de Zélande.
1	0	Flessingue.
12	30	Anvers.
6	45	Armuyden.
1	45	Dordrecht.
4	30	Rotterdam.
3	45	Devant la vieille Meuse ;
3	0	A l'Embouchure de la Meuse, à la Brille & à Bergue.
1	45	Hors le Texel.
6	0	Dans le passage du Texel.
6	45	Dans la Rade des Marchands.
7	30	Près de Medenblick.
10	30	Horn.
12	15	Amsterdam.
3	0	Sur le Wlac de Frise.
9	30	A Wrek, à Delfzy.
12	0	Dans le passage de Vlic.
9	0	Hors le Vlic.
8	15	Embden.
12	15	

Aux embouchures de l'Escaut & de la Meuse, & hors le Texel le long de la Côte, la Mer monte de 20 pieds; en Rade des Marchands en dedans du Texel, de 15 ; à Amsterdam de 7 seulement.

ALLEMAGNE.

H.	M.	
		Hambourg.
6	15	Devant le Weser, à l'embouchure de l'Elbe.
12	0	Bremen.
5	45	Dans le Fade.
12	45	La mer monte de 15 pieds.

DANNEMARCK.

H.	M.	
		A Suyderfy.
1	30	Dans le Canal de Sylt.
12	15	Dans le Leidor.
12	30	La mer monte de 15 pieds, & de 8 seulement sur les côtes de Norvege.

H.	M.	HEURES DE LA PLEINE MER.
		ANGLETERRE.
3	45	Barwich.
3	15	Entrée de la Riviere de Rive, Neuwcaſtle, Hartel pole & dans la Tées.
4	15	Scarborough.
6	0	Hull.
5	15	Entrée de la Riviere de Humber.
6	45	Lynne ou Lyn-Regis, Blanchney.
9	15	Devant Yarmouth hors les bancs.
10	30	Yarmouth.
10	45	Orfort, Harwich, la Rade des Dunes.
1	30	L'Entrée de la Tamiſe.
3	0	Londres.
11	30	Nord-Forland, Sandwich, la Rye, Haſtingue.
12	45	Arundel.
10	30	Sur les bancs de Veenbrug & à la Rade de S. Hélene.
11	45	Portſmouth.
12	0	Southampton.
9	15	A l'Eſt de l'Iſle de Wicht, & au Havre de la Pole.
9	0	Aux Eguilles de l'Iſle de Wicht, & à Waymouth.
8	45	Dans le Raz de Portland.
5	30	Exmouth.
5	15	Torbay, Dartmouth, Plimouth, Fawic.
6	0	Falmouth.
4	45	Monſbaye, Baye de S. Yves.
4	30	Aux Sorlingues, & ſur toute la côte depuis l'extrémi té de l'Angleterre juſqu'à la pointe de Harland.
6	0	A l'Iſle Londay & à l'entrée du Canal de Briſtol.
6	45	Dans la Rade de Briſtol.
6	15	Cardif ou Glamorgan.
5	45	S. David & Carmarthen.
5	30	Milfort.

Aux Iſles Sorlingues, à l'Oueſt de l'Angleterre juſ qu'au Cap Lézard, la mer monte de 20 pieds; de 24 depuis le Cap Lézard juſqu'à Gouſtard, & depuis Port land juſqu'à l'Iſle de Wicht; de 18 dans la Rade de Sainte Hélene, & au Nord de l'Iſle de Wicht; de 16 le long

HEURES DE LA PLEINE MER.

H.	M.	
		de la Côte en allant vers les Dunes ; dans la Rade des Dunes & depuis l'Isle Tanor jusques devant la Tamise, de 12 pieds. Elle croît jusqu'à 15 pieds depuis l'entrée de la Tamise jusques devant Yarmouth, & à 18 au Nord d'Yarmouth jusqu'aux Côtes Septentrionales d'Ecosse, & aux Isles Orcades.

E C O S S E.

H.	M.	
12	30	Aux Isles Féro.
1	45	Aux Isles Schetland.
2	0	Aux Orcades.
3	15	A Aberdone.
3	30	A l'embouchure de la Riviere d'Edimbourg.
4	30	A Edimbourg.
10	45	Entrée Orientale de Lembs.
9	0	Entrée Occidentale.

La mer monte de 18 à 20 pieds, ainsi que sur les Côtes d'Irlande.

I R L A N D E.

H.	M.	
10	45	Karlingfort.
10	30	Strangfort.
10	15	Knocfergus.
6	45	Longhfoyle.
6	30	Longhsuvilly.
4	30	Dunghall.
4	15	Moye-Knisal, Gallouay.
3	45	Le long des Côtes Occidentales.
4	30	Dans les Bayes de Beterbuy & de Dingle.
6	0	Dans la Riviere de Limerik.
3	15	Au Havre de Smérik.
4	45	Dans la Baye de Kilmare, à Baltimore, à Corck.
5	15	Dans la Baye de Bantry.
4	30	Sur les Côtes Méridionales, an Cap de Clare, à Kinsal.
5	0	A Ross, à Dungarvan.
5	45	Waterford.
6	15	Cap Carnaroot.
10	30	Sur les Côtes depuis Grenord jusqu'à l'Isle d'Alque.
9	0	Dublin, l'Isle de Man.

HEURES DE LA PLEINE MER.

ITALIE.

Le mouvement des eaux est infensible dans prefque toute l'étendue de la mer Méditerranée. Il y a divers courans, mais fans flux & reflux. La mer ne monte fenfiblement que dans le Golphe de Venife, dans l'Archipel, & au fond de la mer Noire. A Venife elle monte de 3 pieds.

ASIE.

A Aden en Arabie la mer monte de 6 à 7 pieds.

A Tamarin aux Indes Orientales établiffement 9 heures. Hauteur des eaux 12 pieds.

Aux Molucques & fur la côte Occidentale de l'Ifle Formofe, la mer monte de 3 à 4 pieds.

Au détroit de Malaca, 6 pieds.

Côtes de la nouvelle Hollande, 25 à 30 pieds.

Guam ou Guaham une des Ifles Mariannes, 2 ou 3 pieds.

AFRIQUE.

Aux Canaries la mer monte de 7 à 8 pieds.

A l'Ifle de Gorée, 6 à 7 pieds.

Le long des Côtes de Guinée, 3 pieds : aux embouchures des Rivieres & entre les Ifles, 5 ou 6.

A l'embouchure de la riviere de S. Vincent fur la côte de Grain en Guinée, 8 ou 10 pieds au moins.

Au cap Corfe fur la côte d'Or, 6 à 7 pieds.

A Bandi fur la même côte de Guinée dans le Golphe, l'établiffement eft de 4 heures.

Entre l'Ifle de Loanda & la terre ferme d'Angola, la plus grande hauteur des eaux eft de 4 à 5 pieds. Mais elle eft de 8 pieds à l'embouchure de la riviere de Quanza.

A Cap de bonne Efpérance, établiffement 2 heur. 30 min. Hauteur des eaux, 3 pieds.

A l'Ifle de Socotora, vis-à-vis le Cap Guardafuy, éta-

HEURES DE LA PLEINE MER.

bliſſement, 6 heures. Le long de la côte, depuis le Cap de bonne Eſpérance juſqu'à la mer rouge, la mer monte de 6 pieds.

Au-deſſous de Suaquem dans la mer rouge, 10 pieds ; 4 ſeulement dans la Baye de Suaquem, & 6 ſur les côtes. La mer monte beaucoup plus haut vers Suez.

Amerique.

Dans la Baye d'Hudſon la mer monte juſqu'à 16 pieds.

A Louiſbourg, Hauteur des eaux 5 pieds 8 pouces. Etabliſſement, 7 heures 15 min.

Au détroit de **Fronſac**, 5 pieds 4 pouces. Heure 8 heures 30 minutes.

Au paſſage de Bacareau, 9 pieds en tems de Solſtices. Heure 8 heur. 15 min. Au fond de la Baye on fait monter l'eau à 60 ou 70 pieds.

Aux Antilles 3 pieds, & 4 pieds à S. Domingue.

Dans la Baye de Campêche, 6 ou 7 pieds.

A l'embouchure de la riviere des Amazones, ſelon Orellane, près de 30 pieds.

Au port S. Julien, 20 à 25 pieds.

A l'entrée Orientale du détroit de Magellan 21 pieds. Etabliſſement 11 heures.

A l'Iſle de Jean Fernandez, 7 pieds.

Sur la côte du Pérou, comme dans toute la zone torride, environ 3 pieds ; 14 à l'Iſle Gorgone ; 18 à 20 dans le Golphe S. Michel ; 16 à Guayaquil, à l'embouchure de la riviere des Eméraudes, & à Panama.

Sur la côte de Méxique depuis Panama 5 pieds ; 8 dans la baye de Caldéra ; 9 à Réalejo, & dans le Golphe d'Amapalla ; 10 à 11 dans le Golphe Dolce, & la riviere de Nicoya.

TABLE DE LA LONGITUDE ET DE LA LATITUDE
DES PRINCIPALES ETOILES DU ZODIAQUE.

Pour le 1 *Janvier* 1755

Lettres de Bayer.	Grandeur.	NOMS DES ETOILES.	S.	D.	M.	S.	D.	M.	S.	
µ	5	Au lien des Poiſſons	♈	19	41	39	3	4	25	S
ν	5	Au lien des Poiſſons		22	5	36	4	43	12	
α	3	Le Nœud des Poiſſons		25	57	22	9	5	10	
γ	3	L'Oreille du Bélier		29	45	59	7	3	58	N
β	3	La Corne précédente du ♉	♉	0	32	58	8	28	16	
ξ	4	A l'Ouïe de la Baleine		0	37	35	4	17	5	S
ξ	5	La Patte du Bélier		3	55	18	3	33	31	
2 ξ	4	A l'Ouïe de la Baleine		4	2	34	5	53	7	
α	2	La Luiſante du Bélier		4	15	10	9	57	25	N
µ	4	Dans la Tête de la Baleine		8	29	49	5	35	33	S
F	5	Dans le Nuage du Taureau		20	10	17	5	57	13	
η	3	La Luiſante des Pléïades		26	35	7	4	0	27	N
γ	3	La premiere des Hyades	♊	2	22	33	5	46	22	S
δ	4	Entre le Nez & l'Œil β du ♉		3	26	26	4	0	34	
θ	5	Entre le Nez & l'Œil Auſtr.		4	31	24	5	47	16	
ο	5	La Suivante		4	31	50	5	52	55	
ε	3	Œil Boréal		5	2	10	2	35	58	
α	1	Œil Auſtral. *Aldebaran.*		6	22	18	5	29	15	
β	2	Corne Boréale du Taureau		19	14	55	5	21	34	N
ζ	3	Corne Auſtrale		21	22	27	2	14	21	S
µ	3	Talon de Caſtor	♋	1	53	9	0	51	22	S
ν	4	Pied de Caſtor		3	23	19	3	6	3	
γ	2	Pied luiſant des Gemeaux		5	41	27	6	47	19	
	5	Dans la Jambe de Pollux		6	43	1	5	27	34	
δ	3	Côté de Pollux		15	6	35	0	13	7	
λ	4	Cuiſſe de Pollux		15	22	13	5	40	37	

Lettres de Bayer	Grandeur	Noms des Étoiles	Longitude S.	D.	M.	S.	Latitude D.	M.	S.	
α	2	Tête de Castor	♋ 16	50	19		10	3	48	N
β	2	Tête de Pollux		19	51	8	6	39	27	
ζ	5	Queue de l'Ecreviſſe		27	55	21	2	17	52	S
γ	4	L'Ane Boréal	♌ 4	7	59		3	9	41	N
δ	4	L'Ane Auſtral		5	18	39	0	3	46	S
ξ	4	Ongle d. la Patte préc. du ♌		18	14	43	3	11	22	
ν	4	Préced. au Cou du Lion		23	55	51	0	1	25	N
γ	2	Luiſante du Cou du Lion		26	10	4	8	47	27	
α	1	Cœur du Lion. *Regulus*		26	25	42	0	27	35	
a	5	Sous le Cœur du Lion		27	0	35	1	26	15	S
	5	Précédente au Ventre du ♌	♍ 1	25	38		1	2	27	
ρ	4	La Suivante		2	58	49	0	7	48	N
c	5	Sous le ventre du Lion		10	35	32	0	13	16	S
χ	4	Préc. à la dern. Cuiſſe du ♌		11	7	8	1	20	21	N
σ	4	Suivante		15	17	34	1	40	56	
τ	4	Genou ſuivant du Lion		18	6	1	0	34	4	S
β	3	Extrém. de l'Aile Auſt. de ♍		23	41	13	0	40	47	N
η	3	Précédente de la même Aile	♎ 1	25	51		1	22	1	
γ	3	Suivante de la même Aile		6	47	10	2	48	53	
δ	3	Ceinture de la Vierge		8	4	53	8	38	27	
θ	4	Derniere de l'Aile Auſtrale		14	49	23	1	45	29	
ζ	3	Suivante de la Ceinture		18	44	49	8	39	9	
ι	5	Au Côté de la Vierge.		19	54	17	2	47	25	
α	1	Epy de la Vierge. *Azimech*		20	26	11	7	1	54	S
κ	4	Dans les plis de la Robe	♏ 1	5	39		2	55	40	N
α	2	Baſſin Auſtral de la Balance		11	41	39	0	22	51	
β	2	Baſſin Boréal		15	58	39	8	32	3	
γ	3	Serre du *Scorpion*		17	17	30	7	35	56	S
γ	3	Suiv. du Baſſin Boréal de ♎		31	43	52	4	25	27	N
η	4	Derniere du même Baſſin		34	57	37	4	2	52	
ψ	4	La Boréale du Bras de ♎		26	59	3	6	7	48	
δ	3	Milieu du Front du ♏		29	10	49	1	56	31	S
β	2	Boréale du Front du ♏		29	47	55	1	3	9	N

Lettres de Bayer.	Grandeur.	NOMS DES ETOILES.	Longitude S.	D.	M.	S.	Latitude D.	M.	S.	
φ	4	Boréale du Pied préc. du Serp.	♐	5	16	25	5	14	41	B
α	1	Cœur du Scorpion. *Antares*		6	22	20	4	32	11	
m	5	A l'Or. de la 1re Ja. du Serp.		7	53	9	4	28	25	B
θ	3	Pied suiv. du Serpentaire		17	58	10	1	47	47	
γ	3	Epaule Australe du Sagittaire		27	50	46	6	55	51	
δ	5	Main du Sagittaire	♑	1	9	11	6	25	21	
σ	3	Epaule gauche du ♐		8	58	11	3	23	32	
ζ	3	Bras droit du ♐		10	12	21	7	7	55	
π	3	Suivante de sa Tête		12	51	43	1	28	59	B
ρ	3	Aile du Sagittaire		16	3	19	4	15	43	
α	3	Précéd. de la Tête du ♑	≈	0	22	18	7	1	31	
				0	27	20	6	58	6	
β	3	Suivante de la Tête du ♑		0	38	56	4	37	27	
γ	3	Précéd. de la Queue du ♑		18	22	41	2	31	18	
δ	3	Suivante		20	8	13	2	32	19	
λ	5	A l'extrémité de la Queue		21	36	3	1	57	24	B
μ	5	A l'extrémité de la Queue		22	24	11	0	39	10	
β	3	Epaule précéd. du Verseau		19	59	21	8	38	43	
σ	5	A la Cuisse du Verseau	♓	1	58	53	1	12	33	
γ	3	Au Bras du Verseau		3	18	10	8	14	49	B
δ	3	Jambe du Verseau. *Schéat*		5	28	48	8	11	17	
λ	+	Dans l'Effusion de l'eau		8	9	40	0	23	0	
φ	5	Dans l'Effusion de l'eau		13	43	56	1	1	25	
β	+	Tête du Poisson Austral		15	10	5	9	3	19	B
γ	4	La Suivante du même		17	58	43	7	16	43	
	5	Entre les Poissons & la Baleine		24	37	35	5	42	33	
	5	Entre les ♓ & la Baleine		24	52	33	3	7	49	
	5	Entre les ♓ & la Baleine		25	31	37	5	46	55	
	5	Entre les ♓ & la Baleine		24	48	3	2	57	45	
ι		A la Queue de la Baleine		26	30	0	10	1	30	

TABLE DE L'ASCENSION DROITE ET DE LA DÉCLINAISON
DES PRINCIPALES ETOILES AU PREMIER JANVIER 1756.

Lett. de Bay.	Grandeur.	NOMS DES ETOILES.	Ascension droite en Dégrés. D. M. S.	Ascension droite en Temps. H. M. S.	Déclinaison. D. M. S.
γ	2	Aile de Pégase. *Algenib*	0 10 31	0 0 42	13 49 36 N
	2	Tête du Phénix	3 32 32	0 14 10	43 37 43 S
α	2	Poitrine de Caffiopée	6 42 4	0 26 48	6 41 34 N
β	2	Queue de la Baleine	7 49 59	0 31 20	19 19 53 S
α	2	La Polaire	10 53 47	0 43 35	87 59 58 N
β	2	Ceinture d'Andromede	14 1 59	0 56 8	34 19 13
	1	*Acharnar*	22 9 6	1 28 36	58 29 0 S
γ	2	Pied d'Andromede	27 15 21	1 49 1	41 8 47 N
α	2	Luifante du Bélier	28 22 10	1 53 29	22 17 52
α	2	Côté de Perfée	46 45 40	3 7 3	48 58 9
α	1	Œil du ♉. *Aldebaran*	65 28 47	4 21 55	15 59 47
α	1	La Chevre. *Alhaiot*	74 40 23	4 58 42	45 43 23
β	1	Pied d'Orion. *Rigel*	75 42 11	5 2 49	8 30 2 S
β	2	Corne Boréale du Taureau	77 43 8	5 10 53	28 22 32 N
γ	2	Epaule Occid. d'Orion	78 0 55	5 12 4	6 6 21
ε	2	Seconde du Baudr. d'Orion	80 57 46	5 23 51	1 22 43 S
α	2	Préc. des Claires de la Col.	82 42 30	5 30 50	34 13 8
α	1	Epaule Orient. d'Orion	85 29 45	5 41 59	7 20 37 N
β	2	Genou du grand Chien	92 59 22	6 11 57	17 51 17 S
	1	*Canopus*	94 38 8	6 18 33	52 34 20
α	1	*Sirius*	98 35 56	6 34 24	16 23 50
η	2	Queue du grand Chien	108 36 39	7 14 27	28 50 38
α	2	Tête de Caftor	109 44 51	7 18 59	32 23 53 N
α	1	*Procyon*	111 37 41	7 26 31	5 49 48
β	2	Tête de Pollux	112 35 23	7 30 22	28 35 36
	2	Rame du Vaiffeau	118 45 16	7 55 1	39 19 38 S
	2	Au Corps du Vaiffeau	129 29 34	8 37 58	53 49 19
	1	Racine du Chêne	137 36 33	9 10 26	68 42 55

Let. de Bay.	Grandeur	Noms des Etoiles	Ascension droite en Dégrés. D.	M.	S.	Ascension droite en Temps. H.	M.	S.	Déclinaison. D.	M.	S.	
α	2	Cœur de l'Hydre	138	54	4	9	15	36	7	36	43	S
α	1	Cœur du Lion. *Regulus*	148	49	43	9	53	19	13	6	18	N
γ	2	Cou du Lion	151	37	4	10	6	28	21	4	3	
β	2	De la grande Ourse	161	44	4	10	46	56	57	41	2	
δ	2	Cuisse du Lion	165	16	17	11	1	5	21	51	33	
β	2	Queue du Lion	174	8	58	11	36	36	15	56	8	
γ	2	Queue de la grande Ourse	175	12	59	11	40	52	55	3	1	
ξ	1	Pied de la Croix	183	18	43	12	13	15	61	44	47	S
ε	2	Pr. de la Queue de la gr. O.	190	48	7	12	43	12	57	17	17	N
α	1	Epy de la Vierge	198	5	38	13	12	23	9	52	31	S
γ	2	Genou droit du Centaure	206	42	50	13	46	51	59	10	49	
α	1	*Arcturus*	211	8	7	14	4	32	20	28	7	N
α	1	Pied du Centaure	215	49	8	14	23	17	59	48	47	S
α	2	Bassin Austral de la ♎	219	21	18	14	37	25	15	0	43	
β	2	Bassin Boréal	225	58	47	15	3	55	8	27	54	
α	2	Claire de la Couronne	231	4	45	15	24	19	27	23	2	N
α	2	Cou du Serpent	233	4	11	15	32	17	7	12	38	
β	2	Claire du Front du ♏	237	49	22	15	51	17	19	7	0	S
α	1	Cœur du ♏ *Antares*	243	37	10	16	14	29	25	52	8	
θ	2	Cinquième Nœud du ♏	259	57	23	17	19	50	42	48	44	
α	2	Tête du Serpentaire	260	54	16	17	23	37	12	45	10	N
ε	2	Arc Austral du ♐	271	59	40	18	7	59	34	28	13	S
α	1	La Lyre. *Vega*	277	10	11	18	28	41	38	34	42	N
α	1	Claire de l'Aigle. *Altair*	294	43	8	19	38	53	8	14	39	
	2	Œil du Paon	301	32	40	20	6	11	57	28	25	S
α	2	Queue du Cygne. *Deneb*	308	17	1	20	33	8	44	24	59	N
	2	Aile Gauche de la Grue	328	11	6	21	52	54	48	7	39	S
	2	Queue de la Grue	336	59	34	22	27	58	48	9	1	
α	1	*Fomalhaut*	341	0	49	22	44	3	30	54	46	
β	2	Cuisse de Pégase. *Schéat.*	342	59	34	22	51	58	26	45	48	N
α	2	Aile de Pégase. *Marcnab*	343	8	55	22	52	36	13	53	54	
α	2	Tête d'Androm. *Alpheratz*	358	57	20	23	55	49	27	44	32	

TABLE DES LONGITUDES ET LATITUDES DES PRINCIPAUX
LIEUX MARITIMES DE LA TERRE.

NOMS DES LIEUX.	Distance au Mérid. de Paris — En Dégrés.			Distance au Mérid. de Paris — En Temps.			Latitude ou haut. du Pole			Autorités.
	D.	M.	S.	H.	M.	S.	D.	M.	S.	
Abrolhos, *Banc de Sable*	36	45	15 O	2	27	1	20	0	0 S	Anf.
Acapulco, *Amérique*	108	37	15 O	7	14	29	16	45	0 N	Anf.
Agde	1	8	11 E	0	4	33	43	18	57	*
Alep, *Syrie*	35	0	0 E	2	20	0	31	45	23	*
Aléxandrette	34	0	0 E	2	16	0	36	35	10	*
Aléxandrie, *Egipte*	27	56	30 E	1	51	46	31	11	20	*
Alger	0	7	15 O	0	0	29	36	49	30	*
Amfterdam	2	39	0 E	0	10	36	52	22	45	*
Antibe	4	48	33 E	0	19	14	43	34	50	*
Archangel	36	35	0 E	2	26	20	64	34	0	*
Arica, *Pérou*	73	31	0 O	4	54	4	18	26	38 S	Feuil.
Athenes	21	32	30 E	1	26	10	38	5	0 N	
Balafore, *Indes Orientales*	83	40	0 E	5	34	40	21	20	0	Hall.
Barcelone	0	7	0 O	0	0	28	41	26	0	*
Batavia, *Indes Orientales*	98	24	26 E	6	33	38	6	15	0 S	Jef.
Bayonne	3	50	6 O	0	15	20	43	29	21 N	*
Bermudes, *Ifles*	65	47	45 O	4	23	11	32	25	0	Harr.
Bocachica, *Amérique*	77	52	30 O	5	11	30	10	20	25	Harr.
Bordeaux	2	54	49 O	0	11	39	44	50	18	*
Breft	6	50	50 O	0	27	23	48	23	0	*
Buenos-Aires, *Amérique*	60	51	15 O	4	3	25	34	34	44 S	*
Cadix	8	21	15 O	0	33	25	36	31	7 N	*
Le Caire, *Egipte*	29	6	15 E	1	56	25	30	2	30	*
Calais	0	29	4 E	0	1	56	50	57	31	*
Candie	22	58	0 E	1	31	52	35	18	45	*
La Canée, *Ifle de Candie*	21	52	30 E	1	27	30	35	28	45	Feuil.
Canfeau, *Acadie.*	63	15	0 E	4	13	0	45	20	7	Chab.
Cap Blanc, *Amérique*	69	15	15 O	4	37	1	47	10	0 S	Anf.
Cap de Bonne-Efpérance	16	10	0 E	1	4	40	33	55	12	*
Cap Finifterre	11	39	40 O	0	46	39	42	54	2 N	Obf.
Cap Lizard	7	5	10 O	0	28	21	49	55	0	Hall.

Noms des Lieux.	Distance au Mérid. de Paris						Latitude ou haut. du Pole.			Autorités.
	En Degrés.			En Temps.						
	D.	M.	S.	H	M	S.	D.	M.	S.	
Cap de Sable, *Acadie*	67	50	0 O	4	31	20	43	23	45 N	Chat
Cap de la V. Mar. *Amér.*	71	59	15 O	4	47	57	52	21	0 S	Anf
Cap Vert	19	30	0 O	1	18	0	14	43	0 N	*
Cartagene, *Amérique*	77	46	0 O	5	11	4	10	26	35	*
Cartagene, *Europe*	3	0	0 O	0	12	0	37	36	30	Obf
Ifle de fainte Catherine	50	0	15 O	3	20	1	27	47	0 S	Anf
Caye-Saint-Louis, *Am.*	75	26	0 O	5	1	44	18	19	0 N	*
Cayenne, *Amérique*	54	35	0 O	3	38	20	4	56	0	*
Chandenagor, *Ind. Ori.*	86	9	15 E	5	44	37	22	51	26	*
Cette, *au Fanal du Port*	1	21	28 E	0	5	26	43	24	40	Caff
Cherbourg	3	58	11 O	0	15	53	49	38	26	*
Collioure	0	44	30 E	0	2	58	42	31	13	Caff
La Conception *Amér.*	75	0	0 O	5	0	0	35	42	53 S	*
Conon *ou Pulo Condor*	105	0	0 E	7	0	0	8	36	0 N	Gau
Conftantinople	26	33	30 E	1	46	14	41	0	0	*
Copenhague	10	25	15 E	0	41	41	55	40	45	*
Coquimbo, *Chili*	73	35	45 O	4	54	23	29	54	40 S	Feui
Tour de Cordouan	3	36	45 O	0	14	27	45	35	10 N	Caff
Dantzig	16	11	0 E	1	4	44	54	22	0	*
Ifle Dauphine, *Miffif.*	90	19	0 O	6	1	16	29	40	0	Caff
Dieppe	1	15	48 O	0	5	3	49	55	17	*
Dublin	9	20	0 O	0	37	20	52	12	0	*
Dunkerque	0	2	23 E	0	0	10	51	2	4	*
Edimbourg	5	25	15 O	0	21	41	55	58	0	*
Ifle de Fer, *Côte Occid.*	20	2	30 O	1	20	10	27	47	20	Obf
Fu-cheu, *Chine*	117	2	30 E	7	48	10	26	2	24	Jef
Gênes	6	15	45 E	0	25	3	44	25	0	*
Goa, *Indes Orientales*	71	25	0 E	4	45	40	15	31	0	*
Gorée, *Ifle d'Afrique*	19	25	0 O	1	17	40	14	39	51	Var
Granville	3	57	7 O	0	15	48	48	50	11	*
La Guadaloupe	64	33	15 O	4	18	13	14	0	0	Var
Guam, *Ifles Mariannes*	134	50	0 E	8	59	20	13	25	0	Mor
La Havane, *Ifle Cuba*	84	8	30 O	5	36	34	23	11	50	Caff

NOMS DES LIEUX.	En Dégrés.				En Temps.			haut. du Pole.				Autorités.
	D.	M.	S.		H.	M.	S.	D.	M.	S.		
Le Havre de Grace	2	14	3	O	0	8	56	49	29	9	N	Thur.
Isle de Sainte Helene	8	20	0	O	0	33	20	15	55	0	S	Hall.
Isle de Jean Fernandez	79	35	0	O	5	18	20	33	39	0		Anf.
Quebec	72	13	0	O	4	48	52	46	55	0	N	*
Lima, *Perou*	79	9	30	O	5	16	38	12	1	15	S	*
Lisbonne	11	32	30	O	0	46	10	38	42	20	N	Obj.
Livourne	8	2	0	E	0	32	8	43	33	2		Caff.
Londres	2	25	15	O	0	9	41	51	31	0		*
Louisbourg	62	12	30	O	4	8	50	45	53	40		Chab.
Macao, *Chine*	111	26	15	E	7	25	45	22	12	44		*
Majorque	0	9	45	O	0	0	39	39	35	0		Huir.
Malaca, *Indes Orientales*	99	45	0	E	6	39	0	2	12	0		*
Malte	12	9	30	E	0	48	38	35	54	0		*
Manille, *Indes Oriental.*	118	0	0	E	7	52	0	14	30	0		*
Marseille	3	2	8	E	0	12	9	43	17	45		*
La Martinique	63	18	45	O	4	13	15	14	43	9		*
Méxique, *Amérique*	106	0	0	O	7	4	0	20	0	0		*
Milo, *Archipel*	22	40	0	E	1	30	40	36	41	0		Feuil.
Mont S. Michel	4	0	0	O	0	16	0	48	38	11		Caff.
Nan-kin, *Chine*	116	21	4	E	7	45	24	32	4	30		Jef.
Nantes	3	53	48	O	0	15	35	47	13	17		*
Naples	12	20	0	E	0	49	20	40	50	45		*
Nice	4	57	22	E	0	19	49	43	41	54		*
Nieuport	0	24	55	E	0	1	40	51	7	41		*
Nouvelle Orléans	92	18	45	O	6	9	15	29	57	45		*
Nouvelle York	76	29	0	O	5	5	56	40	40	0		Hall.
Olinde, *Brésil*	37	30	0	O	2	30	0	8	13	0	S	*
Port de l'Orient	5	43	0	O	0	22	52	47	44	50	N	Caff.
Ostende	0	35	2	E	0	2	20	51	13	55		*
Paris *à l'Observatoire*	0	0	0		0	0	0	48	50	10		*
Saint Petersbourg	28	0	0	E	1	52	0	60	0	0		*
Pic des Açores	30	30	0	O	2	2	0	38	35	0		*
Pic de Ténérif	18	52	3	O	1	15	28	28	12	54		*

NOMS DES LIEUX.	Distance au Mérid. de Paris.							Latitude ou haut. du Pole.				Autorités.
	En Dégrés.				En Temps.							
	D.	M.	S.		H.	M.	S.	D.	M.	S.		
Pondichéry	77	52	30 E		5	11	30	11	53	47 N		✳
Portobelo , *Amérique*	82	10	0 O		5	28	40	9	33	5		✳
Port de paix , *Amérique*	61	15	57 O		4	5	4	19	58	0		Desh.
Port de S. Julien, *Amér.*	70	6	15 O		4	40	25	49	30	0 S		Ans.
Porto Cabeillo , *Amér*	69	52	0 O		4	39	28	10	30	50 N		Feuil.
Port Roy. de la Jamaïq	76	10	0 O		5	4	40	17	40	0		Harr.
Quanton , *Chine*	110	43	15 E		7	22	53	23	8	0		✳
Rio-Janeyro , *Amérique*	45	5	0 O		3	0	20	22	53	30 S		✳
Rochefort	3	18	34 O		0	13	14	46	2	34 N		Thur.
La Rochelle	3	35	44 O		0	14	23	46	9	43		✳
Rome	10	9	15 E		0	40	37	41	54	0		✳
Rotterdam	2	30	0 E		0	10	0	51	56	0		✳
Rouen	1	14	40 O		0	4	59	49	26	23		✳
Ste Marie , *Isle Cuba*	80	29	30 O		5	22	38	21	26	20		Cass.
Sainte Marthe , *Améric.*	76	24	30 O		5	5	38	11	26	40		✳
Saint Esprit , *Isle Cuba*	82	9	30 O		5	28	38	21	57	25		Cass.
Saint Malo	4	22	22 O		0	17	29	48	38	59		✳
Salonique	20	48	0 E		1	23	12	40	41	10		✳
Siam	98	30	0 E		6	34	0	14	18	0		✳
Smyrne	24	59	45 E		1	39	59	38	28	7		✳
Stockolm	15	47	30 E		1	3	10	59	21	20		Obs.
Surate	70	0	0 E		4	40	0	21	10	0		✳
Tanjaor , *Indes Orient.*	76	32	0 E		5	6	8	11	27	0		Bouch.
Tay-wan , *Isle Formose*	117	35	20 E		7	50	21	23	0	0		Jes.
Terra del Gada, *Madag.*	42	10	0 E		2	48	40	19	29	0 S		Hall.
Torneâ	21	52	30 E		1	27	30	65	50	50 N		✳
Toulon	3	36	35 E		0	14	26	43	7	24		✳
Trébisonde	42	57	45 E		2	51	51	41	3	54		Beze.
Tripoly	10	45	15 E		0	43	1	32	53	40		✳
Valparais , *Chili*	74	39	15 O		4	58	37	33	0	19 S		✳
Vannes	5	6	26 O		0	20	26	47	39	14 N		✳
Venise	9	44	36 E		0	38	58	45	25	0		✳
Ylo , *Perou*	73	33	0 O		4	54	12	17	36	15 S		✳

EXPLICATION ET USAGE
DES
TABLES PRÉCÉDENTES.
DU TEMPS.

ON a cru devoir compter le temps à la maniere des Aftronomes. La répétition des mêmes heures en un jour a femblé pouvoir caufer de la confufion dans certains calculs. Nous commençons donc le jour à midi, & nous comptons 24 heures fans interruption jufqu'à midi du jour fuivant. Ainfi les 12 premieres heures de nos jours appartiennent au foir du jour même, & dans le même ordre qu'elles font marquées : les 12 dernieres font celles du matin du jour fuivant.

EXEMPLES.

Je trouve qu'un Phénomene doit arriver le 23 Novembre à 3 heures 37 minutes. Puifque l'heure eft au-deffous de 12 heures, le Phénomene arrivera réellement le jour marqué 23 Novembre à 3 heures 37 minutes du foir.

Mais un autre Phénomene eft annoncé pour le 30 Juin à 23 heures 0 minutes. L'heure furpaffe 12. Il faut en ôter 12 heures : il reftera 11 heures 0 minutes. Le Phénomene arrivera non le 30 Juin, mais le lendemain premier Juillet à 11 heures du matin.

Du rapport du temps fous les différens Méridiens.

TOUTES les heures font ici comptées fur le Méridien de Paris. Ainfi pour fe fervir de cet ouvrage autre part qu'à Paris, il eft effentiel de connoître le rapport de l'heure de Paris avec celle que l'on compte par-tout ailleurs. La méthode en est aisée.

PROBLEME I.

L'heure que l'on compte à Paris étant connue, on demande quelle heure on compte au même instant sous un autre Méridien dont la longitude est connue.

RÉDUISÉZ en temps la différence de longitude entre Paris & le lieu proposé, à raison d'une heure pour 15 dégrés. Cette réduction se peut facilement faire avec le secours de la Table qui se trouve à la page 103. Ajoutez cette différence à l'heure de Paris, ou retranchez-la de cette heure, selon que le lieu proposé est plus Oriental ou plus Occidental que Paris ; la somme ou la différence donnera l'heure que l'on compte pour lors sous cet autre Méridien. Si cependant la somme excédoit 24 heures, il faudroit en retrancher 24 heures ; le reste donneroit l'heure, mais pour le jour suivant. Pareillement si l'heure de Paris étoit trop foible, pour qu'on put en retrancher la différence des Méridiens, il faudroit y ajouter 24 heures. On feroit ensuite la soustraction, & la différence donneroit, comme ci-dessus, l'heure demandée, mais pour le jour précédent.

EXEMPLES.

Un Phénomene doit arriver à Paris à 4ʰ 30ʹ. On demande quelle heure il sera pour lors à Constantinople. Je suppose cette derniere Ville plus Orientale que Paris de 26° 33ʹ 30ʺ.

Soit que l'on divise 26° 33' 30" par 15; soit qu'on ait recours à la Table de la page 103, selon laquelle 26° se réduisent à 1ʰ 44'; 33' à 2' 12" & 30" à 2": on trouvera également que 26° 33' 30" doivent donner 1ʰ 46' 14". Puisque Constantinople est plus Orientale que Paris, il faut ajouter 1ʰ 46' 14" à l'heure donnée 4ʰ 30'; la somme est 6ʰ 16' 14". Donc il sera 6ʰ 16' 14" à Constantinople, lorsque l'on ne comptera que 4ʰ 30' à Paris.

On a donné page 141 une Table des différences de longitude entre Paris & plusieurs lieux maritimes de la Terre. Cette différence est proposée d'abord en dégrés & parties de dégrés. Les lettres E, O, désignent la qualité de cette différence, selon que les lieux sont à l'Est ou à i'Ouest de Paris, c'est-à-dire, à l'Orient ou à l'Occident de cette ville. Dans la colomne suivante on trouve ces mêmes différences réduites en temps. On y auroit vu, sans recourir à la Table de la page 103, que Constantinople est plus Orientale que Paris d'une heure 46' 14".

La Conjonction inférieure de Vénus doit arriver à Paris le 16 Août à 21ʰ 43'. On demande quelle heure il sera pour lors à Quanton dans la Chine.

Quanton est plus Orientale que Paris de 100° 43' 15", ou de 7ʰ 22' 53". Ajoutez cette différence à l'heure donnée. La somme sera 29ʰ 5' 53". La Conjonction de Vénus arrivera donc à Quanton le 16 Août à 29ʰ 5' 53", ou plutôt, en ôtant 24ʰ, elle arrivera le 17 Août à 5ʰ 5' 53".

La Nouvelle Lune Ecliptique du 25 Août est marquée pour Paris à 6ʰ 51' 5". On veut sçavoir quelle heure il sera pour lors à Méxique en Amérique.

Cette ville est plus Occidentale que Paris de 106° ou de 7ʰ 4'. Otez cette différence de l'heure donnée 6ʰ 51' 5". La soustraction ne peut se faire.

Ajoutez donc 24ʰ à l'heure donnée , & au lieu de compter le 25 Août 6ʰ 51' 5", comptez feulement le 24 Août 30ʰ 51' 5". De cette heure ôtez la différence des Méridiens 7ʰ 4'. Il reſtera 23ʰ 47' 5". C'eſt l'heure de la Conjonction Ecliptique le 24 Août à Méxique.

PROBLEME II.

La longitude d'un Méridien différent de celui de Paris eſt connue ainſi que l'heure que l'on compte fous ce Méridien : on demande quelle heure il eſt pour lors à Paris.

IL faut opérer abſolument de même. La feule différence eſt qu'il faut ôter de l'heure connue la diſtance des Méridiens, ſi le lieu propoſé eſt plus Oriental que Paris. Il faut l'ajouter au contraire , lorſque le lieu eſt ſitué à l'Occident de Paris. Ainſi je ne m'arrêterai point à en donner des exemples.

PROBLEME III.

Etant donnée l'heure , tant celle de Paris que celle que l'on compte au même inſtant fous un autre Méridien : on demande la différence des longitudes ou des Méridiens.

LA différence même des heures donnera celle des Méridiens. Le Méridien fous lequel on comptera une heure plus avancée , fera plus Oriental que l'autre. On pourra réduire cette différence d'heures en dégrés à raiſon de 15° par heure , ou en conſultant la Table de la page 102.

E X E M P L E.

L'Emerſion d'un Satellite de Jupiter eſt arrivée à Paris à 9^h 32' 50". Sous un autre Méridien on a vu ce Phénomene à 6^h 15' 25"; c'eſt-à-dire 3^h 17' 25" plutôt qu'à Paris. La différence des heures donnera directement celle des Méridiens. Et puiſqu'on comptoit une heure plus avancée à Paris que ſous cet autre Méridien, le Méridien de Paris doit être plus Oriental. Donc cet autre Méridien eſt diſtant de celui de Paris de 3^h 17' 25" vers l'Occident. Selon la Table de la page 102, 3^h donnent 45 dégrés; 17' donnent 4° 15'; enfin 25" produiſent 6' 15". Donc 3^h 17' 25" ſe réduiſent à 49° 21' 15". C'eſt la différence de longitude entre Paris & le Méridien ſous lequel l'Emerſion de ce Satellite a été obſervée.

Ce que jai dit du Méridien de Paris dans cet Exemple peut manifeſtement s'entendre de tout autre Méridien connu. Il ſuit donc de ce Problême que le grand art d'apprétier la différence des Méridiens ou les longitudes terreſtres, conſiſte principalement à découvrir l'heure, que l'on compte ſous un Méridien connu, à un inſtant quelconque donné ou déterminé ſous un autre Méridien dont on ne connoît pas la poſition.

A V E R T I S S E M E N T.

Sur la Table de la longitude & de la latitude des Villes.

Dans la Table de la page 141, aux différences de longitude entre Paris & les principales places maritimes de la Terre, on a ajouté les latitudes ou hauteurs de Pole des mêmes places. La plupart de ces longitudes & latitudes ſont déduites des obſervations de Meſſieurs de l'Académie Royale des

Sciences. Pour ne rien hazarder de moi-même dans une matiere ſi délicate, je marque dans une derniere colomne les noms de ceux qui ont fait ces obſervations. Une Etoile ✳ m'a paru ſuffire pour autoriſer toutes les poſitions conformes à celles de la Connoiſſance des temps, quoique ſouvent j'aie eu recours à d'autres ſources. Les poſitions déterminées par les obſervations de Meſſieurs Caſſini, Varin, Duglos, Deshayes (ces trois ont ſouvent obſervé enſemble, quoique je n'en nomme qu'un ſeul) Harris, Picard, Street, de Chabert, & par les PP. Feuillée, Bouchet, Beze, Moralez, Gaubil & autres Jéſuites, ſont déſignées par les lettres initiales du nom des obſervateurs. Il en eſt de même des ſituations que j'ai tirées de la carte de M. de Thury, & des Tables latines de M. Halley. J'ai trouvé pluſieurs déterminations de longitude & de latitude dans l'édition Angloiſe du voyage de M. Anſon. Je les ai marquées du nom même de cet Amiral. Je n'en garentis pas abſolument la préciſion: mais elles me paroiſſent faites par une perſonfonne aſſez intelligente. Je crois les latitudes exactes. Quant aux différences des Méridiens, j'ai cru devoir les rectifier ſur d'autres autorités. J'ai enfin déſigné par les lettres *Obſ.* certaines poſitions particulieres fondées ſur des obſervations qui m'ont été communiquées par M. le Comte de la Galiſſonniere & par Meſſieurs le Monnier & Bory.

DES MOUVEMENS DU SOLEIL.

Dans la premiere page de chaque mois on trouve la longitude ou le lieu du Soleil, ſon Aſcenſion droite, & ſa déclinaiſon pour tous les jours à midi, Méridien de Paris.

P r o b l e m e IV.

Trouver le lieu, l'Afcenfion droite, la décli-
- naifon du Soleil pour quelque heure que ce
foit au Méridien de Paris.

Prenez la différence entre le lieu, l'Afcenfion
droite, ou la déclinaifon du Soleil au Midi qui
précede immédiatement l'heure donnée, & celui
du midi qui fuit immédiatement. Dites enfuite :
Comme 24^h font à l'heure propofée ; ainfi la différence trouvée eft à un 4e terme, quil faut toujours
ajouter au lieu & à l'Afcenfion droite du midi précédent Mais quant à la déclinaifon, il faut examiner fa progreffion, & lui ajouter ce 4e terme,
ou l'en retrancher; felon qu'elle augmente ou
qu'elle diminue d'un midi au midi fuivant.

Il peut arriver aux deux jours des Equinoxes
qu'on ne pourra pas retrancher le 4e terme de la
déclinaifon marquée au midi précédent. En ce cas
il faut retrancher cette déclinaifon du 4e terme, le
refte donnera comme auparavant la déclinaifon demandée, mais avec changement de dénomination :
c'eft-à-dire que la déclinaifon de Méridionale fera
devenu Septentrionale, ou au contraire.

Si l'heure propofée étoit quelque heure du matin, felon notre maniere ordinaire de compter, il
faudroit y ajouter 12 heures, & la rapporter au jour
précédent, pour la réduire à la maniere de compter Aftronomique.

E x e m p l e s.

On demande le lieu du Soleil le 21 Octobre à
4^h 48' du foir.

Le 21 Octobre à midi le Soleil eft en 28° 29' 51"
de la Balance, & le 22 à midi en 29° 29' 42" du

même ſigne. La différence eſt de 59′ 51″. Dites : Comme 24ʰ ſont à 4ʰ 48′ ; ainſi 59′ 51″ ſont à 11′ 58″ qu’il faut ajouter à 28° 29′ 51″ lieu que le Soleil occupe dans la Balance le 21 Octobre à midi. La ſomme 28° 41′ 49″ ſera le lieu du Soleil dans le même ſigne à 4ʰ 48′.

On veut connoître la déclinaiſon du Soleil le 8 Septembre à 4 heures du matin, c’eſt-à-dire Aſtronomiquement le 7 Septembre à 16 heures.

Le 7 Septembre à midi la déclinaiſon Septentrionale du Soleil eſt de 5° 51′ 7″, & le 8 à la même heure de 5° 28′ 29″. La différence eſt 22′ 38″. Je dis : Comme 24 heures ſont à 16 heures ; ainſi 22′ 38″ ſont à 15′ 5″, qu’il faut retrancher de la déclinaiſon de midi du 7 Septembre, parceque la déclinaiſon du Soleil va en diminuant du 7 au 8. Ainſi le 7 à 16 heures la déclinaiſon ne ſera plus que de 5° 36′ 2″ Septentrionale.

PROBLEME V.

Trouver le lieu, l’Aſcenſion droite, ou la déclinaiſon du Soleil ſoit à midi, ſoit à toute autre heure du jour, ſous un Méridien dont la longitude eſt connue.

Réduisez l’heure propoſée à l’heure du Méridien de Paris, ainſi qu’il eſt enſeigné au 2ᵉ Problême ; & cherchez enſuite par le Problême précédent le lieu, l’Aſcenſion droite, ou la déclinaiſon du Soleil pour cette heure du Méridien de Paris.

EXEMPLE.

On demande quelle ſera l’Aſcenſion droite du Soleil le 20 Juillet à 10ʰ 38′ 20″ ſous le Méridien de Stokolm.

Puiſqu

Puifque Stokolm eft plus Orientale que Paris d'une heure 8' 20" ; de l'heure du Méridien de Stokolm il faut ôter 1ʰ 8' 20" pour avoir l'heure du Méridien de Paris. Donc lorfqu'il eft à Stokolm 10ʰ 38' 20", on ne compte à Paris que 9ʰ 30'. Cherchez l'Afcenfion droite pour Paris le 20 Juillet à 9ʰ 30', & vous l'aurez trouvée pour Stokolm à 10ʰ 38' 20". Selon la méthode indiquée dans la folution du Problème précédent, l'Afcenfion droite du Soleil fera pour lors de 120° 30' 39".

PROBLEME VI.

Trouver quel jour & à quelle heure le Soleil doit avoir un lieu, une Afcenfion droite, ou une déclinaifon déterminée.

CHERCHEZ dans les premieres pages de chaque mois 2 jours confécutifs, tels que par exemple la déclinaifon déterminée fe trouve entre les déclinaifons marquées au midi de ces deux jours. Le premier de ces deux jours fera celui qu'on vouloit trouver.

Pour ce qui regarde l'heure, prenez 1° la différence de déclinaifon entre le midi de ces deux jours; 2° la différence de la déclinaifon déterminée à la déclinaifon marquée au midi du premier jour; & dites : Comme la premiere différence eft à la feconde ; ainfi 24 heures font à l'heure requife.

Si les déclinaifons dont on veut prendre la différence étoient de différentes dénominations, comme cela doit arriver aux deux jours des Equinoxes, on conçoit facilement qu'il faudroit prendre leur fomme au lieu de leur différence.

On demande quel jour & à quelle heure le Soleil aura 15° 30′ de déclinaison Méridionale.

Le Soleil peut avoir cette déclinaison & au mois de Février & au mois de Novembre. Elle se trouve d'abord au mois de Février entre la déclinaison du midi du 6 & celle du 7. Le 6 la déclinaison est de 15° 41′ 29″, & le 7 de 15° 22′ 54″. La différence est de 18′ 35″. D'ailleurs la différence entre la déclinaison du 6 à midi & la déclinaison proposée est de 11′ 29″. Dites : Comme 18′ 35″ sont à 11′ 29″; ainsi 24 heures sont à 14ʰ 49′ 50″. Le Soleil aura donc 15° 30′ de déclinaison Méridionale le 6 Février à 14ʰ 49′ 50″. On trouveroit de même qu'il doit encore avoir cette déclinaison le 3 Novembre à 15ʰ 9′ 24″.

S'il en est besoin, on réduira l'heure ainsi trouvée à celle de tout autre Méridien connu, selon ce qui est enseigné au Problème I.

DU LEVER ET DU COUCHER
DU SOLEIL.

ON a expliqué fort au long dans l'Etat du Ciel de 1754 ce qui regarde le lever & le coucher du Soleil, ainsi que ses amplitudes. Je ne m'étendrai donc point sur ces 2 articles. Il n'est aucun Marin qui ne sçache trouver le lever & le coucher du Soleil, dès qu'il connoît son Arc sémidiurne. La Table des Arcs sémidiurnes se trouve page 107 & suivantes. Elle est construite de maniere qu'on n'y trouve l'Arc Sémidiurne même que lorsque la latitude du lieu & la déclinaison de l'Astre sont de différentes dénominations, c'est-à-dire lorsque l'une est vers le Nord, & l'autre vers le Sud. Si la la-

titude & la déclinaison font de même dénomination; il faut retrancher de 12 heures le nombre
trouvé dans la Table, pour avoir le véritable Arc
fémidiurne.

L'Arc fémidiurne du Soleil trouvé, il faut toujours lui ajouter l'Equation qui eſt au bas de la page, pour avoir l'Arc fémidiurne apparent fur lequel feul on peut fe regler.

Comme la connoiſſance de l'Arc fémidiurne des
Aſtres peut être d'une grande utilité pour regler les
Sables & les Horloges fur mer ; je crois devoir remarquer ici 1° que le Soleil eſt cenſé fe lever ou
fe coucher, lorſque fon diſque paroît exactement
diviſé en deux par l'Horiſon. On peut cependant
fe regler fur le moment auquel le bord fupérieur
du Soleil raſe l'Horiſon : mais pour lors outre l'E-
quation de la réfraction, il faut encore ajouter à
l'Arc fémidiurne la moitié de cette même Equation.

Je remarque en 2ᵉ lieu que pour plus d'exactitude
il ne faut pas regler l'Arc fémidiurne d'un Aſtre
fur la déclinaiſon de cet Aſtre à l'heure de fon paſ-
fage au Méridien, mais fur celle qu'il doit avoir à
l'heure même de fon lever ou de fon coucher. Cette remarque eſt fur tout d'une grande conféquence,
lorſqu'il s'agit des Arcs fémidiurnes de la Lune.

Enfin on peut encore remarquer ici que l'Arc fémidiurne des Aſtres doit augmenter un peu à proportion de l'élévation de l'œil au-deſſus du niveau
de la mer. Voici une petite Table de ces augmenta-
tions relatives aux Equations de la réfraction.

Elévations de l'œil.	Parties à ajouter.
Depuis 8 pieds juſqu'à 12.	$\frac{1}{3}$
Depuis 12 juſqu'à 18.	$\frac{1}{2}$
Depuis 18 juſqu'à 28.	$\frac{2}{3}$
Depuis 28 juſqu'à 46.	$\frac{3}{4}$
Depuis 46 juſqu'à 70.	$\frac{1}{4}$

C'eſt-à-dire que ſi l'obſervateur eſt de 8 à 12 pieds élevé au-deſſus du niveau des eaux, il faut ajouter à l'équation de la réfraction $\frac{1}{10}$ de cette équation & ainſi des autres.

DE L'AMPLITUDE DU SOLEIL.

L'EQUATION qui eſt au bas des pages de la Table des Amplitudes, page 115 & ſuivantes, doit toujours être ajoutée à l'Amplitude trouvée dans la page, lorſque la latitude du lieu & la déclinaiſon du Soleil ſont de même dénomination : & pour lors l'Amplitude eſt du côté du Pole élevé ſur l'Horizon. Autrement il faut retrancher l'équation de l'Amplitude, & celle-ci ſera du côté du Pole abbaiſſé.

Les trois remarques que nous venons de faire au ſujet des Arcs ſémidiurnes, doivent à plus forte raiſon s'appliquer aux Amplitudes. La correction de l'équation cauſée par la réfraction, dont on a parlé dans la 3e remarque doit encore être toujours ajoutée à l'équation de la réfraction, avant qu'on ajoute celle-ci, ou qu'on la retranche de l'Amplitude trouvée dans la Table.

DE L'EQUATION DE L'HORLOGE.

DANS la derniere colomne de la 1e page de chaque mois on trouve l'équation de l'Horloge. Nous ſommes obligés de nous regler ſur le mouvement du Soleil pour meſurer le temps. Mais le mouvement du Soleil n'eſt pas uniforme. Il eſt tantôt accéléré, tantôt retardé. Une bonne Pendule n'eſt point ſujette à ces variations. Elle va toujours d'un pas égal. Elle doit donc tantôt avancer, tantôt

retarder fur le Soleil d'une quantitée proportion-
née aux irrégularités du mouvement de cet Aftre.
Le temps mefuré fur le mouvement égal de la Pendule fe nomme *le Temps moyen*. Celui qui eft reglé
fur le mouvement inégal du Soleil eft appellé
Temps vrai. Ainfi par le terme d'*Equation de l'Horloge*, nous entendons indifféremment la différence
du temps moyen au temps vrai, & la quantité de
temps dont une Horloge bien reglée doit avancer
ou retarder fur une bonne Méridienne. Cette quantité eft marquée pour tous les jours à midi. Les lettres A, R, qui font au haut des colomnes, & quelquefois au milieu, fignifient que l'Horloge ou la
Pendule doit avancer ou retarder du nombre de
minutes & de fecondes fpécifiées pour chaque jour.
S'il s'agit d'une autre heure que de celle de midi à
Paris, il faut prendre une proportionnelle entre le
midi précédent & le midi fuivant, comme nous
avons fait ci-deffus pour le lieu, l'Afcenfion droite, & la déclinaifon du Soleil.

On voit clairement que pour fçavoir de combien
une Horloge a du retarder ou avancer pendant un
certain intervalle de jours, il faut prendre la différence de l'Equation aux 2 jours donnés, fi les 2
Equations font de même dénomination: fi elles
font de différentes dénominations, il faut prendre
leur fomme.

E X E M P L E.

On veut fçavoir fi une bonne Pendule a du retarder depuis le 10 Mars jufqu'au 6 Avril, & de combien.

Le 10 Mars l'Horloge devoit avancer de 10′ 28″
& le 6 Avril elle n'avançoit plus que de 2′ 19″ Elle
a donc du retarder durant cet intervalle, & la
quantité de fon retardement aura été de 8′ 9″ différence entre 10′ 28″ & 2′ 19″.

On peut enfin connoître par le secours de la même colomne qu'elle heure une Pendule bien reglée
doit marquer à l'heure du midi vrai. Si elle doit
avancer de 10′28″; donc à midi elle doit marquer
0ʰ 10′28″. Si au contraire elle doit retarder de 13′
26″, à l'heure de midi elle marquera 13′ 26″ avant
midi, c'est-à-dire 11ʰ 46′ 34″.

DES ETOILES FIXES.

LA Table des pages 139 & 140 donne l'Ascension
droite & la déclinaison des principales Etoiles,
c'est-à-dire de toutes celles de la premiere grandeur, & de presque toutes celles de la 2ᵉ.

PROBLEME VII.

Trouver l'heure du passage d'une Etoile au
Méridien de Paris.

PRENEZ dans la Table son Ascension droite en
temps. Si l'Etoile ne se trouve pas dans notre Ca-
talogue, il faut connoître d'ailleurs son Ascension
droite en dégrés. On la réduira facilement en
temps par la Table de la page 103.

Il faut égaler ensuite cette Ascension droite ainsi
trouvée. Les Etoiles ne reviennent point au Méridien au bout de 24 heures, mais après environ
23ʰ 56′ 4″. Donc 360 dégrés de leur Ascension droite ne donnent point 24 heures entieres, il s'en faut
de 3′ 56″ tantôt plus, tantôt moins, selon que 0°
du ♈ accélere ou retarde son passage au Méridien.
L'heure de ce passage se trouve à la 7ᵉ page de chaque mois.

Pour égaler donc cette Ascension droite, prenez
la différence entre l'heure du passage de 0° du ♈

au Méridien le jour proposé & l'heure du même paſſage le jour ſuivant. Dans la Table de la page 104 & ſuivantes, ſous la colomne qui a en tete cette différence, prenez les équations qui répondent vis-à-vis des heures & des minutes de l'Aſcenſion droite de l'Etoile. La ſomme de ces équations ſera toujours ſouſtraite de l'Aſcenſion droite de l'Etoile, & l'on aura l'Aſcenſion droite égalée. Si on l'ajoute à l'heure du paſſage de 0° du ♈ par le Méridien, on aura celle du paſſage de l'Etoile.

Si la ſomme excédoit 24^h, il faudroit en ôter 24 heures ; le reſte ſeroit l'heure du paſſage de l'Etoile au Méridien, mais pour le jour ſuivant. A cette heure ajoutez le nombre de minutes & de ſecondes dont vous avez trouvé ci-deſſus que 0° du ♈ anticipoit ſon paſſage au Méridien d'un jour à l'autre, & vous aurez l'heure du paſſage de l'Etoile pour le jour proposé.

Notez que ſi dans la Table de la page 104 vous prenez les nombres de la premiere colomne pour des heures, il faut prendre ceux des autres colomnes comme déſignant des minutes & des ſecondes. Mais ſi vous regardez les nombres de la premiere colomne comme n'exprimant que des minutes ; les nombres des autres colomnes n'exprimeront que des ſecondes & des tierces.

E X E M P L E.

On demande l'heure du paſſage d'Aldebaran au Méridien le 6 Octobre.

Le premier point du ♈ paſſe au Méridien le 6 à $11^h 8' 15''$ & le 7 à $11^h 4' 35''$: la différence eſt de $3' 40''$. D'ailleurs l'Aſcenſion droite d'Aldebaran eſt de $4^h 21' 58''$. Page 104 dans la colomne qui eſt ſous $3' 40''$ ou plutôt ſous $3' 39''$, je trouve $0' 36\frac{1}{2}''$ vis-à-vis de 4 heures, & environ $3\frac{1}{2}''$ vis-à-vis de 22 minutes. La ſomme de ces deux équations eſt

40", qu'il faut retrancher de l'Afcenfion droite d'Aldebaran, pour avoir fon Afcenfion droite égalée 4^h 21' 18". Ajoutez 4^h 21' 18" à l'heure du paffage de 0° du ♈ au Méridien, c'eft-à-dire à 11^h 8' 15". La fomme 15^h 29' 33" fera l'heure du paffage d'Aldebaran au Méridien le 6 Octobre.

Autre Exemple.

On demande l'heure du paffage d'Antares au Méridien le premier Mai.

L'Afcenfion droire d'Antares eft de 16^h 14' 30". 0° du ♈ paffe au Méridien le premier Mai à 21^h 20' 34", & le 2 à 21^h 16' 45". La différence eft de 3' 49". Cette différence donne, page 104, 2' 35" pour équation de l'Afcenfion droite 16^h 14' 30". L'Afcenfion droite égalée fera donc 16^h 11' 55". J'ajoute cette Afcenfion droite à l'heure du paffage de 0° du ♈; & je trouve qu'Antares paffera au Méridien le premier Mai à 37^h 32' 29", ou plutôt le 2 à 13^h 32' 29". J'y ajoute 3' 49" différence trouvée ci-deffus entre 2 paffages confécutifs au Méridien: la fomme 13^h 36' 18" fera l'heure vraie du paffage d'Antares au Méridien de Paris le premier Mai 1756.

Probleme VIII.

Trouver l'heure du paffage d'une Etoile par tout Méridien connu.

Cherchez l'heure de fon paffage par le Méridien de Paris. Prenez enfuite dans la Table de la page 104 l'équation qui convient tant à la diftance du Méridien propofé à celui de Paris, qu'à la différence de deux paffages confécutifs de 0° du ♈ par le Méridien. Si le Méridien propofé eft plus Oriental que celui de Paris, il faut ajouter cette équation à l'heure du paſſage de l'Etoile au Méridien de Paris. Il faut l'en retrancher au contraire ſi la longitude du lieu propoſé eſt Occidentale.

E x e m p l e.

On demande l'heure du paſſage d'Aldebaran par un Méridien plus Occidental de 45° ou de 3ʰ 0′ que celui de Paris le 6 Octobre 1756.

Aldebaran paſſe au Méridien de Paris le 6 Octobre à 15ʰ 29′ 33″. La différence des paſſages de 0° du ♈ au Méridien eſt de 3′ 40″, ce qui, page 104, donne 27½″ pour équation de 3ʰ 0′ différence des Méridiens. Cette différence eſt d'ailleurs Occidentale. Il faut donc ôter cette équation de l'heure du paſſage d'Aldebaran au Méridien de Paris, & l'on trouvera que cette Etoile paſſera au Méridien propoſé à 15ʰ 29′ 5¼″.

REMARQUES IMPORTANTES.

Premierement, nous ſuppoſons ici un Méridien connu, & nous trouvons qu'une longitude de 3 heures ne donne qu'environ une demie-minute de différence pour le paſſage d'une Etoile au Méridien. Ne pouvons nous pas en conclure qu'il ſuffit ici de prendre la longitude par la ſeule eſtime? Quelque fautive que ſoit cette Méthode, les plus grandes erreurs ou elle peut jetter ſont ici très-peu importantes.

Secondement, on ne trouve dans l'Etat du Ciel l'Aſcenſion droite des principales Etoiles que pour le premier Janvier. Dans le cours d'une année cette Aſcenſion droite varie. Mais cette variation n'eſt que de 3″ de temps dont l'Aſcenſion droite des Etoiles renfermées entre les Tropiques augmente chaque année. Il en faut excepter celles qui ayant 6 heures d'Aſcenſion droite ſont ſituées vers le Tropique du ♋, ou qui avec 18 heures d'Afcenfion droite font voifines du Tropique du Capricorne. La variation de celles-ci va jufqu'à 4″. On peut pour plus d'exactitude faire attention à ce mouvement des Etoiles, & j'y ai eu en effet égard dans les exemples de ces 2 Problêmes.

PROBLÊME IX.

Trouver l'Angle horaire d'une Etoile à quelque heure que ce foit.

L'*ANGLE* horaire d'un Aftre eft l'Angle que fait avec le Méridien le cercle horaire ou le cercle de déclinaifon de l'Aftre : autrement c'eft la différence d'Afcenfion droite entre cet Aftre & le Méridien.

L'Angle horaire du Soleil eft facile à trouver. Il fuffit de réduire en dégrés le temps qui doit s'écouler jufqu'à midi, ou qui s'eft écoulé depuis midi à raifon de 15 dégrés par heure. Cette réduction fe fait facilement avec le fecours de la table de la page 102.

L'Angle horaire d'une Etoile fe trouvera de même à deux différences près. 1° le temps qu'il faut réduire en dégrés eft celui qui doit s'écouler depuis l'heure propofée jufqu'à celle du paffage de l'Etoile au Méridien, ou celui qui s'eft écoulé depuis ce paffage jufqu'à l'heure propofée. 2° Avant que de réduire ce temps en dégrés, il faut l'égaler précifément de la même maniere qu'on égale l'Afcenfion droite des Etoiles. L'équation correfpondante tant à la différence de deux paffages confécutifs de 0° du ♈ au Méridien, qu'à l'heure même qu'il faut réduire, cette équation, dis-je, fera toujours ajoutée à l'heure avant la réduction de cette heure en dégrés.

EXEMPLE.

On demande l'Angle horaire d'Aldebaran le 6 Octobre à 17^{h}0'30" fous un Méridien plus Occidental de 3 heures que celui de Paris.

Nous venons de voir qu'Aldebaran paffe par ce Méridien à 15^h 29' 5$\frac{1}{2}$". La différence entre cette heure & l'heure propofée eft 1^h 30' 24$\frac{1}{2}$". D'ailleurs nous avons trouvé que la différence entre deux paffages confécutifs de 0° du ♈ au Méridien eft le 6 Octobre de 3' 40". Ces 2 différences donnent, page 104, 18$\frac{1}{2}$" pour équation. J'ajoute cette équation à 1^h 30' 24$\frac{1}{2}$". La fomme 1^h 30' 43" doit être réduite en dégrés. Or felon la table de la page 102, 1^h donne 15°, 30' donnent 7° 30', & 43" donnent 10' 45". Donc 1^h 30' 43" donneront 22° 40' 45" pour Angle horaire d'Aldebaran à l'heure propofée. Cet Angle eft manifeftement du côté de l'Occident, puifque l'Etoile a paffé par le Méridien.

PROBLEME X.

Trouver l'heure du lever & du coucher des Etoiles.

IL faut trouver d'abord l'heure de leur paffage au Méridien. Enfuite on cherchera leur Arc fémidiurne, comme nous avons dit qu'il falloit chercher celui du Soleil. Pour plus d'exactitude on retranchera de cet Arc une minute fur 6 heures, & le refte à proportion. Enfin on ôtera l'Arc fémidiurne de l'heure du paffage de l'Etoile au Méridien pour avoir l'heure du lever ; on l'ajoutera au contraire pour avoir celle du coucher de l'Etoile.

L'Arc fémidiurne d'une Etoile eft fenfiblement le même pour tous les jours de l'année.

EXEMPLE.

On demande l'heure du lever & du coucher d'Aldebaran le 6 Octobre à 30° de latitude Boréale sous le Méridien de Paris.

Aldebaran passe au Méridien le 6 Octobre à 15^h 29' 33". Sa déclinaison Boréale est de 15° 59' 47". À cette déclinaison & à la latitude de 30° l'Arc sémidiurne est de 5^h 22'. Mais comme la déclinaison & la latitude sont toutes deux de même dénomination, au lieu de 5^h 22', je prens son supplément 6^h 38' pour Arc sémidiurne. J'ajoute $2\frac{1}{2}'$ pour équation de la réfraction, & je retranche 1 minute. J'aurai donc 6^h $39\frac{1}{2}'$ pour vrai Arc sémidiurne. Donc Aldebaran se levera le 6 Octobre à 8^h 50', & se couchera le même jour à 22^h 9'.

Les Amplitudes des Etoiles se connoissent précisément de la même maniere que celles du Soleil.

DE LA LUNE.

DE tous les Astres la Lune est celui dont le mouvement propre est le plus sensible. Aussi est-ce sur la perfection de sa Théorie qu'est fondée notre plus légitime espérance de parvenir enfin à la solution du fameux Problême des longitudes terrestres. Je propose ici les mouvemens les plus essentiels de cet Astre calculés dans toute la précision possible, & sur les tables que j'ai jugé les meilleures. Pour mettre les Navigateurs en état de profiter d'un travail dont je ne regretterai point la longueur, s'il peut leur être utile; je crois devoir m'étendre un peu sur ce qui regarde la Lune. On ne fait presque aucune opération sur mer, sans prendre la hauteur des Astres. On peut communément le faire avec la plus grande exactitude. C'est donc par ce qui regarde la hauteur de la Lune que je crois devoir commencer.

DE LA HAUTEUR DE LA LUNE
fur l'Horizon.

POUR prendre fur mer la hauteur des Aftres, on fe fert de différens inftrumens connus des Navigateurs. Leur conftruction & leur ufage font amplement décrits dans l'excellent Traité de la Navigation de M. Bouguer. Mais ces inftrumens, & de plus parfaits même que je ne défefpere pas qu'on invente dans la fuite, ne feront jamais connoître que la hauteur apparente d'un Aftre, & l'on a befoin de connoître fa hauteur réelle.

La premiere caufe, qui fait différer la hauteur réelle de la hauteur apparente d'un Aftre, eft l'inclinaifon du rayon vifuel de l'Obfervateur au plan de l'Horizon. Suppofez un œil placé au niveau même d'une mer bien calme : le plan de fon Horizon touchera la furface convexe de la mer au point où cet œil eft placé ; il ne pourra s'incliner plus bas. Que l'œil au contraire foit élevé de 100 pieds au-deffus du niveau des eaux : les rayons vifuels qui en partiront de toutes parts ne toucheront la furface de la mer qu'à une certaine diftance, ils croiferont le premier Horizon que nous avons fuppofé, & s'abbaifferont néceffairement au-deffous. L'œil découvrira donc alors une partie du ciel qu'il ne découvroit point auparavant. Son Horizon s'étendra plus bas, & il réglera fur cet Horizon ainfi abbaiffé la hauteur des Aftres qu'il obfervera. Pour corriger l'erreur qui pourroit en réfulter, M. Bouguer donne la Table fuivante.

TABLE DES INCLINAISONS DE l'Horizon visuel pour différentes élévations de l'Observateur au-dessus de la Mer.

Elevat. au-dessus de la m.	Inclinaif. de l'Horiz.	Elevat. au-dessus de la m.	Inclinaif. de l'Horiz.	Elevat. au-dessus de la m.	Inclinaif. de l'Horiz.
Pie. pou.	Minutes.	Pie. pou.	Minutes.	Pie. pou.	Minutes.
0 11	1	34 0	6	115 0	11
3 9	2	46 6	7	137 0	12
8 7	3	61 0	8	161 0	13
15 3	4	77 0	9	186 6	14
23 10	5	95 0	10	214 0	15

Si à la hauteur de 34 pieds par exemple au-dessus du niveau de la mer, l'Horizon visuel doit, selon la Table précédente, être incliné de 6 minutes au-dessous de l'Horizon vrai ; un Astre rapporté à cet Horizon visuel paroîtra nécessairement 6 minutes plus élevé qu'il ne l'est réellement. Il faudra donc retrancher 6 minutes de sa hauteur observée pour avoir sa hauteur véritable.

La 2ᵉ cause qui altere la vraie hauteur d'un Astre est la *réfraction*. Placez un objet au fond d'un vase, de maniere que les bords du vase vous empêchent de voir l'objet. Faites verser de l'eau dans le vase : vous commencerez à voir l'objet qui vous étoit auparavant caché. La cause de ce Phénomene est que les rayons de lumiere entrant d'un fluide moins dense ou moins résistant dans un autre qui résiste davantage, se rompent en quelque sorte ; c'est-à-dire, se détournent de leur droit chemin, pour s'approcher de sa perpendiculaire. C'est donc ce qui doit arriver aux rayons de lumiere qui nous viennent des Astres. Ils traversent un immense fluide extrêmement rare, si même il éxiste. Ils enrrent enfuite dans un Atmofphere épais, je veux dire dans notre Atmofphere. Ils s'écartent du chemin qu'ils avoient tenu jufqu'alors, s'inclinent vers la terre, & par ce détour doivent nous faire juger l'Aftre plus élevé qu'il ne l'eft réellemeut, Nous avons donné, page 125, 2 Tables de la quantité dont un Aftre eft élevé par l'effet de la réfraction. L'une fert pour la Zone Torride. L'autre peut fervir pour nos climats, même en hiver fans erreur fenfible. Il faut toujours de la hauteur obfervée retrancher l'équation relative à cette hauteur, pour avoir la hauteur réelle.

Enfin une 3ᵉ caufe qui peut occafionner quelqu'altération dans la hauteur des Aftres eft la *Parallaxe*. Un corps vu par deux perfonnes qui ne font pas placées en ligne directe avec ce corps doit néceffairement leur paroître vis-à-vis des objets différens. Un corps célefte vu pareillement de différens endroits de la Terre paroîtra répondre à différens endroits du Ciel. C'eft cette diverfité d'afpect qu'on nomme Parallaxe.

La Parallaxe eft donc la diftance entre le lieu où un Aftre feroit vu du Centre de la Terre, & celui où on le voit de quelque point que ce foit de la circonférence de la Terre.

La Parallaxe des Etoiles, de Saturne & de Jupiter eft abfolument infenfible. Celle du Soleil & des autres Planetes eft fort petite. Celle de la Lune eft très-confidérable. Cette différence a pour caufe la proximité de la Lune à la Terre, & le trop grand éloignement des autres Aftres.

La Parallaxe d'un Aftre vu à l'Horizon fe nomme horizontale. Elle eft la plus forte de toutes. Elle diminue à proportion que l'Aftre s'éleve fur l'Horizon. Elle devient nulle, lorfque l'Aftre eft à notre Zénith, c'eft-à-dire, immédiatement au-deffus de notre tête.

L'effet de la Parallaxe eſt contraire à celui de la réfraction. Celle-ci fait paroître l'Aſtre plus élevé qu'il ne l'eſt réellement. La Parallaxe au contraire rend la hauteur apparente moindre que la véritable. Il faut donc toujours ajouter à la hauteur obſervée la Parallaxe qui convient à cette hauteur.

On a donné dans la cinquiéme page de chaque mois la Parallaxe horizontale de la Lune pour tous les jours à midi. La différence de cette Parallaxe vient de la différente diſtance de la Lune à la Terre. Plus la Lune eſt voiſine de nous, plus ſa Parallaxe doit être forte. La variation horizontale étant ainſi connue, on connoîtra facilement celle qui convient à chaque hauteur de la Lune ſur l'Horizon, par le ſecours d'une Table qui ſe trouve à la page 126. On retranchera donc cette Parallaxe de hauteur, de la hauteur obſervée, & l'on aura la hauteur réelle.

PROBLÈME XI.

Trouver la hauteur vraie du centre de la Lune.

PRENEZ la hauteur apparente d'un de ſes bords. Corrigez cette hauteur, & pour cela 1° retranchez de la hauteur apparente l'inclinaiſon de l'horizon viſuel, ſelon la Table de la page 166 2° retranchez pareillement l'équation de la réfraction qui convient à cette hauteur, ſelon la Table de la page 125. 3° Ajoutez la Parallaxe qui convient, & à la Parallaxe horizontale de l'heure de l'obſervation, & à la hauteur déja corrigée. Cette Parallaxe ſe trouve à la page 126. Par cette opération vous aurez déterminé la hauteur vraie du bord obſervé de la Lune. Ajoutez à cette hauteur, ou retranchez-en le demi-diametre horizontal de la Lune, ſelon que vous aurez obſervé le bord inférieur ou le bord ſupérieur, & vous aurez la vraie hauteur du centre de la Lune.

On trouve à la cinquiéme page de chaque mois le demi-diametre horizontal de la Lune pour tous les jours de l'année à midi.

EXEMPLE.

Sous un Méridien diſtant de 3 heures de celui de Paris vers l'Occident, & par 50° 35' 27" de latitude Auſtrale, on obſerve le 6 Octobre à 17 heures la hauteur du bord ſupérieur de la Lune de 4° 7'. L'œil eſt élevé de 10 pieds & demi au-deſſus du niveau de la mer : on demande la hauteur vraie du centre de la Lune.

Puiſque le Méridien du lieu eſt de 3 heures plus Occidental que celui de Paris, il eſt 20 heures à Paris lorſqu'on compte 17 heures ſous ce Méridien. Or le 6 Octobre à 20 heures la parallaxe horizontale de la Lune eſt de 56' 16", & ſon demi-diametre horizontal de 15' 31".

1°. L'œil eſt élevé de $10\frac{1}{2}$ pieds. Donc ſelon la Table de la page 166 il faut retrancher 3' 20" de la hauteur obſervée, qui ſe trouvera réduite à 4° 38' 40".

2°. A cette hauteur la réfraction, page 125, eſt de 10' 41" qu'il faut encore retrancher de la hauteur une fois corrigée : il reſtera 3° 52' 59".

3°. Selon la Table de la page 126, pour 3° 52' 59" de hauteur, & 56' 16" de parallaxe horizontale, la parallaxe de hauteur doit être de 56' 7" qu'il faut ajouter à la hauteur deux fois corrigée : la vraie hauteur du bord obſervé ſera de 4° 49' 6".

Comme le bord obſervé eſt le ſupérieur, il faut retrancher de ſa hauteur le demi-diametre horizontal de la Lune 15 min. 31 ſec. pour avoir la vraie hauteur du centre 4 deg. 33 min. 35 ſec.

DANS la seconde page de chaque mois & les deux suivantes on trouve le lieu de la Lune réduit à l'Ecliptique, sa latitude, sa déclinaison, & son Angle horaire. Tous ces Elémens sont calculés de 12 heures en 12 heures, c'est-à-dire, à midi & à minuit sous le Méridien de Paris. Pour les rapporter facilement à toutes les heures du jour, on y a ajouté les mouvemens & variations horaires. Nous parlerons bientôt des mouvemens horaires & de leur usage.

PROBLEME XII.

Trouver le lieu, la latitude, la déclinaison & l'Angle horaire de la Lune à toutes les heures du jour, Méridien de Paris.

DITES : Comme une heure est au temps écoulé depuis midi ou depuis minuit ; ainsi le mouvement ou la variation horaire de la Lune est à un quatrieme terme.

Pour le lieu de la Lune, ajoutez ce quatrieme terme au lieu marqué pour le midi ou le minuit précédent.

Pour la latitude & la déclinaison, ajoutez ou retranchez ce quatrieme terme, selon que la latitude ou la déclinaison croit ou décroit d'un jour à l'autre. Si lorsqu'elle décroit, on ne peut en retrancher le quatrieme terme, il faut du quatrieme terme retrancher la déclinaison ou la latitude. Le reste donnera la déclinaison ou la latitude cherchée, mais avec changement de dénomination. Elle sera Boréale, si à midi ou à minuit elle étoit Australe. Si au contraire elle étoit Boréale, elle sera devenue Méridionale.

Enfin pour ce qui regarde l'Angle horaire, il eſt ou du côté de l'Eſt, ou du côté de l'Oueſt. Dans le premier cas retranchez le quatrieme terme de l'Angle horaire. Si la ſouſtraction ne peut ſe faire, ôtez l'Angle horaire du quatrieme terme, & cet Angle ſera devenu Occidental. Dans le ſecond cas, il faut ajouter l'Angle & le quatriéme terme. Si la ſomme eſt au-deſſous de 180 deg. elle donnera l'Angle horaire cherché ; ſi elle excéde 180 deg. il faudra l'ôter de 360 deg. le reſte ſera la valeur de l'Angle, mais du côté de l'Orient.

EXEMPLE.

On demande quel ſera le lieu, la déclinaiſon, & l'Angle horaire de la Lune, le 6 Octobre à 20^h ?

Le 6 Octobre à 12^h, le lieu de la Lune eſt en ♓ 28° 40′ 8″. Le mouvement horaire depuis minuit juſqu'à 20^h eſt de 32′ 52″. Dites : Comme 1^h eſt à 32′ 52″, ainſi 8^h qui ſe ſont écoulées depuis minuit, ſont à 4° 22′ 56″ qu'il faut ajouter au lieu de la Lune à minuit, c'eſt-à-dire, à ♓ 28° 40′ 8″. La ſomme eſt 33° 3′ 4″. Donc la Lune à 20^h eſt en 33° 3′ 4″ des Poiſſons, ou plûtôt, puiſqu'un ſigne n'a que 30°, elle eſt en 3° 3′ 4″ du ſigne qui ſuit les Poiſſons, c'eſt-à dire, du Bélier.

La déclinaiſon de la Lune le 6 Octobre à minuit eſt de 2° 43′ 27″ Auſtrale, avec un mouvement horaire de 10′ 43 ou 44″. Dites : Comme 1^h eſt à 8^h (temps écoulé depuis minuit,) ainſi 10′ 44″ ſont à 1° 25′ 51″. La déclinaiſon de la Lune décroît. Il faut donc ôter ce 4e terme de la déclinaiſon marquée pour minuit, c'eſt-à-dire, de 2° 43′ 27″, Le reſte 1° 17′ 36″, ſera la déclinaiſon Auſtrale de la Lune à 20^h.

Enfin l'Angle horaire de la Lune le 6 Octobre à 12^h, eſt de 13^h 14′ 15″ à l'Occident, avec une variation horaire de 14° 31′ 8″. Dites : Comme 1ʰ est à 8ʰ, ainſi 14° 31′ 8″ ſont à 116° 9′ 4″. Puiſque l'Angle étoit Occidental à 12ʰ, il faut y ajouter ce 4ᵉ terme. La ſomme 129° 23′ 19″ ſera la valeur de l'Angle horaire Occidental de la Lune à 20ʰ, Méridien de Paris.

Comme la variation horaire de l'Angle horaire de la Lune ſurpaſſe toujours 14°, dans la troiſiéme & quatriéme page des mois on a toujours mis 14° au haut de la colomne, & dans la colomne même les minutes & les ſecondes dont la variation horaire ſurpaſſe 14°.

Probleme XIII.

Trouver les mêmes Elémens à toute heure du jour, ſous un Méridien connu.

S'il s'agit du lieu, de la latitude ou de la déclinaiſon, il faut réduire l'heure propoſée à celle que l'on compte ſous le Méridien de Paris. Il ſera facile enſuite de trouver le lieu, la latitude & la déclinaiſon de la Lune pour cette heure ainſi réduite.

Mais s'il s'agit de l'Angle horaire, cherchez cet Angle pour la même heure à Paris. Enſuite, négligeant les 14° qui ſont écrits au haut de la colomne des variations horaires, ôtez le reſte d'un dégré ou de 60′, pour avoir le mouvement horaire de la Lune au Soleil en Aſcenſion droite, & dites : Comme une heure eſt à ce mouvement horaire, ainſi la différence des Méridiens eſt à un 4ᵉ terme qu'il faut ajouter à l'Angle horaire trouvé pour Paris, ſi l'Angle horaire & la différence des Méridiens ſont de différente dénomination; mais ſi la dénomination eſt la même, il faut retrancher de l'Angle horaire le quatriéme terme de la proportion.

EXEMPLE.

On demande quel sera le lieu, la déclinaison &
l'Angle horaire de la Lune le 6 Octobre à 17 heures, sous un Méridien plus Occidental de trois
heures que celui de Paris.

Il est facile de voir qu'il sera pour lors à Paris
20 heures. Il faut donc chercher quel sera le lieu
& la déclinaison de la Lune à Paris à 20 heures.
Nous avons vu dans l'exemple du Problême précédent que son lieu seroit en ♈ 3° 3′ 4″ & sa déclinaison de 1° 17′ 36″ Australe. Tel sera le lieu,
& telle la déclinaison de la Lune sous le Méridien
proposé à 17 heures.

Quant à l'Angle horaire, il faut le chercher
pour 17 heutes à Paris, puisque telle est l'heure
proposée. On trouvera par le Problême précédent,
qu'il est de 85° 49′ 40″ vers l'Occident. La variation horaire convenable est de 14° 31′ 11″. Il
faut ôter 31′ 11″ d'une heure; le reste 28′ 49″ sera
le mouvement horaire de la Lune au Soleil en
Ascension droite. Dites : Comme une heure est à
28′ 49″; ainsi trois heures sont à 1° 26′ 27″, qu'il
faut ôter de 85° 49′ 40″, parce que l'Angle horaire & la différence des Méridiens sont tous deux
du côté de l'Occident, & qu'ainsi ils sont de même
dénomination. Le reste 84° 23′ 13″ sera l'Angle
horaire cherché.

PROBLEME XIV.

*Etant donné le lieu, ou l'Angle horaire de la
Lune, trouver quelle heure il est pour lors
à Paris.*

P RENEZ la différence entre le lieu, ou l'Angle
horaire donné, & celui qui est marqué pour le midi,
ou le minuit precédent. Prenez aussi le mouve-

ment horaire convenable à l'heure qui tient précisément le milieu entre ce midi ou ce minuit, & l'heure que vous estimez que l'on compte pour lors à Paris. Dites : Comme ce mouvement horaire est à la différence trouvée, ainsi une heure est au nombre d'heures qui se sont écoulées depuis midi, ou depuis minuit.

Il faut observer que si l'Angle horaire marqué pour le midi, ou le minuit précédent, & l'Angle horaire proposé sont de différente dénomination, au lieu de prendre leur différence, on doit prendre leur somme pour second terme de la Proportion. Si cette somme cependant excédoit 180 dégrés, il faudroit y substituer son supplément à 360°.

Ce que nous venons de dire de l'Angle horaire peut manifestement s'appliquer à la Latitude & à la déclinaison de la Lune.

EXEMPLE.

On demande à quelle heure le 6 Octobre, la Lune sera en 3° 3' 4" du Bélier, ou à quelle heure elle aura 129° 23' 19" d'Angle horaire vers l'Occident.

La Lune le 6 Octobre à minuit, est en ♓ 28° 40' 8". La différence entre ce lieu & le lieu proposé est 4° 22' 56"; & le mouvement horaire de la Lune est de 32' 52". Dites : 32' 52" sont à 4° 22' 56", comme 1ʰ est à 8ʰ. Il est donc huit heures après minuit, c'est-à-dire, 20 heures.

Le même jour à minuit l'Angle horaire de la Lune est de 13° 14' 15" à l'Occident. L'Angle horaire proposé est de 129° 23' 19" aussi à l'Occident. La dénomination étant la même, je prens la différence de l'un & de l'autre qui est de 116° 9' 4", avec la variation horaire convenable 14° 31'8", & je dis : Comme 14° 31' 8" sont à 116° 9' 4"; ainsi une heure est à huit heures. Il est donc encore huit heures après minuit, ou 20ʰ.

PROBLEME XV.

Le lieu, ou l'Angle horaire de la Lune eſt donné, mais pour un autre Méridien que celui de Paris, & l'heure de cet autre Méridien eſt-déterminée ; on demande quelle heure-on compte pour lors à Paris, & par conſéquent, quelle eſt la différence des Méridiens.

LA NOUVELLE condition appoſée ne change rien pour ce qui regarde le lieu de la Lune. Si donc quelqu'obſervation pouvoit donner directement le lieu de la Lune ſous un Méridien inconnu, mais à une heure déterminée, il ſuffiroit de chercher par le Probléme précédent à quelle heure ſous le Méridien de Paris la Lune doit avoir le lieu obſervé : la différence des heures donneroit directement celle des Méridiens ; & le Méridien ſous lequel on compte une heure plus avancée ſera le plus Oriental des deux. Si par exemple une obſervation faite le 6 Octobre à 17ʰ ſous un méridien inconnu, donne le lieu de la Lune en 3° 3′ 4″ du Bélier ; comme nous avons vu que la Lune devoit avoir ce lieu le même jour à Paris, lorſqu'il ſera 20ʰ, la différence entre 17ʰ & 20ʰ ſera préciſément la différence du Méridien inconnu & du Méridien de Paris. On compte une heure plus avancée ſous le Méridien de Paris, donc le Méridien de Paris eſt le plus Oriental des deux; donc celui ſous lequel s'eſt faite l'obſervation eſt diſtant de celui de Paris de 3ʰ à l'Occident.

Le Problême ſe réſoud preſqu'auſſi facilement pour la partie qui regarde l'Angle horaire. Cherchez cet Angle (Problême XII) pour Paris, à une heure pareille à celle de l'Obſervation. Pre-

nez 1°. la différence entre l'Angle horaire obfervé, & celui que vous venez de calculer pour
Paris; 2°. le mouvement horaire de la Lune au
Soleil en Afcenfion droite, convenable à l'heure
qui tient le milieu entre l'heure de l'Obfervation,
& celle que vous préfumez que l'on compte au
même inftant à Paris. Nous avons dit ci-deffus que
ce mouvement horaire fe trouvoit en retranchant
d'un dégré les minutes & les fecondes de la variation horaire de l'Angle horaire de la Lune. Dites:
Comme ce mouvement horaire eft à la différence
des Angles horaires, ainfi une heure eft à la différence des Méridiens. Le Méridien de l'Obfervateur fera plus Oriental que celui de Paris, fi l'Angle obfervé eft moins Oriental, ou plus Occidental que l'Angle calculé pour Paris. Si le contraire arrive, le lieu de l'Obfervation fera fitué à
l'Occident de Paris.

E X E M P L É.

Sous un Méridien inconnu à 17^h le 6 Octobre,
on obferve à l'Occident l'Angle horaire de la Lune
de 84° 23' 13". On demande la diftance de ce Méridien à celui de Paris.

Par le Probléme XII on trouvera que l'Angle
horaire à Paris à 17^h doit étre de 85° 49' 40" à
l'Occident. De ce que l'Angle obfervé éft moins
Occidental que celui de Paris, je conclus d'abord
que le Méridien de l'Obfervateur eft plus Occidental que celui de Paris.

La différence entre l'Angle obfervé & l'Angle
calculé pour Paris eft de 1° 26' 27". L'Angle eft
calculé pour 17^h : mais j'eftime qu'au moment de
l'Obfervation il eft environ 19^h 30' à Paris. Le
milieu eft 18^h 15'. La variation horaire convenable
à 18^h 15' eft 14° 31' 11". J'ôte 31' 11 fec. d'un
dégré : le refte 28 min. 49 fec. fera le mouvement

horaire

horaire de la Lune au Soleil en Afcenfion droite. Je dis donc : Comme 28 min. 48 fec. font à 1° 26' 27"; ainfi une heure eft à trois heures. Le Méridien de l'obfervation eft donc diftant de celui de Paris de trois heures vers l'Occident.

Avertiffement fur les mouvemens horaires de la Lune.

ON a pu s'appercevoir que dans les exemples précédens je n'ai jamais pris les mouvemens horaires de la Lune tels qu'ils font marqués pour les heures de midi ou de minuit dans les colomnes refpectives. Ces mouvemens en effet font calculés pour ces heures précifes. Or il eft facile de concevoir que durant le temps qui s'écoule entre un midi & le minuit fuivant, il eft impoffible que ces mouvemens reftent toujours les mêmes. Le 6 Octobre par exemple à minuit, la variation horaire de l'Angle horaire de la Lune eft de 14° 31' 0", & le 7 à midi elle eft de 14° 31' 21". Dans l'intervalle cette variation ne reftera pas toujours de 14° 31' 0", pour fauter tout d'un coup à 14° 31' 21", à l'heure précife de midi du 7. Elle augmentera par dégrés. A minuit du 6 elle eft de 14° 31' 0", à 13h de 14° 31' 2", à 14h de 31' 4", & ainfi du refte. En un mot, elle augmentera à chaque heure de la 12e partie environ de ce dont elle doit augmenter en 12 heures.

En conféquence, il ne faut point prendre pour mouvement horaire de la Lune, celui qui eft marqué pour le midi ou minuit précédent. Il a dû augmenter ou diminuer depuis. Il ne faut pas employer non plus celui qui convient à l'heure propofée; depuis midi, ou minuit, jufqu'à cette heure, il étoit ou plus petit, ou plus grand. Il faut choifir celui qui convient à l'heure qui tient le milieu entre le terme dont on part, & l'heure proposée.

Par exemple, lorsque j'ai dû employer (Probléme XII) la variation horaire pour trouver l'Angle horaire à Paris pour 20^h, j'ai pris la variation horaire qui convenoit à 16^h, parce que 16^h tiennent le milieu entre douze heures ou minuit, & 20^h terme proposé. Mais lorsqu'il m'a fallu comparer dans le Probléme précédent l'Angle horaire de Paris à 17^h avec celui que je supposois avoir été observé à pareille heure sous un Méridien inconnu, il ne s'agissoit point de sçavoir quel avoit été le mouvement horaire de la Lune au Soleil en Ascension droite depuis minuit, mais seulement quel il étoit entre l'heure de l'observation, & celle de 17^h à Paris. Pour cela j'ai estimé la différence des Méridiens à une demi-heure près, j'ai réduit l'heure de l'observation au Méridien de Paris, & j'ai pris le mouvement horaire qui convenoit à une heure mitoyenne entre 17^h & l'heure réduite de l'observation. On fera bien de chercher de la précision dans cette opération, mais il ne faut pas la pousser jusqu'au scrupule. Dans les cas les plus critiques, l'erreur d'une seconde dans le mouvement horaire, n'en peut occasionner une que de 6 min. de dégré dans la longitude. Dans les cas ordinaires, l'erreur ira tout au plus à une ou 2 min.

De la détermination des longitudes sur mer par le moyen des Angles horaires de la Lune.

Les bornes qui me sont prescrites dans cet ouvrage ne me permettent pas d'exposer ici la maniere de déterminer la latitude ou hauteur du Pole & l'heure vraie des observations que l'on peut faire fur mer. D'ailleurs les Navigateurs font exercés à ces fortes d'opérations. Je fuppoferai donc la latitude de l'Obfervateur connue ainfi que l'heure vraie de fes obfervations.

Il eft démontré que les mouvemens de la Lune nous ouvrent la voie la plus générale & la plus fure pour parvenir à la connoiffance des longitudes terreftres. On s'eft en conféquence efforcé d'applanir plufieurs chemins pour parvenir à ce port défiré depuis fi longtemps.

Leadbetter s'eft propofé de découvrir les longitudes par l'obfervation d'une feule hauteur de la Lune en fuppofant l'inclinaifon de l'orbite de la Lune à l'Ecliptique connue par les Tables. Sa méthode eft un peu longue. D'ailleurs les Tables ne font point entre les mains de tous les Navigateurs. Je la pafferai donc fous filence.

M. le Monnier au 2^c livre de fes Obfervations expofe une autre méthode qui ne demande pareillement que l'obfervation d'une feule hauteur de la Lune. Mais il faut de plus connoître la déclinaifon de cet Aftre, ce que l'on peut faire facilement en obfervant fa plus grande hauteur, comme nous l'expliquerons plus bas. Cette méthode eft fort bonne. Elle a cet avantage, que je n'en connois point qui exige moins de calculs. D'un autre côté il y a des cas où elle n'eft point pratiquable, comme lorfque la Lune eft couverte de nuages à l'heure de fon paffage au Méridien, ou lorfqu'on ne peut voir pour lors affez diftinctement l'horizon.

Je ne parle point d'autres méthodes qui en exigeant pareillement deux obfervations de la Lune n'abregent point le calcul.

Je paffe également fous filence les occultations des Etoiles par la Lune. Cette méthode eft la plus fûre de toutes. Mais ces occultations font extrêmement rares. Il faut aux Navigateurs des méthodes pratiquables, s'il fe peut, tous les jours.

J'ai propofé l'année derniere une méthode de fauffe pofition qui ne demande qu'une feule obfervation de la hauteur de la Lune. J'y en ajoute cette année une feconde de même genre, fondée fur une unique obfervation de la diftance de la Lune au Soleil ou à une Etoile dont on connoîtra exactement l'Afcenfion droite.

L'Angle horaire de la Lune étant donné par obfervation, il eft facile de conclure la diftance du Méridien de l'Obfervateur à celui de Paris. Nous avons expofé dans le Problême XV la méthode qu'il faut employer à cet effet. Le célèbre Problême des longitudes fe réduit donc au fuivant.

PROBLEME XVI.

Conclure par obfervation l'*Angle* horaire de la Lune.

PREMIERE MÉTHODE.

Par l'obfervation d'une feule hauteur de la Lune, la déclinaifon de cet Aftre fuppofée connue.

PAR le Problême XI obfervez la vraie hauteur du centre de la Lune, lorfqu'elle eft la plus grande. Ceci fe peut exécuter de 2 manieres.

On peut par le moyen de la Bouffole, connoiffant la variation de l'aiguille, diftinguer le Nord & le Sud. On obfervera la vraie hauteur du centre de la Lune, lorfqu'elle paffera vis-à-vis d'un de ces 2 points. On peut la cenfer pour lors à fa plus grande hauteur fur l'Horizon. Quand elle n'y feroit pas, il ne s'enfuivroit aucune erreur dans le réfultat des opérations fuivantes.

On peut auffi , lorfqu'on foupçonne que la Lune approche du Méridien, obferver fa hauteur , &
dirigeant toujours l'inftrument vers cet Aftre, en
fuivre le mouvement , jufqu'à ce qu'on s'apper-
çoive qu'il commence à baiffer vers l'Horizon.
L'inftrument donnera pour lors fa plus grande
hauteur. Marquez l'heure de cette Obfervation à
une montre qui aille paffablement bien, c'eft-à-
dire, dont le mouvement ne fe dérange pas confi-
dérablement dans l'efpace de quelques heures.

Prenez la différence entre la plus grande hauteur du centre de la Lune & le complément de la
latitude du lieu ,. & vous aurez la déclinaifon de la
Lune au moment de l'obfervation. Cette déclinaifon fera du côté du Pole élevé , fi la hauteur de la
Lune eft plus grande que le complément de la latitude : finon, elle fera du côté du Pole abbaiffé
fous l'Horizon.

Cette opération fait connoître la vraie déclinaifon de la Lune plufieurs heures avant & après
l'obfervation. En effet, il fuffit de prendre dans
l'Etat du Ciel le mouvement horaire de la Lune
en déclinaifon convenable à l'heure qui tient le
milieu entre celle de l'obfervation, & celle à laquelle on veut découvrir la vraie déclinaifon de la
Lune. On dira : comme 1 heure eft à la différence
entre l'heure propofée, & celle de l'obfervation
de la plus grande hauteur de la Lune ; ainfi ce mouvement horaire eft à la quantité qu'il faut ajouter
à la déclinaifon de la Lune obfervée, ou qu'il faut
en retrancher felon les circonftances pour avoir
fa déclinaifon à l'heure propofée.

Ceci pofé, obfervez à une heure & dans les circonftances les plus commodes la vraie hauteur de
la Lune. Il faut de la précifion dans cette obfervation, & d'ailleurs, on doit connoître, comme
nous l'avons dit ci-deffus , l'heure vraie de l'ob-

fervation & la latitude du lieu. Il eft facile par ce que nous venons de dire , de connoître la déclinaiſon de la Lune à l'heure de cette derniere obſervation. Otez de 90 deg. la hauteur de la Lune , la latitude du lieu , & la déclinaiſon de la Lune , ſi elle eft du côté du Pole élevé. (Il faudroit au contraire l'ajouter à 90 deg. ſi elle étoit du côté du Pole abbaiſſé.) Vous aurez 3 reſtes, ou 3 diſtances, celle de la Lune au Zénith, celle du Pole au Zénith , & celle de la Lune au Pole.

Ajoutez ces 3 diſtances en une feule ſomme. Prenez la moitié de la ſomme. De la moitié retranchez fucceſſivement les 2 dernieres diſtances. A côté de ces 2 diſtances écrivez le complément arithmétique de leurs logarithmes ſinus & à côté des deux reſtes écrivez leurs logarithmes ſinus mêmes. Ajoutez ces quatre logarithmes. Prenez la moitié de la ſomme ; cette moitié fera le logarithme ſinus d'un Angle qu'il faut doubler pour avoir l'Angle horaire de la Lune.

On fçait que pour avoir le complément arithmétique d'un logarithme , il faut ôter ce logarithme de celui du ſinus total ou du rayon : ce qui ſe fait en écrivant ſous chaque chiffre du logarithme donné ce qui manque à ce chiffre pour atteindre 9, & ſous le dernier chiffre ſignificatif, ou qui n'eſt point 0, ce qui lui manque pour arriver juſqu'à 10. Par exemple on demande le complément arithmétique du logarithme. 9 2543270

Je l'écris ainſi. 0 7456730

Je mets un 0 ſous le 9, parcequ'il ne manque rien à 9 pour arriver juſqu'à 9. Sous le 2 j'écris un 7, parceque 7 eſt le complément de 2 juſqu'à 9, & ainſi des autres juſqu'au dernier chiffre ſignificatif 7 ſous lequel j'écris un 3 , parcequ'il manque 3 au chiffre 7 pour atteindre le nombre 10.

Dans quelques Tables des ſinus on a ajouté les

logarithmes des fécantes. Ceux qui fe fervent de ces Tables trouveront encore plus facilement ces complémens ; parceque les complémens arithmétiques des logarithmes finus ne font autres que les logarithmes des cofécantes qui font toujours placés à côté de ceux des finus. Il faut feulement avoir foin d'en ôter le premier chiffre 1 , par lequel commencent tous les logarithmes des fécantes.

E X E M P L E.

Le 6 Octobre on a obfervé la plus grande hauteur du bord inférieur de la Lune de 40° 50' 42" l'œil étant élevé de 10 pieds & demi au-deffus du niveau de la mer, à 50° 35' 27" de latitude Sud. La montre marquoit pour lors 11^h 17$\frac{1}{2}$. Lorfque la même montre marque 17^h 5$\frac{1}{2}$', on obferve la hauteur du bord fupérieur de la Lune de 4° 7'. On eft en même latitude, & cette derniere obfervation eft faite à 17^h 0' 0" de temps vrai. On demande l'Angle horaire vrai de la Lune.

Si l'on fuppofe par eftime qu'au moment de la premiere obfervation il étoit environ 14$\frac{1}{2}$^{h} à Paris, on aura le demi-diamettre horizontal de la Lune de 15' 32", & fa parallaxe horizontale de 56' 22".

De la hauteur obfervée 40° 50' 42" retranchez 3' 21" pour la hauteur de l'œil au-deffus du niveau des eaux, 1' 2" pour la réfraction : ajoutez au contraire 42' 40" pour la parallaxe , & 15' 32" pour le demi-diametre de la Lune , parce qu'on a obfervé fon bord inférieur; & la vraie hauteur du centre de la Lune fera de 41° 44' 31". Otez en 39° 24' 33" complément de la latitude. Le refte 2° 19' 58" fera la déclinaifon de la Lune, lorfque la montre marquoit 11^h 17$\frac{1}{2}$". Cette déclinaifon fera de même dénomination que la latitude , c'eft-à-dire , Auftrale , parceque la hauteur de la Lune eft plus forte que le complément de la latitude.

Il paroît par les heures marquées à la montre, que la ſeconde obſervation a été faite 5ʰ- 48′ après la premiere. La moitié de 5ʰ 48′ eſt 2ʰ 54′, ou environ trois heures. Mais puiſque par eſtime, il étoit environ 14½ʰ à Paris, au moment de la premiere obſervation, 3 heures après il devoit être 17½ʰ. A 17 heures & demie le mouvement horaire de la Lune en déclinaiſon doit être de 10′ 44″. Dites donc : Comme 1 heure eſt à 5ʰ 48′ différence de temps entre les deux obſervations, ainſi 10′ 44″ mouvement horaire ſont à 1° 2′ 15″ qu'il faut retrancher de la déclinaiſon obſervée, parceque la déclinaiſon de la Lune décroiſſant, il eſt clair qu'elle doit être moindre à 17 heures qu'à 11. La déclinaiſon de la Lune eſt donc de 1° 17′ 43″ Sud à l'inſtant de la ſeconde obſervation.

A 17 heures préciſes la hauteur du bord ſupérieur de la Lune a été obſervée de 4° 7″. Nous en avons conclu au Problême XI que la hauteur vraie de ſon centre étoit de 4° 33′ 35″.

De 90 dégrés j'ôte 1° la hauteur du centre de la Lune 4° 33′ 35″. J'ôte 2° la latitude du lieu 50° 35′ 27″. J'ôte enfin 3° la déclinaiſon de la Lune 1° 17′ 43″, parce que cette déclinaiſon eſt du côté du Pole élevé. Autrement j'aurois ajouté 90° à la déclinaiſon. Ces trois opérations me donnent 3 diſtances, que j'écris ainſi.

Diſtance de ☽ au Zénith. . . . . . . 85° 26′ 25″

Du Zénith au Pole, & le compl. arithmet. de ſon ſinus à côté   39   24   33 . 0   1973259

De la ☽ au Pole, & le compl. arithmétiq. de ſon ſinus à côté   88   42   17 . 0   0001109

Somme des 3 diſtances. 213   33   15

Moitié de la somme   106   46   37-
Otez en la 2e dif-
tance, & mettez à cô-
té le sinus du reste.   67   22   4-.9 9651992
Otez en aussi la 3e
distance & mettez à
côté le sinus du reste.   18   4   20-.9 4916668
Somme des 4 logarithmes.   .   .   19   6543028
Moitié de cette somme.   .   .   9   8271514

Cette moitié est le logarithme sinus de 42° 11′ 43½″, dont le double 84° 23′ 27″ est la valeur de l'Angle horaire à 17^h. A pareille heure l'Angle horaire est à Paris de 85° 49′ 40″. La différence est 1° 26′ 13″. D'ailleurs si on prend 28′ 49″ pour mouvement horaire convenable à l'heure que l'on juge tenir le milieu entre 17^h & celle que l'on estime devoir être comptée à Paris au moment de l'observation, on dira selon le Problême XV : Comme 28′ 49″ sont à 1° 26′ 13″ ainsi une heure est à 2^h 59′ 30″ différence des Méridiens. La petite différence qui se trouve entre cette solution & celle du Problême XV vient de l'erreur de la montre que j'ai supposé être d'environ 1 minute, dont je l'ai fait retarder dans l'intervalle des deux observations.

SECONDE MÉTHODE.

Par l'observation d'une seule hauteur de la Lune.

OBSERVEZ la vraie hauteur du centre de la Lune à une heure & dans des circonstances commodes, lorsqu'elle n'est pas trop près du Méridien, c'est-à-dire plus généralement, lorsque sa hauteur croît ou décroît assez sensiblement. Il est aussi à propos qu'elle soit au moins de 4 ou 5 dégrés de hauteur pour éviter l'incertitude des réfractions horizontales.

Prenez par estime votre longitude du Méridien de Paris, à une ou plusieurs heures près, si vous ne pouvez mieux faire.

Cette supposition faite, il vous sera facile par le Probléme 13ᵉ de réduire au Méridien de Paris l'heure de votre observation, & d'en déduire la déclinaison de la Lune.

Connoissant donc la hauteur de la Lune observée, la latitude du lieu, & la déclinaison de la Lune, concluez-en son Angle horaire précisément comme par la premiere méthode. Si cet Angle horaire vous donne la même différence des Méridiens que vous aviez supposée, votre supposition étoit bonne. Sinon, écrivez la différence avec les signes de ✛ ou de ━, selon que la différence des Méridiens trouvée par l'opération, sera plus forte, ou plus foible que la différence supposée.

Prenez pour seconde supposition, la différence des Méridiens trouvée par la premiere opération. Partant de cette supposition, réduisez l'heure de votre observation au Méridien de Paris, cherchez la déclinaison de la Lune pour cette heure ainsi réduite; en un mot, recommencez l'opération entiere. Si la différence des Méridiens qui en résultera ne differe point de la seconde supposition, cette seconde supposition est vraie. Sinon, écrivez encore l'erreur, ou la différence avec le signe convenable. Ecrivez aussi à part le résultat de cette seconde opération.

Réduisez les deux erreurs, ou les deux différences en secondes. Si ces deux erreurs ont le même signe, ôtez la plus petite de la plus grande. Si elles ont différens signes, ajoutez-les en une seule somme. Otez le logarithme du reste, ou de la somme du double du logarithme de la plus petite erreur : le reste sera le logarithme d'un nombre de secondes qu'il faut ajouter au résultat de la seconde

opération , ou qu'il faut en ôter , felon que la premiere erreur eſt affectée du ſigne +, ou du ſigne —;
& l'on aura la vraie différence des Méridiens. Cette
différence, comme on l'a dit ci-deſſus , ſera O-
rientale, ſi l'Angle horaire obſervé eſt moins grand
du côté de l'Orient , ou plus grand du côté de
l'Occident , que l'Angle calculé pour Paris à
pareille heure. Sinon , le lieu de l'obſervation eſt
à l'Occident de Paris.

EXEMPLE.

Je me ſers toujours du même exemple , afin
qu'on puiſſe mieux comparer les réſultats des
différentes méthodes. A 17ʰ donc de temps vrai
ſous un Méridien inconnu, on obſerve le 6 Octobre la hauteur apparente du bord ſupérieur de la
Lune de 4° 7', & par conſéquent, la hauteur
vraie du centre de 4° 33' 35". On demande la
longitude de ce Méridien à l'égard de celui de
Paris. La latitude eſt de 50° 35' 27" Sud.
Par eſtime je détermine la longitude de 2ʰ 20' à
l'Oueſt. Donc à l'heure de mon obſervation, il
eſt à Paris 19ʰ 20'. La déclinaiſon de la Lune ſera
pour lors de 1° 24' 45" Sud. De 90° je retranche
1°. la hauteur de la Lune , 2°. la latitude du lieu,
& 3°. la déclinaiſon de la Lune , parce qu'elle eſt
de même dénomination que la latitude du lieu.
J'ai donc trois diſtances que j'écris ainſi.
Diſt. de ☽ au Zénith.   85° 26' 25"
Diſt. du Zénith au Po-
le, & à côté le complem.
arithmet. de ſon ſinus.   39   24   33.   0 1973259
Diſt. de ☽ au Pole &
à côté le complem.arith.
de ſon ſinus. 88   35   15.   0 6001320
Somme des trois diſt. 213   26   13

Moitié de la somme 106 43 6—
Otez-en la 2ᵉ distance
& mettez à côté du reste
son sinus logarithme. 67 18 33— 9 9650138
Otez-en la 3ᵉ distance
& mettez à côté &c. . 18 7 51— 9 4930259
Somme des 4 logarithmes. 19 6554976
Moitié de la somme. 9 8277488
Cette moitié est le logarithme sinus de 42°
16' 1½" dont le double 84° 32' 3" est dans notre
supposition l'Angle horaire de la Lune à 17ʰ.
Mais à 17ʰ l'Angle horaire est à Paris de 85°
49' 40". La différence est 1° 17' 37". Le mouvement horaire de la Lune au Soleil en Ascension droite entre 17ʰ & 19ʰ 20', ou à 18ʰ 10' est
de 28ʰ 49'. Dites : 28' 49" font à 1° 17' 37",
comme 1ʰ est à 2ʰ 41' 37". Telle est la longitude que nous donne l'opération. Elle est plus
forte que celle de la supposition de 21' 37". Je l'é-
cris donc avec le signe—. *Premiere erreur* + 21' 37".

Je suppose en second lieu la différence des Mé-
ridiens telle que nous venons de la trouver 2ʰ 41'
37" Ouest. Donc à l'heure de l'observation il est à
Paris 19ʰ 41' 37", & la déclinaison de la Lune est
1° 20' 52" Sud. Ainsi nous aurons
Dist. de ☽ au Zénith 85° 26' 25"
Du Zénith au Pole   39 24 33. 0 1973259
De la ☽ au Pole   88 39 8. 0 0001201
Somme des distances 213 30 6
Moitié de la somme 106 45 3
De cette moitié ôtez
1° la 2ᵉ distance 67 20 30. 9 9651163
2° la 3ᵉ distance 18 5 55. 9 4922771
Somme des 4 logarithmes   19 6548394
Moitié de la somme. 9 8274197
Cette moitié est le sinus logarithme de 42° 13'
39½", dont le double 84° 27' 19" est l'Angle horai-

re de la Lune à 17ʰ. A pareille heure cet Angle eſt à Paris de 85° 49' 40". La différence eſt 1° 22' 21". Dites : Comme le mouvement horaire 28' 49" eſt à 1° 22' 21", ainſi 1ʰ eſt à 2ʰ 51' 28" différence des Méridiens, & nous avions ſuppoſé 2ʰ 41' 37". Le réſultat ſurpaſſe donc encore la ſuppoſition de 9' 51". J'écris cette ſeconde erreur avec le ſigne —+— & en même temps le ſecond réſultat.

Seconde erreur. —+—   9' 51"
Second réſultat. 2ʰ 51' 28"

Je réduis les 2 erreurs en ſecondes: 1ᵉ erreur 1297"
2ᶜ erreur   591
Différence 706

Je prens la différence des erreurs, parce qu'elles ont toutes deux le même ſigne.

Logarithme de 591 2ᶜ erreur 2 77159
Double de ce logarithme 5 54318
J'en ôte le log. de la différence 706 2 84881
Il reſte 2 69437

C'eſt le logarithme de 495" ou 8' 15" qu'il faut ajouter au 2ᵉ réſultat 2ʰ 51' 28" parce que la premiere erreur avoit le ſigne —+—. La ſomme 2ʰ 59' 43" eſt la vraie longitude Occidentale du lieu où s'eſt faite l'obſervation. Je dis, *Occidentale*, parce que l'Angle horaire Occidental s'eſt trouvé moindre ſous ce Méridien que ſous celui de Paris.

Vers le Méridien même de Paris on peut trouver quelque embarras, qu'un peu d'attention ſuffira pour lever. Je dis par exemple qu'il faut prendre la différence entre la longitude ſuppoſée & celle qui réſulte de l'opération. Si la longitude ſuppoſée eſt de 15' 16" Orientale, & que la longitude réſultante ſoit de 12' 16" Occidentale; on voit du premier coup d'œil que la différence de ces longitudes n'eſt point 3' 0", mais plutôt 27' 32", c'eſt-à-dire égale à leur ſomme.

TROISIEME ME'THODE.

Par une seule observation de la distance de la Lune au Soleil ou à une Etoile fixe.

IL y a plusieurs circonstances qui ne permettent pas de prendre exactement la hauteur de la Lune. Il faut pour lors recourir à cette méthode qui est toujours pratiquable, pourvu que la Lune & l'Etoile soient élevées au moins de 4 à 5 dégrés au-dessus de l'Horizon, pour éviter l'incertitude des réfractions à une moindre hauteur.

Il est à propos que l'Etoile que l'on choisira soit belle & brillante, qu'elle ait à peu près la même déclinaison que la Lune, ou du moins que sa distance à la Lune en Ascension droite soit supérieure à sa distance en déclinaison. Il faut connoître exactement l'Ascension droite & la déclinaison de l'Etoile, & par le Problême VIII l'heure de son passage au Méridien. Je ne parlerai que des Etoiles. Mais tout ce que j'en dirai conviendra parfaitement au Soleil. S'il y a quelques exceptions à faire, j'en avertirai. On sçait que l'heure du passage du Soleil au Méridien est toujours o^h ou midi, & que son Angle horaire est égal à l'heure vraie réduite en dégrés à raison de 15° par heure, ou par le secours de la Table qui est à la page 102.

Prenez avec le plus d'exactitude que faire se pourra la distance de l'Etoile au bord visible de la Lune. Le plus immédiatement qu'il sera possible avant ou après cette observation, prenez à peu près la hauteur de la Lune & de l'Etoile. Je dis, *à peu près*, si vous n'avez pas besoin de la hauteur précise de l'Etoile pour connoître l'heure. Car en ce cas il faudroit observer celle-ci avec toute l'exactitude possible. Pour observer la hauteur de

la Lune, il faut ici pointer l'inſtrument à la partie de ſon diſque d'où l'on a pris la diſtance à l'E-
toile. Il faudroit en faire autant à l'égard du Soleil, ſi la diſtance eſt priſe de cet Aſtre. Ou bien ſi
la hauteur du Soleil doit déterminer l'heure, il
faut néceſſairement prendre la hauteur de ſon
bord ſupérieur, ou du bord inférieur. Mais connoiſſant ſon diametre, on peut à peu près eſtimer
la hauteur du point de ſon diſque d'où l'on a me-
ſuré ſa diſtance à la Lune. Il eſt à propos, ſi l'œil
eſt de beaucoup élevé ſur l'Horizon de diminuer
les 2 hauteurs de l'équation relative à l'élévation
de l'œil.

De 90° ôtez 1° la hauteur de l'Etoile, 2° la
hauteur de la Lune, ce qui avec la diſtance obſervée de l'Etoile à la Lune vous donnera 3 diſtances
que vous écrirez en cet ordre. Diſtance de l'Etoile
au Zénith; diſtance de la Lune au Zénith; diſtance de la Lune à l'Etoile. A côté de ces 2 dernieres
diſtances écrivez les complémens arithmétiques
de leurs logarithmes ſinus.

Ajoutez enſemble les 3 diſtances, & de la moitié de la ſomme ôtez ſucceſſivement les 2 dernieres diſtances. A côté des reſtes écrivez leurs logarithmes ſinus.

Ajoutez les 4 logarithmes, & prenez la moitié
de la ſomme qui ſera le ſinus logarithme d'un Angle qu'il faudra doubler pour avoir un Angle qu'on
nommera *l'Angle à la Lune.*

Mettez la diſtance de la Lune au Zénith à la pla-
ce de celle de l'Etoile au Zénith & recommencez
l'opération. Le réſultat vous donnera un deuxie-
me Angle que j'appellerai *l'Angle à l'Etoile.*

Prenez la parallaxe convenable à la hauteur obſervée de la Lune, & retranchez-en la réfraction
qui conviendroit à cette hauteur corrigée. Ajoutez au logarithme du reſte le logarithme coſinus

de l'Angle à la Lune ; le reste diminué du logarithme du rayon donnera une équation qu'il faudra retrancher de la distance observée , ou lui ajouter , selon que l'Angle à la Lune sera aigu ou obtus.

Prenez dans la Table de la page 125 l'équation
de la réfraction convenable à la hauteur observée
de l'Etoile. Au logarithme de cette somme ajoutez le logarithme cosinus de l'Angle à l'Etoile. La
somme diminuée du logarithme du rayon sera le
logarithme d'une seconde équation qu'il faudra
au contraire retrancher de la distance observée ,
si l'Angle à l'Etoile est obtus , ou qu'il faudra lui
ajouter , si cet Angle est aigu , & l'on aura la vraie
distance de l'Etoile au bord de la Lune.

De cette distance retranchez ou ajoutez-y le
demi-diametre horizontal de la Lune , selon que
le centre de la Lune se trouvera par rapport à l'E-
toile, situé en-deça ou au-delà du bord observé.
(Si on a observé la distance de la Lune au Soleil ,
il faut pareillement augmenter cette distance du
demi-diametre du Soleil.) Vous aurez la vraie
distance de l'Etoile (ou du centre du Soleil) au
centre de la Lune.

Supposez la distance des Méridiens connue, &
concluez-en la déclinaison de la Lune au moment
de l'observation.

De 90 dégrés ôtez 1° la déclinaison de l'Etoile,
2° la déclinaison de la Lune , autant que ces deux
déclinaisons seront de même dénomination. Si
elles étoient de différente dénomination, il faudroit ôter l'une de 90° & ajouter 90° à l'autre.
Vous aurez ainsi 3 distances que vous écrirez dans
cet ordre. Distance vraie de l'Etoile au centre de
la Lune , distance de l'Etoile au Pole, distance de
la Lune au Pole. A côté des 2 dernieres écrivez
les complémens arithmétiques de leurs sinus.

Ajoutez les 3 diſtances , & de la moitié de la ſomme retranchez ſucceſſivement les 2 dernieres diſtances , écrivant à côté des reſtes leurs logarithmes ſinus.

Ajoutez les 4 logarithmes , & prenez la moitié de la ſomme , qui ſera le logarithme ſinus d'un Angle qu'il faudra doubler pour avoir l'Angle horaire de la Lune à l'Etoile.

Cherchez l'Angle horaire de l'Etoile par le Problême IX. Si l'Etoile eſt entre la Lune & le Méridien , il faut prendre la ſomme de ces 2 Angles horaires , pour avoir l'Angle horaire abſolu de la Lune. Sinon , il faut prendre leur différence.

On peut toujours connoître l'heure du paſſage d'une Etoile au Méridien. Voyez la premiere remarque qui ſuit le Problême VIII. Donc il eſt toujours facile de ſçavoir ſi elle eſt entre le Méridien & la Lune.

Connoiſſant l'Angle horaire de la Lune , il eſt facile d'en conclure la longitude du lieu. Si cette longitude eſt celle qu'on avoit ſuppoſée , la ſuppoſition étoit bonne. Autrement il faut écrire l'erreur avec le ſigne + ou — ſelon que la longitude conclue eſt plus forte ou plus foible que la longitude ſuppoſée.

On prendra pour nouvelle ſuppoſition la longitude qu'on vient de trouver , & après en avoir conclu la déclinaiſon de la Lune , on recommencera l'opération, comme auparavant. Si le nouveau réſultat s'accorde avec la ſeconde ſuppoſition , cette ſuppoſition doit paſſer pour exacte. Sinon , on écrira la nouvelle erreur avec le ſigne convenable , ainſi que le ſecond réſultat. On prendra la ſomme des 2 erreurs , ou leur différence ſelon que leurs ſignes ſeront ou différens ou ſemblables. Du double du logarithme de la ſecon de erreur on ôtera celui de la somme ou de la différence susdite, & l'on aura le logarithme d'un nombre qu'il faudra ajouter ou retrancher du second résultat pour avoir la différence des Méridiens.

Il est clair que si, selon ce qui est dit dans l'exposition de la premiere méthode, on avoit pris la plus grande hauteur de la Lune pour en déduire sa déclinaison, la premiere supposition de déclinaison seroit exacte, & donneroit directement la différence des Méridiens.

EXEMPLE.

Sous un Méridien inconnu à 17^h on trouve la distance d'Aldébaran au bord éclairé de la Lune de 63° 49' & $\frac{7}{8}$ ou de 63° 49' 53". On demande quelle est la différence des Méridiens.

Pour procéder avec ordre, il faut d'abord établir ce qui regarde Aldébaran. Sa déclinaison Boréale est de 15° 59' 47"; son Ascension droite de 4^h 21' 58"; son passage au Méridien inconnu ; mais supposé connu par estime (Problême VIII) à 15^h 29' $5\frac{1}{2}$" ; son Angle horaire à 17^h (Problême IX) de 22° 40' 45" à l'Ouest.

Je suppose que peu avant ou peu après l'observation on ait pris 1° la hauteur de l'Etoile d'environ 20° 30', 2° la hauteur du point du disque de la Lune d'où l'on a observé la distance, de 3° 40'; ou, ce qui revient au même, que l'on aura pris la hauteur du bord supérieur de la Lune d'environ 4°, & que voyant que le point du disque d'où l'on a pris la distance à Aldébaran est plus bas que le centre de la Lune, on aura retranché environ 20' pour la différence de hauteur entre ce point & le bord supérieur de la Lune.

Je suppose de plus qu'on aura remarqué que le point du disque de la Lune le plus près d'Aldéba-

ran étant invifible , on a été obligé de prendre la
diftance de cette Etoile au point du difque le plus
éloigné ; & qu'en conféquence il faudra diminuer
cette diftance pour avoir celle du centre à Aldébaran.

Ceci pofé , il faut maintenant de la diftance apparente ou obfervée déduire la vraie diftance. Pour
cela j'ôte de 90° les 2 hauteurs obfervées , & j'é-
cris

Diftance de l'Etoile
au Zénith. . . . .   69° 30'
   Dift. de ☽ au Zénith,
& fon compl. arithm.
finus. . . . . . .   86 20 . 0 c0089
Dift. de ☽ à l'Etoile &
fon finus compl. arith. 63 50 . 0 04696
   Somme des 3 dift.   219 40
   Moitié de la fomme. 109 50
   Moitié de la fomme
moins la 2ᵉ diftance &
le finus logar. du refte. 23 30 . 9 60070
   Moitié de la fomme
moins la 3ᵉ diftance &
le finus logar. du refte. 46   0 . 9 85693
   Somme des 4 logar. . . . 19 50548
   Moitié de cette fom. . . . 9 75274
   C'eft le finus de. . . . 34° 27' 55"
   Double , ou Angle à
la Lune. 68 55 50
   Je mets la diftance de la Lune au Zénith au lieu
de celle de l'Etoile au Zénith , & j'écris de nou-
veau.
   Dift. de ☽ au Zénith.   86° 20'
   Dift. de l'Etoile au
Zénith , & fon finus
complem. arithmétiq.   69 30 . 0 02841
   Dift. ☽ à l'Et. & fon

finus compl. arithmét.   63   50 . 0 04696
  Somme des diftances. 219   40
   Moitié de la fomme. 109   50
   Moitié de la fomme,
moins la 2ᵉ diftance, &
le finus logar. du refte.   40   20 . 9 81106
   Moitié de la fomme,
moins la 3ᵉ diftance &
le finus logar. du refte.   46   0 . 9 85693
  Somme des logarith. 19 74336
  Moitié de la fomme. 9 87168
  C'eft le logar. fin.de. . . . . . 48° 5′ 20″
  Double ou Angle à
l'Etoile. 96 10 40

La parallaxe horizontale de ☽ eft 56′ 16″. Cela pofé à 3° 40′ de hauteur la parallaxe fera de 56′ 8″ & la réfraction 11′ 45″. La différence eft 44′ 23″ ou 2663″, j'ajoute au logar. de 2663. . 3 42537

Le logarith. finus de
l'Angle à ☽ 9 55570
  De la fomme. 12 98107
  J'ôte le log. du rayon. 10 00000
  Le refte. 2 98107

eft le logarithme de 957″ ou de 15′ 57″ qu'il faut retrancher de la diftance obfervée, parce que l'Angle à la Lune eft aigu. Il reftera 63° 33′ 56″ pour diftance corrigée de l'effet de la parallaxe & de la réfraction fur la Lune.

D'autre part la hauteur obfervée de l'Etoile eft de 20° 30′. La réfraction à cette hauteur eft de 2′ 22″ ou de 142″. Au logarithme de 142″. 2 15229

  Ajoutez le log. finus
de l'Angle à l'Etoile. 9 03187
  De la fomme. 11 18416
  Otez le log. du rayon. 10 00000
  Le refte. 1 18416

eſt le logarithme de 15″ qu'il faut retrancher de la diſtance corrigée 63° 33′ 56″, pour avoir la vraie diſtance de l'Etoile au bord obſervé de 63° 33′ 41″. Il faut encore retrancher ici, parce que l'Angle à l'Etoile eſt obtus.

Comme le bord obſervé étoit le plus éloigné d'Aldébaran, il faut de cette diſtance retrancher le demi-diametre de la Lune 15′ 31″, pour avoir la vraie diſtance d'Aldébaran au centre de la Lune 63° 18′ 10″.

Si ſelon ce qui a été dit dans l'expoſition de la premiere méthode, on connoit la déclinaiſon de la Lune par l'obſervation faite de ſa plus grande hauteur, (nous l'avons trouvée de 1° 17′ 43″ Sud) de 90 dégrés retranchez cette déclinaiſon, & ajoutez au contraire 90° à la déclinaiſon d'Aldébaran 15° 59′ 47″, parce qu'elle n'eſt pas de même dénomination que celle de la Lune. Cette opération vous donne deux diſtances; celle de l'Etoile au centre de la Lune fait la troiſieme. Arrangez les en cet ordre.

Diſt. de ☽ à l'Etoile.   63° 18′ 10″

Diſt. de l'Et. au Pole, & le compl. arith. de ſon ſinus. . . . . . . 105 59 47 .   0 0171505

Diſt. de ☽ au Pole & le compl. arith. de ſon ſinus. . . . . 88 42 17 .   0 0001110

Somme des 3 diſt. 258   0 14

Moitié de la ſomme. 129   0   7

Moitié de la ſomme moins la 2ᵉ diſt. & ſon logarithme ſinus. . . . 23   0 20 .   9 5919772

Moitié de la ſomme moins la 3ᵉ diſtance & ſon logarithme ſinus. 40 17 50 .   9 8107383

Somme des 4 logar. 19 4199770

Moitié de cette fom. 9 7099885

C'eſt le ſinus logarithme de 30° 51' 13½", dont le double 61° 42' 27" eſt l'Angle horaire de la Lune à l'Etoile.

Puiſque l'Etoile paſſe au Méridien à 15ʰ 29' 5½", il eſt clair qu'à 17ʰ elle a paſſé le Méridien. La Lune étant à l'Occident d'Aldébaran l'aura à plus forte raiſon paſſé. Donc Aldébaran eſt entre le Méridien & la Lune. Il faut donc ajouter à l'Angle horaire trouvé celui d'Aldébaran que l'on ſçait être de 22° 40' 45". La ſomme 84° 23' 12" donnera l'Angle horaire vrai & abſolu de la Lune à 17ʰ ou au moment de l'obſervation. A Paris à 17ʰ il eſt de 85° 49' 40". La différence eſt de 1° 26' 28". Suppoſant donc toujours 28' 49" pour mouvement horaire de la Lune au Soleil en Aſcenſion droite, on aura : Comme 28' 49" font à 1° 26' 28" ; ainſi 1ʰ eſt à 3ʰ 0' 2" différence des Méridiens.

Mais ſi on n'a point la déclinaiſon de la Lune, il faut encore procéder par fauſſe poſition. Je ſuppoſe donc le Méridien inconnu plus Occidental de 2ʰ 20' que celui de Paris. Donc lorſqu'il eſt 17ʰ ſous ce Méridien, il eſt à Paris 19ʰ 20' & par conſéquent la déclinaiſon de la Lune eſt de 1° 24' 45" & ſa diſtance au Pole de 88° 35' 15". Le reſte comme lorſque je ſuppoſois la vraie déclinaiſon connue. J'écris donc mes diſtances.

Diſtance de ☽ à l'Etoile 63° 18' 10"
Diſt. de l' ✷ au Pole &c. 105 59 47 0 0171505
Diſt. de ☽ au Pole &c. 88 35 15 0 0001320
Somme des diſtances 257 53 12
Moitié 128 56 36
Otez la 2ᵉ diſt. &c. 22 56 49 9 5909293
Otez la 3ᵉ diſt. &c. 40 21 21 9 8111130
Somme des 4 logar. 19 4193248
Moitié de la ſomme 9 7096624

Cette moitié eſt le log. ſinus de 30° 49′ 41″ dont le double 61° 39′ 22″ eſt l'Angle horaire de la Lune à l'Etoile. Ajoutez-y l'Angle horaire de l'Etoile 22° 40′ 45″ : la ſomme 84° 20′ 7″ ſera l'Angle horaire abſolu de la Lune à 17ʰ ſous le Méridien inconnu. A pareille heure ſous le Méridien de Paris il eſt de 85° 49′ 40″. La différence eſt 1° 29′ 33″. Or 28′ 49″ mouvement horaire eſt à 1° 29′ 33″, comme 1ʰ eſt à 3ʰ 6′ 27″ différence des Méridiens, qui réſulte de l'opération, &' nous l'avions ſuppoſée de 2ʰ 20′. La différence eſt de 46′ 27″. J'écris donc

Premiere erreur + 46′ 27″

Pour ſeconde ſuppoſition je prens le réſultat précédent 3ʰ 6′ 27″ pour différence des Méridiens, ce qui réduit l'heure de l'obſervation à 20ʰ 6′ 27″ Méridien de Paris. La déclinaiſon de la Lune eſt pour lors de 1° 16′ 26″ Sud. Donc

Diſt. de ☽ à l'Etoile	63°	18′	10″	
Diſt. de ✳ au Pole &c.	105	59	47	0 0171505
Diſt. de ☽ au Pole	88	43	34	0 0001073
Somme des diſt.	258	1	31	
Moitié	129	0	45-	
Otez la ſec. diſt. &c.	23	0	58-	9 5921680
Otez la 3ᶜ diſt. &c.	40	17	11-	9 8106427
Somme des logarith.				19 4200685
Moitié				9 7100342

C'eſt le ſinus logarithme de 30 deg. 51 min. 26 ſec. dont le double 61 deg. 42 min. 52 ſec. eſt l'Angle horaire de la Lune à l'Etoile, auquel ajoutez comme auparavant l'Angle horaire de l'Etoile 22 deg. 40 min. 45 ſec. la ſomme 84 deg. 23 m. 37 ſec. eſt l'Angle horaire de la Lune. Cet Angle à Paris à 17 heures eſt de 85 deg. 49 min. 40 ſec. La différence eſt de 1 deg. 26 min. 3 ſec. Dites : Comme le mouvement horaire 28 min. 49 ſec. eſt à 1 deg. 26 min. 3 ſec. ainſi 1 heure eſt à 2 heures 59 min.

10 sec. différence des Méridiens. Cette différence avoit été supposée de 3 heur. 6 min. 27 sec. Il y a erreur de 7 m. 17 sec. & cette erreur doit être marquée en — parce que le nouveau résultat est moindre que sa supposition. J'écris le résultat & l'erreur.

2ᶜ *résultat.* 2ʰ 59' 10"
2ᶜ *erreur.* — 7 17

Je réduis les 2 erreurs en secondes & je les ajoute, parce qu'elles sont en signes contraires. 46 min. 27 sec. donnent 2787 sec. & 7 min. 17 sec. produisent 437 sec. La somme est 3224 sec. Je prens le logarithme de 437 seconde erreur. C'est 2 64048. Je le double, & de ce double 5 28096 j'ôte 3 50839 logarithme de la somme 3224. Le reste 1 77257 est le logarithme de 59 sec. qu'il faut ajouter au deuxiéme résultat, parce que la premiere erreur étoit marquée du signe +. La somme 3ʰ 0 min. 9 sec. donnera la vraie différence des Méridiens, différence Occidentale, parce que, comme il a été dit plusieurs fois, l'Angle horaire de la Lune sous le Méridien de l'observation étoit moindre du côté de l'Occident que sous le Méridien de Paris à pareille heure.

DE L'ASCENSION DROITE DE LA LUNE.

L'ANGLE horaire de la Lune est égal à sa distance au Méridien en Ascension droite. Il suffit donc de connoître l'Ascension droite du Méridien pour en conclure celle de la Lune.

A midi l'Ascension droite du Méridien est la même que celle du Soleil. A minuit ajoutez à l'Ascension droite du Soleil 180 deg. la somme sera l'Ascension droite du Méridien. Si cependant cette somme excéde 360 degrés, il faut en ôter 360°.

A l'Ascension droite du Méridien ajoutez l'Angle horaire de la Lune, fi cet Angle eſt Oriental : la ſomme (diminuée de 360°, fi elle ſurpaſſe ce nombre) fera l'Aſcenſion droite de la Lune.

Si l'Angle horaire de la Lune eſt du côté de l'Occident, il faut le ſouſtraire de l'Aſcenſion droite du Méridien (à laquelle on aura ajouté 360°, fi cela a été néceſſaire pour pouvoir faire la ſouſtraction). Le reſte donnera, comme auparavant, l'Aſcenſion droite de la Lune aux heures de midi & de minuit.

Nous avons vu ci-deſſus comment on trouve le mouvement horaire de la Lune au Soleil en Aſcenſion droite. Ce mouvement augmenté de celui du Soleil auſſi en Aſcenſion droite donnera le mouvement horaire abſolu de la Lune. Le mouvement abſolu de la Lune en Aſcenſion droite étant connu ainſi que ſon Aſcenſion droite aux heures de midi & de minuit, il ſera facile de la trouver à toutes les heures du jour, fi on en a beſoin.

Du Passage de la Lune au Méridien.

On peut trouver l'heure du paſſage de la Lune par tout autre Méridien que celui de Paris, en ſuivant les regles qu'on a données ci-deſſus par rapport au lieu de la Lune. Il y a cependant ici quelques remarques importantes à faire.

1°. L'heure du paſſage de la Lune par le Méridien diamétralement oppoſé à celui de Paris, eſt marquée non ſur ce Méridien oppoſé à celui de Paris, mais ſur celui de Paris même. Si on veut réduire l'heure marquée à celle du Méridien oppoſé à celui de Paris, il faut en retrancher 12 heures; ou les ajouter, fi on ne peut les retrancher. Par exemple on trouve que le premier Octobre la Lune paſſera au Méridien ſous l'Horizon de Paris à 19 heures 9 min. 25 ſec. En effet on comptera pour lors à Paris 19 heures 9 min. 25 sec. Mais sous le Méridien par lequel passera la Lune à l'heure susdite, on ne comptera que 7 heures 9 min. 25 sec. Il faut nécessairement faire cette réduction, lorsqu'on veut se servir de ce passage sous l'Horizon, pour trouver l'heure du passage de la Lune au Méridien sur quelque Horizon que ce soit.

2°. Sous les Méridiens plus Orientaux que Paris, l'heure est moins avancée lorsque la Lune médie, que sous celui de Paris : elle l'est davantage sous les Méridiens plus Occidentaux.

3°. La variation horaire qui se trouve à la cinquiéme page de chaque mois vis-à-vis l'heure du passage de la Lune au Méridien de Paris, soit sur l'Horizon, soit au-dessous, est relative aux différences des Méridiens. Si l'on trouve par exemple que cette variation est de 2 min. 4 sec. cela signifie que la Lune doit passer 2 min. 4 sec. plutôt ou plus tard sous différens Méridiens distans entre eux d'une heure ou de 15 deg.

Problème XVII.

Trouver l'heure du passage de la Lune par quelque Méridien connu que ce soit.

Pour éviter tout embarras, on peut se régler sur le Méridien même de Paris, si le Méridien proposé est plus Occidental que celui de Paris. S'il est plus Oriental, on le rapportera ainsi que toute l'opération au passage précédent par le Méridien diametralement opposé à celui de Paris.

Prenez la variation horaire convenable à la distance horaire du Méridien proposé à celui de Paris, ou à celui qui est directement opposé, selon qu'on vient de l'expliquer. Dites ensuite : Comme 1 heure est à la différence des Méridiens ; ainsi la

variation horaire eſt à un quatrieme terme qu'il
faut toujours ajouter à l'heure du paſſage de la
Lune au Méridien qui ſert de terme de comparai-
ſon.

On peut être embarraſſé ſur le choix du paſſage
de la Lune ſous l'Horizon. J'ai dit qu'il falloit
prendre le paſſage qui précéde celui qui ſe fait le
jour même ſur l'Horizon. Ce paſſage précédent
doit toujours être pris au jour précédent depuis la
nouvelle Lune juſqu'à la pleine Lune. Depuis la
pleine Lune juſqu'à la nouvelle, il faut le prendre
au jour même propoſé.

E X E M P L E.

On demande à quelle heure la Lune paſſera au
Méridien de Pondichéry le 11 Octobre.

Pondichéry eſt plus Orientale que Paris de 5^h 11
min. 30 ſec. En conféquence je ne la rapporterai
point au Méridien de Paris, mais au Méridien
oppoſé. Or par rapport à ce Méridien oppoſé à
celui de Paris, la longitude de Pondichéry ſera de
6^h 48 min. 30 ſec. à l'Occident. C'eſt le ſupplé-
ment à 12^h de la longitude que Pondichéry a réellement par rapport au Méridien de Paris à l'Orient.

le 11 Octobre ſe trouve entre la pleine Lune &
la nouvelle. Ainſi pour le paſſage ſous l'Horizon
qui précéde celui du 11 Octobre ſur l'Horizon, je
prendrai le paſſage ſous l'Horizon marqué au 11
Octobre même c'eſt-à-dire 2^h 35 min. 1 ſec. ou
en ajoutant 12 heures, 14 heures 35 min. 1 ſec.
Vu l'intervalle de près de 7 heures entre ce Méridien & celui de Pondichéry, je prens 1 min. 56
ſec. 9 pour variation horaire. Je dis : Comme une
heure eſt à 6 heures 48 min. 30 ſec. ainſi une min.
56 ſec. 9 ſont à 13 min. 16 ſec. qu'il faut ajouter à 14 heures 35 min. une ſec. La Lune paſſera

au Méridien de Pondichéry le 11 Octobre à 14 heures 48 min. 17 fec.

Autre Exemple.

On demande l'heure du paffage de la Lune au Meridien de Lima le 10 Mai.

Lima eft de 5 heures 16 min. 38 fec. plus Occidentale que Paris. Soit la variation horaire de 2 min. 8 fec. Dites : Comme une heure eft à 5 heures 16 min. 38 fec. ainfi 2 min. 8 fec. font à 11 min. quinze fec. & demie, qu'il faut ajouter à 8 heures 57 min. 5 fec. heure du paffage de la Lune au Méridien de Paris. La fomme 9 heures 8 min. vingt fec. & demie donnera l'heure du paffage de cette Planete au Méridien de Lima.

Probleme XVIII.

De l'heure que marque la Lune fur un Cadran folaire conclure l'heure vraie.

Dites : Comme une heure ef. à la diftance de 12 heures à l'heure marquée par la Lune; ainfi la variation horaire convenable eft à un quatrieme terme qu'il faut toujours ajouter à la diftance de 12^h à l'heure marquée par la Lune. Si cette heure marquée précede 12^h, retranchez la fomme de l'heure du paffage de la Lune au Méridien : Si l'heure marquée paffe 12 heures, ajoutez cette fomme à l'heure de ce paffage ; & vous aurez l'heure vraie prefque auffi exactement que la donneroit le Soleil.

Exemple.

Le 10 Mai la Lune marque 5 heures 30 min. fur un Cadran folaire, on demande l'heure vraie.

La diftance de l'heure marquée à 12 heures eft

5 heures 30 min. D'ailleurs la variation horaire depuis 0ʰ jufqu'à 5 heures 30 min. ou depuis l'heure du paffage de la Lune au Méridien jufqu'à une heure qui en eft éloignée de 5 heures 30 min. eft 2 min. 8 fec. Dites : Comme une heure eft à 5 heures 30 min. ainfi 2 min. 8 fec. font à 11 min. 44 fec. qu'il faut ajouter à 5 heures 30 min. La fomme eft 5 heures 41 min. 44 fec. ou 5 heures 42 min. Il y a donc 5 heures 42 min. que la Lune a paffé par le Méridien. Or la Lune paffe le 10 Mai au Méridien à 8 heures 57 min. 5 fec. L'heure de l'obfervation eft donc 14 heures 39 min. ou 2 heures 39 min. du matin le 11 Mai.

Je néglige les fecondes. La précifion de cette méthode ne peut aller jufqu'aux fecondes, que lorfque la Lune marque une heure fort approchante de 12 heures.

DE L'ARGUMENT ANNUEL DE LA LUNE, & de fa diftance au Soleil.

LES Tables de la Lune fe perfectionnent de jour en jour. Mais il s'en faut qu'elles ayent atteint le dégré de perfection qu'on defire. Cependant on peut dire que fi ces Tables font encore fujettes à des erreurs, il eft ordinairement affez facile de les corriger. On a remarqué que ces erreurs étoient fenfiblement les mêmes au bout de 18 ans & 10 à 11 jours, & que leur Période fuivoit affez exactement les combinaifons de l'Argument annuel de la Lune, & de la diftance de cet Aftre au Soleil. (On appelle *Argument annuel* de la Lune la diftance du Soleil à l'Apogée de la Lune, c'eft-à dire, au point de l'orbite de la Lune où cet Aftre eft le plus éloigné de la Terre.) En conféquence M. Halley, & depuis lui M. le Monnier ont obfervé chacun pendant 18 ans con-

tinus le lieu de la Lune à l'heure de son passage
par le Méridien : ils ont remarqué les différences
qui se trouvent entre le lieu observé & le lieu
calculé : ils ont dressé des Tables dans lesquelles
chaque erreur de calcul observée est placée vis -
à-vis du jour de l'observation avec l'Argument
annuel de la Lune & sa distance au Soleil. Ceux
qui voudront profiter du travail & des veilles de
ces deux Astronomes, doivent chercher les erreurs
de 1756 dans les observations de 1738, mais 11
jours plutôt pour les 2 premiers mois, & 10 jours
plutôt seulement pour le mois de Mars & les sui -
vans. Si je veux savoir par exemple quelle sera
l'erreur des Tables le 20 Juillet prochain : je cher -
che dans les Tables de M. Halley quelle a été l'erreur du 10 Juillet 1738, ce sera la même le 20
Juillet 1756. Les Tables latines de M. Halley étant
dressées sur l'ancien style, il faut, si l'on veut s'en
servir, retrancher 22 ou 21 jours du jour proposé.
L'Editeur des Tables françoises les a rapportées au
nouveau style. Pour plus de sureté il faut examiner si au jour qu'on prend dans la Table, on trouve
pour 1738 le même Argument annuel & la même
distance à peu près de la Lune au Soleil que celle
qui est marquée dans l'Etat du Ciel au jour correspondant de 1756. Je dis, *à peu près*, parce que la
Période n'est pas seulement de 18 ans & 10 ou 11
jours, selon qu'il se trouve 5 années bissextiles, ou
4 seulement dans la Période : mais elle est de 18 ans,
10 ou 11 jours, & près de 8 heures. Ce n'est qu'au
bout de ce temps que l'Argument annuel & la distance de la Lune au Soleil redeviennent les mêmes.
Mais dans l'espace de 8 heures il ne peut y avoir
un changement bien sensible par rapport à l'erreur
des Tables.

Mes calculs de la Lune sont dressés sur les Tables des Institutions Astronomiques de M. le Mon-

nier & non fur celles de M. Halley. Or les premieres donnent généralement le lieu de la Lune d'une
minute environ plus avancé que ne le donnent les
dernieres. Donc pour appliquer ces Tables d'erreurs à mes calculs, il faut diminuer d'une minute toutes celles qui font en moins, & augmenter
les autres au contraire d'une minute.

Si le calcul tiré des Tables eft fautif par rapport
à la longitude, il doit également l'être par rapport à l'Angle horaire de la Lune, & à l'heure de
fon paffage par le Méridien. Dans la pratique on
peut s'en tenir à cette regle: Si l'erreur eft en plus,
retranchez-la de l'Angle horaire Oriental, ou
ajoutez-la à l'Angle Occidental, & retranchez de
l'heure du paffage de la Lune au Méridien 4 fec.
fur chaque minute d'erreur. Il faut faire le contraire, lorfque l'erreur eft en moins.

Du lever et du coucher de la Lune.

Probleme XIX.

*Trouver l'heure du lever & du coucher de
la Lune.*

Prenez fa déclinaifon à l'heure de fon paffage
au Méridien. Cherchez fon Arc fémidiurne, comme
nous avons dit page 154 qu'il falloit faire à l'é-
gard du Soleil. Mais n'ajoutez pas à l'Arc trouvé
l'équation qui eft au bas de la page. Il faut au
contraire retrancher de l'Arc les deux tiers ou les
3 quarts de cette équation, felon que la Lune eft
Apogée ou Périgée. Enfin avec la variation horaire du paffage de la Lune au Méridien, & l'Arc
fémidiurne déja trouvé cherchez l'équation de cet
Arc dans la Table de la page 124. Cette équation
doit toujours être ajoutée à l'Arc fémidiurne.

Pour plus d'exactitude après avoir trouvé l'Arc fémidiurne de la Lune, & par conféquent l'heure de fon lever & celle de fon coucher, on prendra la déclinaifon de la Lune à ces 2 dernieres heures, & avec cette déclinaifon on recommencera le calcul pour chacune. Ou plus fimplement on prendra le premier Arc fémidiurne qui convient à cette déclinaifon, & l'excès de cet Arc fur celui qu'on avoit trouvé d'abord fera ajouté ou fon défaut fera fouftrait de l'Arc déterminé.

E X E M P L E.

On demande l'heure du lever & du coucher de la Lune le 6 Juin à Paris.

La Lune paffe au Méridien de Paris le 6 Juin à 6^h 46'; fa déclinaifon étant pour lors d'environ 3° 20' Boréale. Cette déclinaifon fous la latitude de Paris donne un Arc fémidiurne de 5^h 45', ou plutôt de 6^h 15', parce que la déclinaifon de la Lune & la latitude du lieu font de même dénomination. Au lieu d'ajouter 3' pour la réfraction, j'en retranche 2. Il refte 6^h 13'. La variation horaire du paffage de la Lune au Méridien eft de 2' 0". Cette variation felon la Table de la page 124 donne 13' pour équation d'un arc de 6^h 13'. Le vrai Arc fémidiurne feroit donc de 6^h 26'; la Lune fe leveroit 6^h 26' avant que de paffer au Méridien, & fe coucheroit 6^h 26' après ce paffage. Elle fe leveroit, dis-je, à 0^h 20' & fe coucheroit à 13^h 12'.

Mais le 6 Juin à 0^h 20' la déclinaifon de la Lune eft de 4° 30' & non pas de 3° 20', comme nous l'avons fuppofée. Or felon la Table une déclinaifon de 4° 30' donnera un Arc fémidiurne plus grand de 6' que celui que nous avons trouvé pour 3° 20'. Donc la Lune fe levera 6' plutôt, c'eft-à-dire, à 0^h 14'. On trouvera de même que l'Arc fémidiurne de son coucher doit être de 6′ moindre que nous ne l'avons déterminé. Elle se couchera donc à 13ʰ 6′.

DE L'AMPLITUDE DE LA LUNE.

L'ÉQUATION qui est au bas des pages de la Table des Amplitudes doit être diminuée d'un tiers ou d'un quart selon que la Lune est Apogée ou Périgée. Le reste sera ajouté à l'Amplitude trouvée dans la page, lorsque la latitude du lieu & la déclinaison de la Lune seront de différente dénomination. Autrement il faudra le retrancher.

Si l'on doit régler l'heure du lever & celle du coucher de la Lune sur la déclinaison de la Lune à ces heures; à plus forte raison faut-il déterminer sur la même déclinaison les Amplitudes de cet Astre.

DES PLANETES.

ON a marqué les principaux Elémens du mouvement des Planetes dans la 6ᵉ page de chaque mois. De plus dans la 8ᵉ on a ajouté les conjonctions Écliptiques des Planetes & des Etoiles, lorsque la distance n'a point excédé 1 dégré les Phases de Vénus & de Mercure, le passage des Planetes par leurs Nœuds, enfin tout ce dont la connoissance a paru pouvoir intéresser. Avant le mois de Janvier on a fait graver la Phase de Saturne & de son Anneau. Le mouvement de cette Planete est si lent, qu'une même Phase peut être regardée comme permanente durant tout le cours d'une année.

Dans la 7ᵉ page de chaque mois on a donné les Eclipses du premier Satellite de Jupiter. La Théorie des trois autres est encore si incertaine, qu'on a cru pouvoir se dispenser d'en calculer les mouvemens.

DU FLUX ET REFLUX
de la Mer.

Nous donnons, page 134 & fuivantes, une lifte des principaux ports & des côtes de l'Europe fur l'Océan, avec l'Etabliffement de ces endroits, tel qu'on a pu le connoître par des expériences réitérées. (On appelle *Etabliffement* ou heure d'un port, l'heure à laquelle la mer eft la plus haute aux temps des nouvelles & pleines Lunes.) Nous y ajoutons une note de la hauteur à laquelle la mer monte communément aux nouvelles & pleines Lunes des Equinoxes. Cette Table eft prefque entierement tirée du 4ᵉ volume de l'Architecture hydraulique de M. Bélidor.

PROBLEME XX.

Trouver l'heure de la pleine mer dans un port dont l'Etabliffement eft connu.

PREMIERE MÉTHODE. Ajoutez autant de fois 48' qu'il fe fera écoulé de jours depuis la nouvelle ou pleine Lune précédente ; & ajoutez la fomme à l'Etabliffement ou à l'heure du port. Si on eft trop éloigné de la nouvelle ou pleine Lune précédente, on peut prendre autant de fois 48' qu'il y a de jours jufqu'à la nouvelle ou pleine Lune fuivante, & retrancher la fomme de l'heure du port à laquelle on ajoutera 12 heures, s'il eft néceffaire.

Seconde méthode. Cherchez dans l'état du Ciel l'heure du paffage de la Lune au Méridien, foit fur l'Horizon, foit fous l'Horizon; & ajoutez-y l'heure du port.

Troifieme méthode plus exacte. Cherchez dans l'Etat du Ciel la diftance de la Lune au Soleil. Cette diftance vous donnera, avec le fecours de la Table, page 127, le nombre d'heures qu'il faut ajouter à l'heure du port, si vous vous servez de la colomne qui a pour titre *Retardement des Marées*; ou qu'il en faut retrancher, si vous employez celle qui est intitulée, *Anticipation*. Il faut préférer celle-ci, lorsque l'on approche de la nouvelle ou de la pleine Lune suivante.

E X E M P L E.

On demande l'heure de la pleine mer au Havre de Grace le 3 Août 1756. L'heure du port est 9^h.

1°. Le 3 Août à 9 heures du matin il se sera écoulé environ 7 jours depuis la nouvelle Lune. Sept fois 48' donnent 5^h 36' qu'il faut ajouter à 9^h du matin. La mer sera pleine à 2^{h}36' du soir.

2°. La Lune passe au Méridien sous l'Horizon le 3 Août matin à 5^h 50'. Ajoutez-y l'heure du port 9 heures, & vous trouverez la pleine mer à deux heures 50' du soir.

3°. Le 3 Août à 9 heures du matin la distance de la Lune au Soleil est d'environ 2 signes 26°. A cette distance le retardement de la Marée doit être selon la Table de la page 127 de 4 heures 39'. Ajoutez donc 4^h 39' à neuf heures; & l'heure de la pleine mer se trouvera réduite à une heure 39', une bonne heure plutôt que par les deux autres méthodes.

E R R A T A.

*P*AGE 61, dans la partie supérieure de la *page*. Le Soleil entre au ♌ le 22 à 8^h 13' 32" : Lisez à 1^h 53' 54".

Page 136 au titre de la *page*. Pour le 1 Janvier 1755, lisez 1756.

Page 169, lig. 22. 4° 38' 40" : lisez 4° 2' 40".

TABLE

DES MATIERES.

EXplication des Figures & Abbréviations dont on s'est servi dans cet ouvrage,   page 3

Fêtes mobiles &c.   4

Eclipses,   ibid.

Les 12 Mois de l'année,   6, & suiv.

Table pour réduire le temps en dégrés de longitude terrestre,   102

—— pour réduire les dégrés de longitude terrestre en temps,   103

——pour égaler l'Ascension droite des fixes, 104 & suiv.

—— des Arcs sémidiurnes & de leurs Equations, 107 & suiv.

—— des Amplitudes & de leurs Equations, 115 & suiv.

Avertissement sur les 2 Tables précédentes,   123

Table pour l'Équation de l'Arc sémidiurue de la Lune,   124

—— des Réfractions tant en France dans les plus grandes chaleurs de l'Eté qu'au niveau de la mer dans la Zone torride,   125

—— de la Parallaxe du Soleil,   ibid.

—— de la Parallaxe de la Lune à divers dégrés de hauteur sur l'Horizon,   126

—— de l'augmentation du demi-diametre horizontal de la Lune,   ibid.

—— pour trouver le demi-diametre de la Lune tant en longitude qu'en Ascension droite,   127

—— du retardement & de l'anticipation des Marées,   ibid.

Heures de la pleine mer, ou Etablissement des côtes & des principaux ports de la terre,   128 & suiv.

Table de la longitude & de la latitude des principales

Etoiles du Zodiaque pour le 1er *Janvier* 1756, 136 & suiv.

—— *de l'Afcenfion droite & de la déclinaifon des principales Etoiles au premier Janvier* 1756, 139 & suiv.

—— *des longitudes & latitudes des principaux lieux maritimes de la Terre,* 141 & suiv.

Explication & ufage des Tables précédentes, 145

Du rapport du temps fous les différens Méridiens, ibid.

Problême I. *L'heure que l'on compte à* P*aris étant connue, trouver quelle heure* ʼon *compte pour lors fous tout autre Méridien connu,* 146

Problême II. *Etant donnée l'heure que l'on compte fous un Méridien connu, on demande quelle heure il eft pour lors à* Paris, 148

Problême III. *Etant donnée l'heure tant celle de* Paris *que celle de tout autre Méridien, trouver la différence des longitudes,* ibid.

Avertiffement fur la Table de la longitude & de la latitude des Villes, 149

Des mouvemens du Soleil, 150

Problême IV. *Trouver le lieu, l'Afcenfion droite, la déclinaifon du Soleil pour quelque heure que ce foit au Méridien de* Paris, 151

Problême V. *Trouver les mêmes Elémens à toutes les heures fous tout Méridien connu,* 152

Problême VI. *Trouver quel jour & à quelle heure le Soleil doit avoir un lieu, une Afcenfion droite, une déclinaifon déterminée,* 153

Du lever & du coucher du Soleil, 154

De l'Amplitude du Soleil, 156

De l'Equation de l'Horloge, ibid.

Des Etoiles fixes, 158

Problême VII. *Trouver l'heure du paffage d'une Etoile au Méridien de* Paris, ibid.

Problême VIII. *Trouver l'heure du paffage d'une Etoile par tout Méridien connu,* 160

Remarques importantes, 161

Problême **IX**. *Trouver l'Angle horaire d'une Etoile à quelque heure que ce soit,*   162

Problême **X**. *Trouver l'heure du lever & du coucher des Etoiles,*   163

De la Lune,   164

De la hauteur de la Lune sur l'Horizon,   165

Table des inclinaisons de l'Horizon visuel pour différentes élévations de l'Observateur au dessus de la mer,   166

Problême **XI**. *Trouver la hauteur vraie du centre de la Lune,*   168

Des mouvemens de la Lune,   170

Problême **XII**. *Trouver le lieu, la latitude, la déclinaison, l'Angle horaire de la Lune à toutes les heures du jour, Méridien de Paris,*   ibid.

Problême **XIII**. *Trouver les mêmes Elémens à toute heure du jour sous un Méridien connu,* 172

Problême **XIV**. *Etant donné le lieu ou l'Angle horaire de la Lune, trouver quelle heure il est pour lors à Paris,*   173

Problême **XV**. *Le lieu où l'Angle horaire de la Lune est donné sous un Méridien inconnu, mais à une heure déterminée; on demande quelle heure il est pour lors à Paris, & par conséquent la différence des Méridiens,*   175

Avertissement sur les mouvemens horaires de la Lune,   177

De la détermination des longitudes sur mer par le moyen des Angles horaires de la Lune,   178

Problême **XVI**. *Conclure par observation l'Angle horaire de la Lune,*   180

Première méthode. Par l'observation d'une seule hauteur de la Lune, sa déclinaison supposée connue, ibid.

Seconde méthode. Par l'observation d'une seule hauteur de la Lune,   185

Troisieme méthode. Par une seule observation de la distance de la Lune au Soleil ou à une Etoile fixe, 190

De l'Afcenſion droite de la Lune,   200
Du paſſage de la Lune au Méridien,   201
Problême XVII. Trouver l'heure du paſſage de la
    Lune par quelque Méridien connu que ce ſoit, 202
Problême XVIII. De l'heure que marque la Lune
    ſur un Cadran ſolaire conclure l'heure vraie, 204
De l'Argument annuel de la Lune, & de ſa diſtance
    au Soleil,   205
Du lever & du coucher de la Lune,   207
Problême XIX. Trouver l'heure du lever & du cou-
    cher de la Lune,   ibid.
De l'Amplitude de la Lune,   209
Des Planetes,   ibid.
Du flux & reflux de la mer,   210
Problême XX. Trouver l'heure de la pleine mer dans un
    port, dont l'établiſſement eſt connu.   ibid.

Fin de la Table des Matieres.

EXTRAIT DES REGISTRES
de l'Académie Royale des Sciences,

Du 30 Août 1755.

MESSIEURS de Thury & le Monnier, qui avoient été nommés, pour examiner *l'Etat du Ciel pour l'Année 1756*, Par M. PINGRÉ, Correspondant de l'Académie, en ayant fait leur rapport, l'Académie a jugé que cet Ouvrage méritoit des éloges par l'utilité dont il peut être à la Navigation & à l'Astronomie-Pratique, & qu'il étoit très digne de l'Impression. En foi de quoi j'ai signé le préfent Certificat, à Paris le 6 Septembre 1755.

GRANDJEAN DE FOUCHY, Secr. perp. de l'Acad. R. des Sciences.

Le Privilége se trouve dans l'Etat du Ciel de mil sept cent cinquante cinq.

DE L'IMPRIMERIE DE MOREAU.

www.ingramcontent.com/pod-product-compliance
Lightning Source LLC
LaVergne TN
LVHW021701060726
842527LV00003B/965